MOYU GAOXIAO ZAIPEI YU
SHIYONG JIAGONG JISHU

魔芋高效栽培与
实用加工技术

李　静　高志强　兰明先　著

中国纺织出版社有限公司

图书在版编目（CIP）数据

魔芋高效栽培与实用加工技术 / 李静，高志强，兰明先著 . -- 北京：中国纺织出版社有限公司，2025.9.
ISBN 978-7-5229-2971-2

Ⅰ . S632. 3；TS215

中国国家版本馆 CIP 数据核字第 2025QZ3262 号

责任编辑：罗晓莉　国　帅　　责任校对：王花妮
责任印制：王艳丽

中国纺织出版社有限公司出版发行
地址：北京市朝阳区百子湾东里 A407 号楼　邮政编码：100124
销售电话：010—67004422　传真：010—87155801
http：//www. c-textilep. com
中国纺织出版社天猫旗舰店
官方微博 http：//weibo. com/2119887771
三河市宏盛印务有限公司印刷　各地新华书店经销
2025 年 9 月第 1 版第 1 次印刷
开本：710×1000　1/16　印张：20. 25
字数：285 千字　定价：98. 00 元

前　言

魔芋在农业领域和食品工业中占据着越发重要的地位。随着人们生活水平的提高和健康意识的增强,对魔芋产品的需求日益增长,魔芋产业迎来了前所未有的发展机遇。如何实现魔芋的高效栽培和高附加值加工利用,成为产业发展的关键问题。

过去几十年,魔芋产业取得了显著的进步,但也面临着诸多挑战。传统的栽培方式存在产量低、品质不稳定、病虫害频发等问题,严重制约了魔芋产业的规模化发展。加工技术落后和产品种类单一也导致魔芋产品的附加值难以提高,制约了魔芋的经济价值。因此,寻求高效的栽培创新技术和多元化的加工利用途径,成为推动魔芋产业可持续发展的当务之急。

本书的作者团队长期致力于魔芋的研究与实践,积累了大量的科研成果。同时深入田间地头,与种植户密切合作,对魔芋的生长习性、栽培技术进行了深入研究,具有丰富的经验,探索出了一系列适合不同地区、不同土壤条件的高效栽培模式。

本书整理编写工作由西昌学院的李静、高志强和兰明先完成,具体分工如下:李静编写第一章、第五章、第六章,高志强编写第三章、第七章,兰明先编写第二章、第四章。

在编写过程中,参考了国内外权威著作的内容,编写内容具有实用性和可操作性,使初学者阅读之后也能获益。希望本书能够得到广大读者的喜爱和认可，为我国魔芋产业的发展作出积极的贡献。

本书出版得到了四川省科技计划项目（2023YFN0049）、四川省自然科学基金项目（2024WSFSC1309）和四川省普通本科高校创新性实验项目的资助。

由于编写人员的水平和经验有限，书中不足之处在所难免，敬请读者批评指正。

李静　高志强　兰明先

2025 年 4 月 9 日

目　录

第一章　概论

魔芋（*Amorphophallus konjac*）是天南星科（Araceae）魔芋属（*Amorphophallus* Blume）多年生宿根性球茎草本植物，雌雄同株，起源于亚洲中南半岛和云南南部北纬20°~25°地带，全球共有228个品种，主要分布于印度半岛、东亚及非洲的部分国家，也称磨芋、鬼头、花杆莲、蛇六谷、鬼芋、蒟头，生长环境依赖亚热带湿润季风气候的低纬度高海拔地区。

我国研究并利用魔芋的历史可追溯到西汉时期的《神农本草经》，其中就有对魔芋作为药材的记载。《本草纲目》中也记载魔芋是一种有毒、辛辣、寒性的中草药。我国是亚洲主要魔芋种植区之一，目前已发现并命名的有30个品种，包括花魔芋、白魔芋、疣柄魔芋、珠芽魔芋等。我国产地分布广泛，多分布在以四川、云南、陕西、重庆、贵州等为主的高山种植区和长江中下游种植区，另外，安徽、湖北、福建和台湾等地也有栽培，我国栽培面积达190万亩（1亩≈666.67m²），加工企业130余个，年产魔芋精粉、微粉2.5万吨，占世界总产量的60%，成为全世界魔芋种植面积最大的国家，也是我国中西部地区农业产业结构调整以及农民脱贫致富的支撑产业之一，而云南省作为魔芋的发源地和中国最大的魔芋生产区之一，占全国魔芋产量的60%。

魔芋可食块茎含有丰富的碳水化合物［主要为魔芋葡甘聚糖（konjac glucomannan，KGM）、魔芋淀粉和少量的可溶性糖类］、蛋白质、维生素和微量元素等营养成分。魔芋的种植与加工产业是我国食品工业的关键领域之一。为了更有效地利用魔芋资源并提升产品品质，开展魔芋高效栽培的创新技术研究以及深化魔芋产业的精深加工利用研究，已经成为推动魔芋产业发展的关键策略。

魔芋产业是我国经济作物产业的重要组成部分，其丰富的营养价值、保健功能和极强的可塑性使魔芋食品日益受到广大消费者的青睐。在国家推进"健康中国"战略的背景下，以及国内外经济形势的影响下，魔芋产业的发展前景十分广阔。

目前，魔芋产业的发展正逐步多元化，已拓展至食品零食、保健品、化妆品等多个行业领域，并且出口市场已不仅限于日本，还扩展至东南亚、北美、欧洲等地区。"魔芋爽""魔芋素毛肚"等新型仿生食品已经成为休闲零食市场中的重要产品。具有新颖样式、多样化种类、食用安全的魔芋产品正逐步占据市场主导地位。

尽管我国是魔芋产量大国，但在魔芋的种植和加工技术方面仍存在一些问题，这些问题导致魔芋种植效率低、损耗较高、投入成本较高，对魔芋产业价值的把握也存在缺陷。因此，加强种植采收储运技术的更新和设备的建设、加快发展多类型魔芋新产品、大力宣传魔芋产品的独特营养保健功能，对于推动魔芋整条产业线和魔芋消费市场的多元化发展具有重要作用。

第一节　中国魔芋栽培利用概况

一、中国的魔芋栽培历史与起源

（一）古代文献中的魔芋记载

早在《蜀都赋》《齐民要术》等古代典籍中，就有关于魔芋的记载，那时它被称为蒟蒻。《蜀都赋》描述"其圃则有蒟蒻茱萸"，表明魔芋在古代已是蜀地园圃中的特色植物。《中华本草》对魔芋的药用价值、形态特征有细致阐述，称其"性寒、味辛，有毒，主治痈肿风毒"，这反映出古人对魔芋的认知已从单纯的植物识别，深入到药用功效的探究。古代医家还将魔芋用于治疗跌打损伤、毒蛇咬伤等病症，采用外敷或内服的方式，充分利用其消肿解毒的特性。

（二）魔芋在中国的起源与传播路径

魔芋在中国的起源尚无定论，但多数学者认为其可能起源于西南地区，这里丰富的野生魔芋资源以及适宜的生态环境，为魔芋的起源提供了可能。随着古代交通和贸易的发展，魔芋逐渐从西南地区向周边传播。在秦汉时期，随着中央政权对西南地区的开发和交流，魔芋被带到了长江流域。唐宋时期，经济文化繁荣，魔芋的种植和利用进一步传播到中原地区。在传播过程中，魔芋逐渐适应了不同地区的环境，形成了不同的地方品种和栽培方式。

（三）不同历史时期魔芋栽培的特点与发展

在先秦时期，魔芋多以野生采集为主，人工栽培处于萌芽阶段。当时人们主要利用魔芋的药用价值，对其栽培技术了解甚少。到了秦汉至唐宋时期，魔芋的人工栽培逐渐发展起来。这一时期，人们开始掌握简单的种植方法，如选择适宜的土壤和种植季节。在种植规模上，逐渐形成了小规模的园圃种植。

明清时期，魔芋栽培技术有了显著进步。农书中开始记载详细的栽培方法，包括整地、施肥、种植密度等。种植区域进一步扩大，在南方多地形成了相对稳定的种植产区。进入现代，随着农业科学技术的飞速发展，魔芋栽培技术实现了质的飞跃。从传统的经验种植向科学种植转变，引入了现代育种技术、精准施肥技术和病虫害综合防治技术，大大提高了魔芋的产量和品质。

二、魔芋在中国的地理分布与生态环境

（一）主要分布区域

在我国，魔芋主要分布在西南地区，包括云南、四川、贵州等地，这些地区是魔芋的核心产区。云南的魔芋种植面积广泛、品种丰富，涵盖了花魔芋、白魔芋等主要品种。四川的魔芋种植以山区为主，形成了独特的山区种植模式。贵州在魔芋的品种选育和种植技术推广方面取得了显著

成效。

此外，在华中地区的湖北、湖南，以及陕西、广西等地也有一定规模的魔芋种植。湖北的魔芋种植集中在恩施等山区，利用当地的山地资源，发展特色魔芋产业。湖南的魔芋种植主要分布在湘西等地，与当地的生态环境相适应。

(二) 各产区的自然生态环境特点

西南产区多为山地和高原，地势起伏较大，气候湿润，属于亚热带季风气候。云南的魔芋产区海拔差异较大，从低海拔的河谷地区到高海拔的山区都有种植，不同海拔的气候和土壤条件差异明显。四川的魔芋产区多为山区，土壤肥沃，以酸性和微酸性土壤为主，年降水量丰富，为魔芋生长提供了充足的水分。

华中产区的湖北、湖南等地，气候温暖湿润，四季分明。土壤类型多样，以红壤、黄壤为主，肥力较高。这些地区的光照和温度条件适宜魔芋生长，在夏季高温多雨的季节，魔芋生长迅速。

气候因素对魔芋分布起到关键作用。魔芋喜温暖湿润、半阴的环境，不耐寒、不耐旱。在温度方面，适宜的生长温度为 $20 \sim 30\ ℃$，当温度低于 $15\ ℃$ 时，生长缓慢；低于 $10\ ℃$ 时，基本停止生长。在年降水量方面，魔芋生长需要充足的水分，一般要求年降水量在 $800 \sim 1500\ mm$。土壤因素也至关重要。魔芋适宜生长在土层深厚、肥沃疏松、排水良好的土壤中。土壤的酸碱度对魔芋生长影响较大，以 pH 值在 $6.5 \sim 7.5$ 的中性至微酸性土壤为宜。在酸性土壤中，魔芋容易出现铁、铝中毒等问题；在碱性土壤中，土壤中的一些营养元素有效性降低，影响魔芋的生长。

三、中国的魔芋栽培技术体系

(一) 传统魔芋栽培技术

传统魔芋栽培技术主要依靠农民的经验积累，代代相传。在种植前，农民会选择背阴、湿润的地块，通过人工翻耕的方式进行整地，以改善土壤的透气性和保水性。在种芋选择上，通常挑选形状规整、无病虫害的小块茎作为种芋。种植时，采用穴播或条播的方式，将种芋埋入土壤，然后覆盖一层薄土和稻草，起到保温保湿的作用。

（二）现代科学栽培技术

现代科学栽培技术注重科学规划和精细化管理。在品种选择上，利用现代育种技术，培育出高产、抗病、优质的魔芋新品种。在种植密度上，根据不同品种和土壤肥力，通过科学计算确定合理的种植密度，一般花魔芋每亩种植 2000~3000 株，白魔芋适当增加密度。

施肥管理采用测土配方施肥技术，根据土壤检测结果和魔芋生长需求，精准调配肥料种类和用量。在生长前期，以氮肥为主，促进植株的茎叶生长；在生长中后期，增加磷、钾肥的比例，促进块茎膨大。同时，注重微量元素肥料的施用，如硼、锌等，提高魔芋的品质和抗病能力。

西南山区多采用林下栽培模式，利用山区丰富的森林资源，在树林下种植魔芋。这种模式既能为魔芋提供半阴的生长环境，又能充分利用土地资源，减少水土流失。在种植过程中，结合山区的地形特点，采用等高线种植，有利于保持水土和排水。在平原地区，一些产区采用设施栽培模式，利用塑料大棚、遮阳网等设施，调节温度、湿度和光照条件。在夏季高温时，通过遮阳网遮阴降温；在冬季低温时，利用大棚保温，实现魔芋的反季节种植和高产稳产。

四、魔芋的病虫害防治

（一）常见病虫害种类及危害特征

魔芋常见的病害有软腐病、白绢病等。软腐病是魔芋最严重的病害之一，由细菌引起，发病初期，叶片出现水渍状病斑，随后逐渐腐烂，散发出恶臭味，严重时整株死亡。白绢病由真菌引起，主要危害魔芋的茎基部和块茎，发病部位出现白色绢丝状菌丝，后期形成菌核，导致植株倒伏、死亡。

常见的虫害有甘薯天蛾、斜纹夜蛾等。甘薯天蛾幼虫以魔芋叶片为食，造成叶片缺刻和孔洞，严重时可将叶片吃光，影响魔芋的光合作用。斜纹夜蛾也是一种多食性害虫，幼虫群集为害，取食叶片、花蕾等，对魔芋的生长和产量造成严重影响。

病虫害的发生与气候、土壤、种植管理等因素密切相关。在气候方面，高温高湿的环境有利于软腐病、白绢病等病害的发生。在夏季高温多雨季节，病害容易暴发流行。土壤因素也很关键，土壤中病原菌和虫卵的积累是病虫害发生的重要原因。连作地块由于土壤中病原菌数量增加，病虫害发生更为严重。种植管理不当也会加重病虫害的发生。例如，施肥不合理，偏施氮肥，会导致植株生长柔弱，抗病能力下降；种植密度过大，通风透光不良，也为病虫害的滋生提供了条件。

（二）综合防治技术与绿色防控策略

综合防治技术包括农业防治、物理防治、生物防治和化学防治。农业防治主要通过轮作、深耕、清除病残体等措施，减少病虫害的发生。轮作可以改变土壤环境，减少病原菌和虫卵的积累；深耕可以将土壤中的病原菌和虫卵翻入深层土壤，使其难以存活。

物理防治采用灯光诱捕、糖醋液诱杀等方法，诱杀害虫成虫。例如，利用黑光灯诱捕甘薯天蛾、斜纹夜蛾等害虫，减少害虫的繁殖数量。

生物防治则利用天敌昆虫、微生物等生物制剂，控制病虫害的发生。如利用苏云金芽孢杆菌防治甘薯天蛾等害虫，利用木霉菌防治白绢病等病害。

绿色防控策略强调以农业防治和生物防治为主，尽量减少化学农药的使用。推广绿色防控技术，如性信息素诱捕、防虫网覆盖等，实现魔芋的绿色生产，保障农产品质量安全。

五、魔芋的采收与贮藏

魔芋的采收时机一般以植株自然倒苗后15~20天为宜。此时，魔芋块茎中的淀粉等营养物质积累达到高峰，且含水量降低，有利于贮藏。在采收时，选择晴天进行，先割去地上部分的茎叶，然后用锄头或专用的采挖工具小心地将块茎挖出，避免损伤块茎。对于大面积种植的魔芋，可采用机械采挖的方式，提高采收效率。但在机械采挖时，要注意调整机械的参数，避免对块茎造成过大的损伤。

采收后的魔芋要进行及时处理。首先，将块茎表面的泥土清洗干净，然后进行晾晒，使块茎表面的水分蒸发，降低湿度，防止贮藏期间腐烂。在晾晒过程中，要注意避免阳光直射时间过长，以免块茎受到伤害。分级是根据魔芋块茎的大小、形状、质量等指标进行分类。一般分为一级、二级、三级等不同等级，不同等级的魔芋块茎在市场上的价格和用途有所不同。优质的大规格块茎可作为商品芋直接销售，小规格的块茎可作为种芋。

魔芋的贮藏条件要求温度在5~10℃，相对湿度在70%~80%。在贮藏过程中，要保持通风良好，防止二氧化碳积累过多。常用的贮藏方法有室内堆藏、地窖贮藏等。室内堆藏时，在地面铺上一层稻草或塑料薄膜，然后将魔芋块茎堆放在上面，堆高不宜超过1m，每隔一段时间要进行检查，及时挑出腐烂的块茎。

在保鲜技术方面，可采用涂膜保鲜、气调保鲜等方法。涂膜保鲜是在魔芋块茎表面涂抹一层可食用的保鲜剂，形成一层保护膜，减少水分蒸发和病原菌的侵染。气调保鲜通过调节贮藏环境中的气体成分，降低氧气含量，增加二氧化碳含量，抑制魔芋的呼吸作用，延长贮藏期。

六、魔芋的利用概况

（一）食品领域的利用

在食品领域，魔芋的应用历史悠久。传统的魔芋食品有魔芋豆腐、魔芋粉丝、魔芋凉粉等。魔芋豆腐的制作工艺独特，将魔芋块茎磨浆后，加入碱性物质（如石灰水）进行凝固，经过加热、冷却等步骤制成。其口感爽滑、富有弹性，可凉拌、炒菜、煮汤等，是一道深受欢迎的家常菜。

现代魔芋食品不断创新，开发出魔芋仿生食品，如魔芋素肉、魔芋海鲜等，这些产品通过模拟真实肉类和海鲜的口感及质地，满足了消费者对健康素食的需求。魔芋休闲食品也日益丰富，如魔芋果冻、魔芋薯片等，口感独特，深受年轻人喜爱。

（二）医药领域的利用

魔芋在医药领域具有重要利用价值。中医认为魔芋具有消肿散结、解毒止痛、化痰等功效，常用于治疗痈肿疮毒、瘰疬痰核、跌打损伤等疾病。现代医学研究表明，魔芋中的葡甘聚糖等成分具有降血脂、降血糖、增强免疫力、抗肿瘤等作用。

以降血脂为例，葡甘聚糖能吸附肠道内的胆固醇和胆汁酸，减少其重吸收，从而降低血液中胆固醇和甘油三酯的含量。在抗肿瘤方面，魔芋中的活性成分能抑制肿瘤细胞的生长和增殖，诱导肿瘤细胞凋亡。目前，以魔芋为原料的保健品和药品正在不断研发中。

（三）工业领域的利用

在工业领域，魔芋有广泛的应用。在造纸工业中，魔芋葡甘聚糖可作为纸张增强剂和施胶剂，能提高纸张的强度和抗水性。在纺织工业中，可用于织物的上浆、整理和印染等环节，能赋予织物柔软、光滑的手感，提高织物的悬垂性和抗皱性。

（四）石油开采领域的利用

在石油开采领域，魔芋可用于制备钻井液和压裂液。作为钻井液添加剂，能提高钻井液的黏度和切力，增强其携带岩屑的能力；在压裂液中，可作为增稠剂和交联剂，提高压裂效果。

此外，魔芋还可用于制备生物可降解材料，在环保领域具有广阔的应用前景。

第二节　中国魔芋种质资源分布

魔芋种质资源作为魔芋产业发展的物质基础，蕴含着丰富的遗传信息，是推动魔芋品种改良、产业升级以及保障农业可持续发展的核心要素。

　　从农业生产角度看，多样化的魔芋种质资源为培育高产、优质、抗逆性强的新品种提供了可能。不同种质在产量、品质、抗病虫害能力等方面存在显著差异，通过对这些种质资源的研究与利用，能够选育出适应不同环境条件和市场需求的魔芋品种，提高魔芋的产量和质量，满足日益增长的市场需求。例如，某些野生魔芋种质可能具有独特的抗病虫害基因，将其引入栽培品种中，可增强栽培品种的抗病虫害能力，减少农药使用，降低生产成本，同时保障农产品质量安全。

　　从生态角度看，魔芋种质资源是生物多样性的重要组成部分。保护魔芋种质资源有助于维护生态平衡，为其他生物提供栖息地和食物来源，促进生态系统的稳定和可持续发展。此外，不同生态环境下的魔芋种质资源，是植物适应环境演化的结果，对研究植物进化、生态适应性等方面具有重要的科学价值。

　　从产业发展角度看，丰富的魔芋种质资源能够推动魔芋产业的多元化发展。除了传统的食品加工领域，魔芋在医药、化工、环保等领域的应用潜力不断被挖掘。通过对种质资源的深入研究，开发出具有特殊功能的魔芋品种，能够拓展魔芋的应用领域，提高产业附加值，促进魔芋产业的转型升级。

一、魔芋种质资源的地理分布格局

（一）西南地区

　　西南地区是中国魔芋种质资源的核心分布区域，包括云南、四川、贵州等地。这里拥有丰富的魔芋品种资源，涵盖了花魔芋、白魔芋、珠芽魔芋等主要栽培品种以及多种野生品种。

　　云南的魔芋种质资源尤为丰富，由于其复杂的地形和多样的气候条件，形成了众多具有地方特色的魔芋品种。在滇南地区，气候炎热湿润，适宜珠芽魔芋的生长，这里的珠芽魔芋具有繁殖速度快、适应性强等特点。在滇东北和滇西北的山区，花魔芋和白魔芋分布广泛，这些地区的魔芋品种在品质和产量上各具优势，花魔芋产量高，白魔芋品质优良，葡甘聚糖含量高。

四川的魔芋种植历史悠久，主要分布在山区。川南地区的魔芋以其独特的口感和较高的品质而闻名，当地的种植户在长期的种植过程中，选育出了一些适应本地环境的优良品种。四川的魔芋种植技术也较为成熟，形成了一套完整的种植体系，从种芋的选择、种植管理到病虫害防治，都积累了丰富的经验。

贵州的魔芋种质资源也十分丰富，尤其在毕节、六盘水等地，魔芋种植面积较大。贵州的魔芋品种在抗逆性方面表现突出，能够适应山区的复杂环境，如高海拔、低温、土壤贫瘠等条件。同时，贵州在魔芋品种选育和种植技术研究方面也取得了一定的成果，不断培育出适合本地种植的新品种。

（二）华中地区

华中地区的湖北、湖南等地是魔芋的重要产区，具有独特的品种特性。湖北的魔芋种植主要集中在恩施地区，这里被誉为"世界硒都"，土壤中富含硒元素，所产的魔芋也含有丰富的硒，具有较高的营养价值和保健功能。恩施的魔芋品种以花魔芋为主，在长期的种植过程中，形成了适应当地环境的地方品种，这些品种具有生长势强、产量高、抗病性较好等特点。

湖南的魔芋种植主要分布在湘西山区，这里的气候湿润，山地资源丰富，为魔芋生长提供了良好的条件。湘西的魔芋品种在品质上具有优势，口感细腻，风味独特。同时，湖南在魔芋加工方面具有一定的产业基础，对魔芋品种的加工适应性也有较高要求，因此选育出了一些适合加工的魔芋品种，如加工性能良好的魔芋豆腐专用品种。

（三）其他地区

除了西南和华中地区，中国其他地区也有魔芋的零散分布，这些地区的魔芋种质资源各具特点。在陕西南部，由于其独特的地理位置和气候条件，也有一定规模的魔芋种植。这里的魔芋品种多为从周边地区引种而来，但在种植过程中，逐渐适应了本地环境，形成了一些具有地方特色的品种。陕西南部的魔芋在生长周期和品质上与其他产区有所不同，生长周期相对较短，在一些山区，由于昼夜温差较大，魔芋的品质得到了提升，口感更加紧实。

在广西、广东等地，也有少量魔芋种植。这些地区气候温暖湿润，魔芋生长周期较长，以适应高温高湿环境的品种为主。广西的一些地区种植的魔芋在外观和口感上具有独特之处，外观色泽鲜艳，口感爽滑，具有一定的市场竞争力。此外，在一些北方地区，如山东、河南等地，通过设施栽培的方式也开始尝试种植魔芋，虽然种植规模较小，但为魔芋在北方地区的推广提供了经验。

二、生态环境对魔芋种质资源的影响

（一）气候要素

温度是魔芋生长的关键因素之一。魔芋喜温暖湿润的气候，适宜生长温度为 20~30 ℃。在低温环境下，魔芋生长缓慢，当温度低于 15 ℃时，生长速度明显减缓，低于 10 ℃时，基本停止生长，甚至可能遭受冻害。在高温环境下，若温度超过 35 ℃，魔芋容易出现生理障碍，如叶片灼伤、生长受阻等。不同魔芋品种对温度的适应能力存在差异，一些野生品种具有较强的耐寒或耐热能力，这也决定了它们在不同气候区域的分布。

降水对魔芋的生长同样重要，魔芋生长需要充足的水分，但不耐积水。一般来说，年降水量在 800~1500 mm 的地区适宜魔芋生长。在降水较多的地区，魔芋生长较为旺盛，但需要注意排水，防止土壤积水导致根部腐烂。在降水较少的地区，需要通过灌溉等措施满足魔芋生长对水分的需求。降水的季节性分布也会影响魔芋的生长，在魔芋生长的关键时期，如块茎膨大期，需要充足的水分供应，若此时降水不足，会影响魔芋的产量和品质。

光照对魔芋的生长发育也有显著影响。魔芋属于半阴性植物，对光照强度有一定要求。过强的光照会导致魔芋叶片灼伤，影响光合作用，而过弱的光照会导致植株生长细弱，产量降低。一般来说，魔芋生长需要

50%~70%的遮阴度，在自然环境中，魔芋多生长在林下或阴坡等光照较弱的地方。不同品种的魔芋对光照的适应能力有所不同，一些品种在光照较强的环境下也能生长良好，但总体而言，适宜的光照条件是魔芋种质资源形成和发展的重要因素。

（二）土壤条件

土壤条件是影响魔芋种质资源的重要因素，包括土壤类型、酸碱度和肥力等方面。魔芋适宜生长在土层深厚、肥沃疏松、排水良好的土壤中。不同的土壤类型对魔芋的生长有不同的影响，壤土和砂壤土是较为适宜的土壤类型，它们具有良好的透气性和保水性，有利于魔芋根系的生长和块茎的膨大。黏土透气性较差，容易造成土壤积水，影响魔芋生长；砂土保水性差，容易导致水分和养分流失，也不利于魔芋的生长。

土壤酸碱度对魔芋生长影响显著，魔芋适宜在中性至微酸性的土壤中生长，土壤 pH 值以 6.5~7.5 为宜。在酸性土壤中，土壤中的铁、铝等元素溶解度增加，可能会对魔芋产生毒害作用；在碱性土壤中，土壤中的一些营养元素如铁、锌、锰等的有效性降低，导致魔芋缺乏这些营养元素，影响生长发育。因此，在魔芋种植过程中，需要根据土壤酸碱度进行合理的改良，如在酸性土壤中施加石灰等碱性物质，在碱性土壤中施加酸性肥料或使用土壤改良剂。

土壤肥力是影响魔芋产量和品质的重要因素，魔芋生长需要充足的养分供应。土壤中富含氮、磷、钾等大量元素以及钙、镁、锌、硼等微量元素，能够为魔芋的生长提供良好的营养条件。在魔芋生长的不同阶段，对养分的需求也有所不同，在生长前期，需要较多的氮肥，以促进植株的茎叶生长；在生长中后期，需要增加磷、钾肥的供应，以促进块茎的膨大。同时，微量元素对魔芋的生长也具有重要作用，如硼元素能够促进魔芋花粉的萌发和花粉管的伸长，有利于魔芋的授粉和结实；锌元素参与魔芋体内多种酶的合成，对魔芋的生长发育和抗逆性有重要影响。

（三）地形地貌

在不同的地形地貌条件下，魔芋的生长环境和品种特性存在差异。在山地地区，由于海拔、坡度、坡向等因素的影响，形成了多样化的小气候和土壤条件，为魔芋的生长提供了丰富的生态位。山地的海拔高度变化会导致温度、降水、光照等气候要素变化，一般来说，随着海拔的升高，温度降低，降水增多，光照强度增强。因此，在不同海拔高度上，分布着不同品种的魔芋，低海拔地区适宜种植一些对温度要求较高的品种，而高海拔地区适宜种植一些耐寒性较强的品种。

山地的坡度和坡向也会影响魔芋的生长，坡度较缓的地区有利于魔芋的种植和管理，而坡度较陡的地区需要采取特殊的种植措施，如修筑梯田等。阳坡光照充足，温度较高，但水分蒸发较快；阴坡光照较弱，温度较低，但水分条件较好。因此，不同坡向适合种植不同品种的魔芋，阳坡适合种植一些对光照要求较高的品种，阴坡则适合种植一些耐阴性较强的品种。

在平原地区，土壤肥沃，地势平坦，灌溉和交通条件便利，有利于魔芋的规模化种植。平原地区的魔芋种植多采用现代化的种植技术和管理模式，产量相对较高。但平原地区的气候条件相对单一，魔芋品种的多样性相对较少。

河谷地区具有独特的生态环境，一般地势较低，气温较高，水分充足，土壤肥沃。这些条件有利于魔芋的生长，因此，河谷地区的魔芋生长周期相对较短，产量较高。同时，河谷地区的魔芋品种在品质上也具有一定的特点，口感较为鲜美，风味独特。

三、魔芋种质资源的分类与鉴定

（一）基于形态学特征的传统分类

魔芋的形态学特征包括植株整体形态、叶片形态、块茎形态、花和果实的形态等多个方面。从植株整体形态来看，不同品种的魔芋在株高、茎的粗细、叶片的大小和形状等方面存在差异。例如，花魔芋植株相对较高大，茎粗壮，叶片宽大；而白魔芋植株相对矮小，茎较细，叶片相对较小。

叶片形态是魔芋分类的重要依据之一，包括叶片的形状、裂片的数量和形状、叶脉的特征等。魔芋叶片一般为掌状复叶，不同品种的叶片裂片数量和形状有所不同，有的品种叶片裂片较宽，有的则较窄；有的裂片边缘光滑，有的则呈锯齿状。

块茎形态也是区分魔芋品种的关键特征，块茎的形状、大小、颜色、表面特征等都具有品种特异性。花魔芋的块茎一般呈扁球形，表面颜色较深，有明显的节痕；白魔芋的块茎多为近球形，表面颜色较浅，节痕相对不明显。

花和果实的形态特征在魔芋分类中也具有一定的参考价值，花的颜色、形状、花序的结构，以及果实的形状、颜色、大小等，都可以作为鉴别不同魔芋品种的依据。然而，形态学分类方法存在一定的局限性，容易受到环境因素的影响，不同环境条件下生长的同一品种魔芋，其形态特征可能会发生变化，导致分类鉴定的准确性受到影响。

（二）分子生物学技术与魔芋种质鉴定

随着现代生物技术的发展，分子生物学技术在魔芋种质资源鉴定中得到了广泛应用。分子标记技术是其中的重要手段，如随机扩增多态性 DNA（randomly amplified polymorphic DAN，RAPD）、简单序列重复（simple sequence repeats，SSR）、扩增片段长度多态性（amplified fragment length polymorphism，AFLP）等。RAPD 技术通过随机引物对基因组 DNA 进行扩增，产生多态性片段，这些片段可以作为品种鉴定的分子标记。SSR 技术则利用基因组中广泛存在的简单重复序列，设计特异性引物进行扩增，由于不同品种在 SSR 位点上的重复次数不同，从而产生多态性，可用于魔芋品种的准确鉴定。

AFLP 技术结合了限制性片段长度多态性（restriction fragment length polymorphism，RFLP）和聚合酶链式反应（polymerase chain reaction，PCR）技术的优点，具有多态性丰富、稳定性好等特点，能够检测出更多的遗传变异，在魔芋种质资源的遗传多样性分析和品种鉴定中发挥了重要作用。此外，DNA 测序技术也为魔芋种质资源的鉴定提供了更精确的方法，通过对魔芋基因组特定区域的测序，比较不同品种之间的序列差异，能够准确地鉴别魔芋品种，揭示其遗传关系。

分子生物学技术的应用，克服了传统形态学分类方法的局限性，不受环境因素的影响，能够从分子水平上准确地鉴定魔芋种质资源，为魔芋的品种选育、遗传改良和种质资源保护提供了有力的技术支持。

（三）不同分类鉴定方法的比较

传统的基于形态学特征的分类方法，凭借直观的植株、叶片、块茎、花和果实等形态特点进行鉴别。其优势显著，操作简便，无须复杂仪器设备，在田间实地就能快速初步分类。比如花魔芋植株高大、茎粗壮、叶片宽大，白魔芋植株矮小、茎细叶小，依据这些鲜明的形态差异，能快速区分常见品种。但此方法极易受环境因素干扰，在不同生长环境下，同一品种的形态会发生变化，像土壤肥力、光照强度不同时，叶片大小、颜色，块茎形状、色泽等都会改变，导致鉴定结果产生偏差，难以准确鉴别亲缘关系相近的品种。

分子生物学技术，如 RAPD、SSR、AFLP 和 DNA 测序等，从分子层面揭示魔芋遗传信息。RAPD 利用随机引物扩增基因组 DNA 产生多态性片段；SSR 基于基因组简单重复序列设计引物扩增；AFLP 结合 RFLP 和 PCR 技术，多态性丰富、稳定性好；DNA 测序则精确测定基因组特定区域序列。这些技术精准度高，不受环境影响，能清晰分辨形态相似品种。不过，其对仪器设备和技术人员要求高，实验成本高昂，操作复杂，限制了广泛应用。

在实际研究中，先运用形态学分类进行初步筛选与大类划分，快速区分差异明显的品种。对于形态特征难以区分的品种，借助分子生物学技术深入分析，从遗传层面精准鉴别。这种结合方式，既发挥形态学方法的便捷性，又利用分子技术的准确性，全面提高魔芋种质资源分类鉴定的效率与可靠性，为后续研究和利用奠定坚实基础。

四、不同种质魔芋资源的遗传多样性

不同种质的魔芋资源蕴藏着丰富的遗传多样性，这是其在长期进化过程中，受到自然选择和人工选育共同作用的结果，也是魔芋种质资源的核心价值所在。

从宏观层面看，形态学上的多样性是遗传多样性最直观的体现。不同种质的魔芋在植株高度、茎的粗细、叶片形状与大小、块茎形态以及花和果实特征等方面表现各异。例如，有些魔芋品种叶片裂片边缘呈锯齿状，而有些则较为平滑；有的块茎呈扁球形，有的近似圆形，颜色也从浅黄到深褐不等。这些形态差异是遗传物质不同在外观上的呈现，反映了不同种质在长期进化中对不同生态环境的适应。

在生理生化特性方面，遗传多样性同样显著。不同种质魔芋在生长发育进程中，对温度、湿度、光照等环境条件的适应能力有别。部分种质能在高温高湿环境下良好生长，而有些则更适应凉爽干燥的气候。抗病虫能力也因种质而异，一些野生魔芋种质携带特殊抗病基因，对常见病虫害具有较强抗性。在营养成分合成与积累上，不同种质的魔芋在葡甘聚糖、蛋白质、矿物质等含量上差异明显，这直接影响了魔芋的食用、药用和工业应用价值。

深入到分子水平，魔芋种质资源的遗传多样性体现在基因序列、基因表达调控等多个方面。利用分子标记技术检测发现，不同种质魔芋在 DNA 序列上存在大量单核苷酸多态性和插入缺失变异，这些变异是遗传多样性的根本来源。不同种质间基因表达谱也有显著差异，在特定环境下，某些基因在一些种质中高表达，而在另一些种质中低表达或不表达，这决定了魔芋在生理生化和形态上的多样性。

丰富的遗传多样性为魔芋品种改良和创新利用提供了广阔空间。通过杂交、基因编辑等手段，将不同种质的优良基因聚合，有望培育出高产、优质、抗逆性强的新品种，满足日益增长的市场需求，推动魔芋产业可持续发展。

五、珍稀与濒危魔芋种质资源

（一）珍稀品种的独特性状与分布范围

甜魔芋是一种极为特殊的珍稀品种，与常见魔芋不同，它不含生物碱，味道清甜，这一特性使其在食品加工领域具有独特优势，可开发出风味独特的魔芋制品。甜魔芋主要分布在云南部分地区的狭小范围内，对生长环境要求苛刻，多生长在海拔 1000~1500 m、气候温暖湿润、土壤肥沃且排水良好的山林地带。

西盟魔芋（Amorphophallus krausei）也是珍稀品种之一，其块茎富含多种特殊的生物活性成分，在医药研究领域具有潜在价值。西盟魔芋仅分布于云南西盟县及周边少数地区，这些地区的生态环境独特，森林覆盖率高，为西盟魔芋的生长提供了适宜的荫蔽和湿度条件。由于分布范围极为有限，西盟魔芋的种群数量稀少，面临着严峻的生存挑战。

（二）濒危原因

魔芋珍稀品种濒危的原因是多方面的，且情况复杂严峻。从自然因素来看，魔芋生长对生态环境要求严格，适宜的气候、土壤和光照条件缺一不可。全球气候变化导致极端天气事件增多，气温异常波动、降水分布不均，许多魔芋珍稀品种的原生栖息地遭到破坏，适宜生长的环境范围逐渐缩小。例如，部分地区气温升高，使原本适宜魔芋生长的凉爽环境不复存在，导致植株生长不良，甚至无法存活。

地质灾害频发，如泥石流、山体滑坡等，直接破坏魔芋的生长环境，使大量植株死亡。同时，生态环境的变化还影响了魔芋与其他生物的共生关系，如一些传粉昆虫数量减少，影响了魔芋的繁殖。

人为因素更是加速了魔芋珍稀品种的濒危进程。随着经济发展和人口增长，对土地资源的需求不断增加，魔芋原生栖息地被大量开垦用于农业种植、城市建设和工业开发。过度采挖也是重要原因，部分魔芋珍稀品种具有较高的经济价值，在利益驱使下，被过度采挖，导致种群数量急剧减少。此外，外来物种入侵也对魔芋珍稀品种构成威胁，一些外来植物与魔芋争夺生存空间和资源，影响其正常生长和繁殖。

（三）魔芋种质资源保护

魔芋种质资源保护是一项系统工程，不仅涉及珍稀品种，还涵盖所有具有重要价值的种质资源。在政策法规层面，政府应制定和完善相关法律法规，明确对魔芋种质资源的保护范围、保护措施和法律责任，加大对非法采挖、破坏魔芋种质资源行为的打击力度。

加强种质资源的收集、整理和评价工作，建立全面的魔芋种质资源数据库。通过广泛的野外调查和收集，将不同地区、不同品种的魔芋种质资源纳入数据库管理，详细记录其形态特征、遗传信息、生态环境等数据，为资源保护和利用提供科学依据。

鼓励科研机构和企业开展魔芋种质资源保护与利用研究，加强技术创新。在品种选育方面，利用现代生物技术，培育出适应不同环境、具有优良性状的新品种，减少对野生种质资源的依赖。在栽培技术研究上，探索高效、环保的种植模式，提高魔芋的产量和品质，促进魔芋产业可持续发展，从根本上推动魔芋种质资源的保护。

第三节　中国魔芋产业发展概况

一、魔芋产业的发展脉络

（一）中国魔芋产业的起源与早期发展

魔芋在中国的种植历史可追溯至两千多年前，早期的魔芋种植主要集中在西南地区，这里复杂的地形和多样的气候为魔芋生长提供了适宜环境。早期的种植方式极为原始，农民凭借经验选择背阴、湿润的地块，采用简单的穴播方式，将魔芋种芋直接埋入土壤，缺乏科学的种植管理。加工技术也十分简陋，以制作魔芋豆腐为例，仅通过简单的磨浆、加碱凝固等手工操作，产品主要满足当地居民的日常食用需求，产业规模微小，处于萌芽状态。

（二）近现代魔芋产业

近现代以来，随着农业科学技术的进步，魔芋产业迎来变革。20 世纪中叶，科研机构开始系统研究魔芋，在品种选育方面取得初步成果，引入和培育了一些产量更高、品质更优的品种，如从日本引进部分品种并进行本土化改良，提高了魔芋的适应性和产量。在种植技术上，逐渐摒弃传统的粗放式管理，开始注重土壤改良、合理施肥和病虫害防治。在加工领域，从传统手工加工向半机械化、机械化加工转变，生产效率大幅提高，产品种类也有所增加，除了传统的魔芋食品，还出现了魔芋精粉等初加工产品，市场范围逐渐从产地向周边地区扩展，初步形成了产业链。

（三）不同历史时期产业发展关键节点与影响因素

交通基础设施的完善是产业发展进程加快的关键因素。在古代，由于交通条件的限制，魔芋产品的流通受到极大制约，市场范围主要局限于产地周边。随着公路、铁路等交通网络的逐步完善，魔芋产品得以更高效地分销至全国各地，从而显著扩大了市场覆盖范围。以西南地区为例，魔芋产品借助铁路运输网络，能够迅速抵达东部沿海城市，进而开拓了更为广阔的市场空间。

政策因素在产业发展中扮演着至关重要的角色。政府对农业产业的扶持政策，包括农业补贴、税收优惠等，极大地激发了农民的种植热情，促进了种植面积的显著增长。在技术研发领域，政府的投入增加，支持科研机构进行魔芋种植及加工技术的研究，有效推动了产业技术的革新与进步。

市场需求的演变是驱动产业发展的重要力量。近年来，消费者对健康食品的追求日益增长，魔芋作为一种低热量、富含高膳食纤维的食品，其市场需求迅速增加，这促使产业规模迅速扩大，产品种类持续增多，进而推动了产业的快速发展。

二、魔芋种植现状与技术革新

（一）种植面积与产量变化趋势

近年来，中国魔芋的种植面积总体呈现波动上升的趋势。随着市场对魔芋产品需求的持续增长，种植者的积极性显著提升，种植区域逐渐由传统的西南产区向华中、华东等地区拓展。西南地区作为魔芋的核心产区，云南、四川、贵州等省份的种植面积占全国的比重较大。

在产量方面，随着种植技术的持续优化和新品种的广泛推广，魔芋的产量实现了稳步提升。然而，魔芋生长对环境条件的严格要求，其产量易受自然灾害的影响，如干旱、洪涝、病虫害等，导致产量存在年度间的波动。从长期趋势来看，中国魔芋的种植面积整体呈现上升态势。魔芋作为特色农业产业的重要组成部分，因市场需求的增加、政策支持以及种植技术的进步，种植规模持续扩大。但同时，也存在短期波动，如2024年的数据显示全国魔芋种植面积相较于2023年降低了12%。产量总体上随着种植面积的扩大而增长，但受到气候、病虫害等因素的显著影响。近年来，极端天气事件频发，如2024年的高温干旱、前期的雨涝等，均对魔芋产量造成了损害。相关统计数据显示，中国每年的魔芋产量大约为5×10^5 t。从单位面积产量来看，通常情况下，魔芋的平均产量为2000~2500 kg/亩，若采用一代种芋且管理得当，产量可达到2500 kg/亩，而二代种芋的产量会有所下降。此外，一些高产品种如杂交魔芋，据报道其亩产量可达到5500 kg。

（二）绿色与可持续种植模式

绿色与可持续种植模式成为魔芋产业发展的重要方向。林下种植模式得到大力推广，利用林地的自然遮阴条件，实现林芋共生。这种模式不仅为魔芋生长提供了适宜的光照环境，还提高了土地利用率，减少了水土流失，保护了生态环境。

在病虫害防治方面，生物防治和物理防治等绿色防控技术得到广泛应用。利用害虫的天敌，如捕食性昆虫、寄生性天敌等，控制害虫种群数量；采用灯光诱捕、糖醋液诱杀等物理方法，降低害虫密度。减少化学农药的使用，保障了魔芋的绿色生产，提高了产品质量和安全性。

三、魔芋加工产业

（一）初加工产业

魔芋初加工产品主要包括魔芋精粉、魔芋片等。魔芋精粉的加工工艺通常包括清洗、去皮、粉碎、研磨、分离、干燥等环节。首先将魔芋块茎清洗干净，去除表面杂质，然后去皮，通过粉碎、研磨将其制成浆状，再利用分离技术去除杂质，最后经过干燥处理得到魔芋精粉。魔芋片则是将魔芋块茎切片后进行干燥制成。

在市场供需方面，随着魔芋产业的快速发展，人们对魔芋初加工产品的需求持续增长。魔芋精粉作为深加工的重要原料，广泛应用于食品、医药、工业等领域，市场需求旺盛。国内魔芋初加工企业数量众多，但规模普遍较小，市场竞争激烈，产品质量参差不齐。部分企业由于技术落后、设备陈旧，生产的初加工产品在纯度、粒度等指标上难以满足市场需求。

（二）深加工产业

在食品领域，魔芋深加工产品种类丰富多样。除了传统的魔芋豆腐、魔芋粉丝外，还开发出魔芋仿生食品，如魔芋素肉、魔芋海鲜等，这些产品通过模拟真实肉类和海鲜的口感和质地，满足了消费者对健康素食的需求。魔芋休闲食品如魔芋果冻、魔芋薯片等也深受市场欢迎。

在医药领域，魔芋中的葡甘聚糖等成分具有降血脂、降血糖、增强免疫力等功效，被广泛应用于保健品和药品的研发。一些以魔芋为主要原料的保健品，能够有效调节血脂、血糖水平，受到消费者的青睐。

在工业领域，魔芋可用于制造生物可降解材料、造纸助剂、纺织助剂等。例如，利用魔芋葡甘聚糖制备的生物可降解材料，具有良好的生物相容性和降解性能，在环保领域具有广阔的应用前景。

（三）加工技术创新与产业升级路径

加工技术创新是推动魔芋产业升级的关键。超微粉碎技术的应用，能够进一步细化魔芋精粉的粒度，提高其溶解性和功能性，拓展了魔芋在食品、医药等领域的应用范围。膜分离技术、超临界流体萃取技术等先进技术的引入，能够更高效地提取魔芋中的有效成分，提高产品纯度和附加值。

在产业升级路径方面，加强产学研合作是重要举措。科研机构和企业应紧密合作，共同开展技术研发和产品创新。企业应加大对加工设备的更新改造投入，提高生产自动化水平，降低生产成本，提高产品质量和市场竞争力。通过品牌建设，提升产品知名度和美誉度，推动魔芋产业向高端化、品牌化方向发展。

四、魔芋市场与消费格局

（一）国内市场

近年来，随着消费者健康意识的不断提高，对低热量、高膳食纤维食品的需求日益增长，国内魔芋市场规模呈现出稳步扩大的趋势。在消费特点方面，食品领域是魔芋产品的主要消费市场。魔芋豆腐、魔芋粉丝等传统魔芋食品依然深受广大消费者喜爱，尤其是在南方地区，魔芋豆腐是餐桌上常见的美食。同时，魔芋休闲食品如魔芋果冻、魔芋薯片等也逐渐受到消费者的青睐，这些休闲食品凭借其独特的口感和健康属性，在年轻消费者群体中拥有较高的市场占有率。

在地域分布上，国内魔芋消费市场呈现出明显的区域差异。西南地区作为魔芋的主要产区，消费者对魔芋产品的认知度和接受度较高，市场需求较为旺盛。在东部沿海地区和一线城市，随着健康饮食理念的普及，消费者对魔芋产品的需求也在快速增长，市场潜力巨大。

此外，随着电商平台的兴起和物流配送体系的完善，线上渠道成为魔芋产品销售的重要途径。消费者通过电商平台购买魔芋产品的比例逐年上升，线上销售的便捷性和丰富的产品选择，满足了消费者多样化的需求。

（二）国际市场

在国际魔芋市场中，日本是最大的魔芋消费国之一，魔芋在日本的饮食文化中占据重要地位，被广泛应用于制作各种传统美食，如魔芋丝、魔芋块等。日本对魔芋产品的品质和安全性要求较高，其市场上的魔芋产品种类丰富，包括高端的有机魔芋产品和加工精细的魔芋制品。

韩国也是魔芋的主要消费国，魔芋在韩国的火锅、烤肉等餐饮场景中应用广泛。韩国的魔芋市场以进口产品为主，主要从中国、越南等国家进口魔芋初加工产品和深加工产品。

在欧美市场，随着健康饮食理念的传播，魔芋产品的认知度逐渐提高。魔芋因其低热量、高膳食纤维的特性，被视为健康食品的代表之一，受到健身人士和注重健康的消费者的关注。目前，欧美市场上的魔芋产品主要以魔芋粉、魔芋膳食纤维补充剂等形式存在，市场规模虽然相对较小，但增长潜力巨大。

从贸易趋势来看，中国是全球最大的魔芋生产国和出口国，魔芋产品的出口量逐年增长。中国主要向日本、韩国、东南亚以及欧美等国家和地区出口魔芋初加工产品如魔芋精粉、魔芋干片，以及深加工产品如魔芋食品、魔芋保健品等。然而，随着国际市场竞争的加剧，以及各国对食品安全和质量标准的不断提高，中国魔芋产品出口面临着一定的挑战，如贸易壁垒、质量检测标准差异等问题。

（三）魔芋市场的竞争态势与主要品牌

在国内魔芋市场，竞争格局呈现出多元化的特点。一方面，大型农业企业凭借其资金、技术和品牌优势，在市场上占据主导地位。这些企业拥有规模化的种植基地和先进的加工生产线，能够保证产品的质量和供应稳定性，同时注重品牌建设和市场推广，通过广告宣传、参加展会等方式，提高品牌知名度和市场影响力。

另一方面，众多中小企业和家庭作坊式企业在市场中占据一定份额。这些企业以生产中低端魔芋产品为主，产品价格相对较低，主要面向当地市场和二三线城市市场。中小企业数量众多，市场竞争激烈，部分企业存在产品质量不稳定、品牌意识淡薄等问题，导致市场上魔芋产品质量参差不齐。

在国际市场上，日本、韩国等国家的魔芋企业在高端产品领域具有较强的竞争力。这些企业拥有先进的加工技术和严格的质量控制体系，产品在品质和品牌形象上具有优势。例如，日本的一些知名魔芋品牌，以精湛的加工工艺和高品质的产品，在国际市场上享有盛誉。

中国的魔芋企业在国际市场上主要以价格优势参与竞争，但随着国际市场对产品质量和品牌要求的提高，中国企业也在不断加强技术创新和品牌建设，提升产品的附加值和市场竞争力。目前，国内一些大型魔芋企业已经开始打造具有国际影响力的品牌，通过参加国际展会、与国际知名企业合作等方式，拓展国际市场份额。

（四）消费者认知

多数消费者对魔芋加工产品仅停留在表面了解，如知道魔芋豆腐、魔芋丝等常见食品，对魔芋在医药、工业领域的应用，像魔芋用于制作生物可降解材料、药物缓释载体等知之甚少。调查显示，超70%的消费者表示仅在食品领域听说过魔芋，对其在其他领域的用途完全不了解。

消费者主要通过传统渠道认知魔芋加工产品，如超市货架展示、线下菜市场售卖以及亲朋好友介绍。在互联网时代，线上渠道虽有发展，但影响力仍较弱。社交媒体、电商平台等传播的魔芋产品信息，受众覆盖范围有限，导致消费者获取信息的途径较为狭窄。

（五）市场推广策略

利用社交媒体平台，如微博、抖音、小红书等，发布魔芋加工产品的科普视频、美食制作教程、健康知识分享等内容，吸引年轻消费者关注。与美食博主、健身达人、养生专家等合作，进行产品推广，扩大品牌影响力。在电商平台开设官方旗舰店，优化店铺页面设计，展示产品特色和优势，提供便捷的购买渠道，同时开展直播带货、限时折扣、满减优惠等促销活动，提高产品销量。

举办魔芋美食节、健康讲座、产品品鉴会等活动，邀请消费者现场参与，亲身体验魔芋加工产品的美味和健康功效。在活动现场设置互动环节，如烹饪比赛、知识问答等，增加消费者的参与感和对产品的了解。在超市、商场等人流量较大的场所设置产品试吃点，让消费者免费品尝魔芋加工产品，激发购买欲望。

明确品牌定位，塑造独特的品牌形象，突出魔芋加工产品的绿色、健康、天然等特点，打造具有差异化竞争优势的品牌。加大品牌宣传力度，通过广告投放、公关活动、参加行业展会等方式，提高品牌知名度和美誉度。注重产品质量和服务，以优质的产品和服务赢得消费者的信任和口碑，促进品牌长期发展。

五、经济效益与社会效益

（一）产业对地方经济增长的贡献

魔芋产业对地方经济增长具有重要推动作用。在魔芋主产区，魔芋种植和加工成为当地的支柱产业之一，带动了相关产业的发展。农资生产行业受益于魔芋种植的需求，化肥、农药、种子等农资产品的销售量增加；农产品运输行业也随着魔芋产品的流通而发展，促进了物流配送行业的繁荣；食品加工行业围绕魔芋产品进行深加工，进一步延伸了产业链，增加了产品附加值。这些相关产业的发展，增加了地方财政收入，促进了区域经济的繁荣。

（二）就业带动与农民增收效应

魔芋产业创造了大量的就业机会。在种植环节，从土地整理、播种、田间管理到采收，每个阶段都需要大量劳动力；加工环节包括初加工和深加工，涉及生产、包装、质检等多个岗位；销售环节则涵盖市场营销、物流配送等工作。在农村地区，魔芋种植为农民提供了稳定的收入来源。通过规模化种植和产业化经营，农民不仅可以通过销售魔芋产品获得收入，还可以在种植和加工过程中获得劳务收入，使收入水平显著提高。

（三）产业发展与乡村振兴战略融合

魔芋产业发展与乡村振兴战略紧密融合。产业发展促进了农村产业结构调整，推动了农业现代化进程。通过发展魔芋产业，农村基础设施建设得到改善，道路、水电等基础设施不断完善，提高了农村公共服务水平。产业的发展还吸引了人才回流，一些外出务工人员回到家乡，参与魔芋种植和加工，为乡村振兴注入了新的活力。同时，魔芋产业的发展带动了农村生态环境的保护和改善，林下种植等绿色种植模式的推广，实现了经济发展与生态保护的良性互动。

六、魔芋产业面临的挑战

（一）种植环节

在种植环节，土地资源有限是一大挑战。魔芋适宜种植的土地主要集中在山区，随着种植规模的不断扩大，土地资源紧张的问题日益突出。部分地区过度开垦，导致土壤肥力下降，影响了魔芋的生长和产量。

自然灾害频繁发生，对魔芋产量和质量造成严重影响。旱灾、水灾、病虫害等自然灾害每年都会给魔芋种植带来不同程度的损失。例如，魔芋软腐病是一种常见的病害，一旦发生，会导致大量植株死亡，减产严重。在技术瓶颈方面，虽然现代种植技术不断发展，但仍存在一些问题。部分种植户对新技术的接受程度较低，传统种植观念根深蒂固，导致新技术推广难度较大。在品种选育方面，虽然已经培育出一些新品种，但与市场需求相比，仍存在差距，需要进一步加强品种创新。

（二）加工领域

在加工领域，成本控制是企业面临的重要问题。魔芋加工原材料成本较高，加上加工设备投资、能源消耗、人力成本等，导致产品成本居高不下。一些小型加工企业由于规模较小，难以实现规模化生产，成本优势不明显。

在质量标准方面，目前魔芋产品的质量标准还不够完善，不同企业的产品质量参差不齐。部分企业为了降低成本，采用劣质原料或落后的加工工艺，导致产品质量不达标，影响了整个行业的声誉。创新能力不足也是制约加工产业发展的因素之一。一些企业缺乏研发投入，产品创新能力较弱，难以满足市场多样化的需求。

（三）市场层面

在市场层面，魔芋产品价格波动较大。魔芋种植受自然因素影响较大，产量不稳定，导致市场供需关系失衡，价格波动频繁。价格的不稳定给种植户和加工企业带来了较大的经营风险。

目前，市场竞争日益激烈，国内外企业纷纷进入魔芋市场，市场竞争压力增大。一些国外企业凭借先进的技术和品牌优势，在高端市场占据一席之地；国内企业则主要集中在中低端市场，产品同质化严重，竞争激烈。在品牌建设方面，目前国内魔芋品牌知名度较低，缺乏具有国际影响力的品牌。部分企业对品牌建设重视不足，品牌宣传和推广力度不够，导致产品附加值较低。

七、魔芋产业发展的政策支持

国家和地方政府出台了一系列产业扶持政策，促进魔芋产业发展。在种植环节，政府通过农业补贴、良种补贴等政策，鼓励农民扩大魔芋种植面积，推广优良品种。在加工环节，对魔芋加工企业给予税收优惠、贷款贴息等支持，降低企业经营成本，促进企业发展壮大。在技术研发方面，设立科研项目，支持科研机构开展魔芋种植、加工技术研究，推动产业技术进步。

第四节　魔芋的营养价值

一、魔芋的生物学基础

（一）魔芋的植物学特征与分类

魔芋植株通常由块茎、根、叶、花和果实构成。块茎是其核心部分，呈扁球形或近球形，表面粗糙且具节痕与芽眼，内部储存大量营养物质，为植株生长发育提供能量。魔芋根为肉质须根，分布浅，集中在土壤表层，主要负责吸收水分与养分。其叶为大型复叶，一般由一根粗壮的叶柄支撑，叶柄上有各种颜色的斑纹，如深褐色、紫色等，十分醒目。叶片多为羽状分裂，裂片数量和形状因品种而异。魔芋花为佛焰花序，由佛焰苞和肉穗花序组成，佛焰苞形态多样，颜色鲜艳，常呈喇叭状，肉穗花序则包含雄花和雌花，且花期较短，一般只有几天时间。果实为浆果，成熟时多为红色或黄色，内含 1~3 粒种子。

在分类学上，魔芋属于天南星科魔芋属，目前已知该属约有 160 种，广泛分布于亚洲、非洲和大洋洲的热带及亚热带地区。我国有 20 余种，常见栽培种包括花魔芋、白魔芋、珠芽魔芋等。花魔芋分布最广，产量高，块茎大，适应性强；白魔芋品质优良，葡甘聚糖含量高，口感细腻；珠芽魔芋则以繁殖方式独特，能在叶腋处形成珠芽而区别于其他品种。

（二）魔芋的生长环境与生长周期

魔芋喜温暖湿润、半阴的环境，生长适宜温度为 20~30 ℃。当温度低于 15 ℃时，生长速度明显减缓，低于 10 ℃时，基本停止生长；高于 35 ℃时，植株易受高温危害，出现叶片灼伤、生长受阻等现象。魔芋对土壤要求较高，偏好土层深厚、肥沃疏松、排水良好且富含有机质的中性至微酸性土壤。土壤酸碱度（pH 值）在 6.5~7.5 为宜，过酸或过碱的土壤都不利于魔芋的生长。在生长过程中，魔芋需要充足的水分，但不耐积水，因此要求土壤具有良好的透气性和排水性。

魔芋生长周期一般为 6~8 个月，可分为发芽期、幼苗期、换头期、块茎膨大期和成熟期。发芽期从种芋解除休眠开始，到第一片叶完全展开结束，此阶段主要依赖种芋内储存的营养物质。幼苗期从第一片叶展开至换头，植株生长缓慢，主要进行根系和叶片的生长发育。换头期是魔芋生长的关键时期，种芋营养耗尽，新块茎开始独立生长，此阶段植株生长迅速，对养分和水分需求增加。块茎膨大期是产量形成的关键阶段，新块茎迅速膨大，干物质积累加快，需要充足的光照、水分和养分。成熟期块茎生长基本停止，淀粉等营养物质进一步积累，此时可进行采收。

（三）魔芋品种多样性与营养特性差异

魔芋品种丰富，不同品种在形态、生长习性和营养特性上存在显著差异。除常见的花魔芋、白魔芋和珠芽魔芋外，还有甜魔芋、西盟魔芋等。

在营养特性方面，不同品种魔芋的葡甘聚糖含量有较大差异。白魔芋的葡甘聚糖含量通常较高，可达 60%~70%，而花魔芋一般在 50%~60%。葡甘聚糖含量的高低直接影响魔芋在食品、医药等领域的应用价值。

蛋白质和氨基酸含量也因品种而异。研究表明，某些野生魔芋品种的蛋白质含量相对较高，且氨基酸组成更平衡，包含多种人体必需氨基酸。在矿物质元素方面，不同品种魔芋对钙、铁、锌等元素的吸收和积累能力不同，这可能与品种的遗传特性以及生长环境有关。例如，生长在富含微量元素土壤中的魔芋，其相应矿物质元素含量可能较高。

二、魔芋主要营养成分

魔芋作为一种营养丰富的植物，其成分包括大量的水分以及碳水化合物、蛋白质、膳食纤维、维生素和矿物质等。在这些成分中，葡甘聚糖作为碳水化合物的主要成分，具有显著的特色，其含量在魔芋中相当丰富。蛋白质中包含了多种人体必需的氨基酸。除此之外，魔芋还富含维生素 E、维生素 B 族等多种维生素，以及钙、磷、镁、钾等矿物质。

（一）碳水化合物

魔芋中最主要的碳水化合物是葡甘聚糖，它是一种由葡萄糖和甘露糖通过 β-1,4 糖苷键连接而成的高分了多糖，主链上还含有少量乙酰基。葡甘聚糖的分子量较大，一般在 10 万~200 万，其结构具有高度的规整性和线性。这种独特的结构赋予了葡甘聚糖许多特殊的理化性质。在一定条件下，葡甘聚糖能形成热不可逆凝胶。当与碱、硼砂等交联剂作用时，葡甘聚糖分子间通过氢键和离子键相互作用，形成三维网状结构的凝胶。魔芋凝胶具有良好的弹性、韧性和持水性，是制作魔芋豆腐、魔芋果冻等凝胶食品的主要原料。此外，葡甘聚糖还具有吸附性，能吸附肠道内的胆固醇、胆汁酸等有害物质，减少人体吸收，从而起到降血脂、预防心血管疾病的作用。

葡甘聚糖具有良好的水溶性，在水中能迅速溶解，形成高黏度的溶液。其水溶液的黏度随浓度增加而显著增大，且具有良好的稳定性，在不同温度和 pH 值条件下，仍能保持较高的黏度。这一特性使其在食品工业中被广泛用作增稠剂、稳定剂和乳化剂，用于改善食品的质地和口感。

（二）膳食纤维

魔芋是一种富含膳食纤维的植物，其膳食纤维含量高达 30%～40%。魔芋中的膳食纤维主要包括可溶性膳食纤维和不可溶性膳食纤维，其中可溶性膳食纤维以葡甘聚糖为主，不可溶性膳食纤维则主要由纤维素、半纤维素和木质素组成。

膳食纤维具有多种独特的生理功能。在消化系统中，膳食纤维能增加粪便体积，促进肠道蠕动，预防便秘和肠道疾病。它还能调节肠道菌群，为有益菌提供生长底物，促进双歧杆菌、乳酸菌等有益菌的生长繁殖，维持肠道微生态平衡。膳食纤维能延缓碳水化合物的消化和吸收，降低血糖上升速度。对于糖尿病患者，摄入富含膳食纤维的魔芋食品，有助于控制血糖水平，减少血糖波动。同时，膳食纤维还能吸附胆固醇和胆汁酸，减少其重吸收，从而降低血液中胆固醇和甘油三酯的含量，预防心血管疾病。此外，膳食纤维具有较强的饱腹感，能减少热量摄入，有助于控制体重和预防肥胖。

（三）蛋白质与氨基酸

魔芋中蛋白质含量相对较低，一般在 2%～5%，但含有多种人体必需氨基酸，如亮氨酸、异亮氨酸、赖氨酸、蛋氨酸等。这些必需氨基酸人体自身无法合成，必须从食物中获取。

魔芋蛋白质的氨基酸组成相对平衡，与人体需求模式较为接近，具有一定的营养价值。虽然其蛋白质含量不高，但可在膳食中作为蛋白质的补充来源之一。特别是对于素食者,魔芋能为其提供部分必需氨基酸,满足身体对蛋白质的需求。研究表明,魔芋蛋白质还具有一些特殊的生理活性。某些蛋白质成分可能具有抗氧化、抗菌等功能,对人体健康具有潜在益处。不过,目前对于魔芋蛋白质的研究相对较少,其具体的生理功能和作用机制仍有待进一步探索。

三、魔芋中的微量营养成分

(一) 维生素

魔芋中含有多种维生素,包括维生素 B_1、维生素 B_2、维生素 C、维生素 E 等,但含量相对较低。

维生素 B_1,又称硫胺素,在魔芋中的含量为 $0.05\sim0.10$ mg/100 g,它参与碳水化合物的代谢过程,对维持神经系统和心脏的正常功能具有重要作用。缺乏维生素 B_1 会导致脚气病、神经炎等疾病。维生素 B_2,即核黄素,含量为 $0.03\sim0.07$ mg/100 g,它是许多酶的组成成分,参与体内氧化还原反应和能量代谢。缺乏维生素 B_2 会引起口腔溃疡、口角炎、脂溢性皮炎等症状。维生素 C,又称抗坏血酸,在魔芋中的含量为 $10\sim20$ mg/100 g,具有强大的抗氧化作用,能清除体内自由基,增强免疫力,促进胶原蛋白合成,预防坏血病。维生素 E 也是一种重要的抗氧化剂,能保护细胞膜免受氧化损伤,延缓衰老,在魔芋中的含量为 $0.5\sim1.5$ mg/100 g。

虽然魔芋中的维生素含量不高,但在日常饮食中,作为食物多样性的一部分,仍能为人体补充一定量的维生素,对维持身体健康发挥积极作用。

(二) 矿物质元素

魔芋含有多种矿物质元素,如钙、铁、锌、钾、镁等。钙是人体骨骼和牙齿的主要组成成分,对维持骨骼健康和神经肌肉的正常功能至关重要。魔芋中的钙含量为 $40\sim80$ mg/100 g,虽然相比一些高钙食物,含量不算高,但对于满足人体日常钙需求仍有一定贡献。铁是血红蛋白的重要组成部分，参与氧气的运输和储存。魔芋中的铁含量为 0.5 ~ 1.5 mg/100 g，对于预防缺铁性贫血具有一定作用。但魔芋中的铁为非血红素铁，生物利用率相对较低，可与富含维生素 C 的食物一起食用，提高铁的吸收率。锌是许多酶的活性中心，参与人体生长发育、免疫调节等多个生理过程。魔芋中锌含量为 0.3 ~ 0.8 mg/100 g，对维持人体正常生理功能具有重要意义。此外，钾、镁等矿物质元素在维持人体电解质平衡、调节心脏功能和血压等方面也发挥着重要作用。

（三）其他生物活性成分

除了上述营养成分外，魔芋还含有一些其他生物活性成分，如多酚、黄酮、生物碱等，这些成分具有多种生物活性和潜在的健康益处。

多酚类物质具有较强的抗氧化能力，能清除体内自由基，减轻氧化应激对细胞的损伤。研究发现，魔芋中的多酚类物质主要包括酚酸、黄酮醇等，它们在预防心血管疾病、癌症、神经退行性疾病等方面具有潜在作用。例如，酚酸类物质可以通过抑制脂质过氧化和血小板聚集，降低心血管疾病的发生风险。

黄酮类化合物也是一类重要的生物活性成分，具有抗氧化、抗炎、抗菌、抗病毒等多种功效。魔芋中的黄酮类化合物可能通过调节细胞信号通路，发挥对人体健康的保护作用。虽然目前对魔芋中多酚、黄酮等生物活性成分的研究还处于初步阶段，但其潜在的应用价值和健康功效值得进一步探索和研究。

四、魔芋营养成分的分析检测技术

（一）传统化学分析方法

对于碳水化合物，常用的检测方法有蒽酮—硫酸法测定总糖含量，通过将多糖水解为单糖，然后与蒽酮试剂反应，在特定波长下，比色测定吸光度，从而计算出总糖含量。对于葡甘聚糖，常采用酶解法结合高效液相色谱（HPLC）进行测定，先用特定的酶将葡甘聚糖降解为寡糖片段，再通过 HPLC 分离和定量分析。膳食纤维的测定通常采用酸碱洗涤法，先将样品用稀酸和稀碱处理，去除蛋白质、淀粉等杂质，再将剩余的残渣称重，计算膳食纤维含量。蛋白质含量测定常用凯氏定氮法，通过将样品中的氮转化为氨，用酸吸收后滴定，根据氮含量换算出蛋白质含量。氨基酸分析则采用氨基酸自动分析仪，先将蛋白质水解为氨基酸，再进行分离和定量测定。

这些传统方法操作相对简单、成本较低，但存在分析时间长、准确性和灵敏度有限等缺点。

（二）现代仪器分析技术

高效液相色谱（HPLC）具有分离效率高、分析速度快、灵敏度高等优点，可用于测定魔芋中的各种营养成分，如葡甘聚糖、多酚、黄酮、维生素等。通过选择合适的色谱柱和流动相，能够实现对不同成分的有效分离和定量分析。

气相色谱—质谱联用技术（GC-MS）主要用于分析挥发性成分和脂肪酸等。在魔芋分析中，可用于检测魔芋中的挥发性风味物质，以及脂肪酸的组成和含量。先将样品中的挥发性成分提取出来，然后通过气相色谱进行分离，再用质谱进行定性和定量分析。

此外，电感耦合等离子体质谱（ICP-MS）可用于测定魔芋中的矿物质元素，具有灵敏度高、检测限低、可同时测定多种元素等优点。它能够准确测定钙、铁、锌、硒等微量元素的含量，为研究魔芋的营养价值提供精确的数据支持。

五、魔芋营养价值研究方向

（一）基因编辑与分子营养

基因编辑技术为魔芋营养价值的提升带来了新的机遇。通过 CRISPR-Cas9 等基因编辑工具，科研人员可以精准地对魔芋的基因进行修饰，调控与营养成分合成相关基因的表达。例如，可增强编码葡甘聚糖合成酶基因的表达，提高魔芋中葡甘聚糖的含量；或者敲除某些影响营养品质的基因，如降低导致魔芋苦涩味的物质合成相关基因的表达，改善魔芋的口感。这将有助于培育出营养更加丰富、品质更优的魔芋新品种，满足市场对高品质魔芋产品的需求。

分子营养领域的研究也将为深入了解魔芋营养价值提供新的视角。从分子层面研究魔芋营养成分与人体细胞、组织和器官之间的相互作用机制，揭示魔芋在调节人体代谢、免疫功能等方面的分子信号通路。例如，研究魔芋中的膳食纤维如何通过肠道菌群调节人体的代谢基因表达，从而影响血糖、血脂代谢等生理过程。这些研究成果将为开发基于魔芋营养价值的精准营养产品提供理论依据。

此外，对魔芋中新型生物活性成分的挖掘也是前沿研究方向之一。利用现代分析技术，如代谢组学、蛋白质组学等，全面分析魔芋中的化学成分，寻找尚未被发现的具有特殊生理功能的生物活性物质。这些新成分可能具有更强的抗氧化、抗炎、抗菌等功效，为魔芋在医药、食品等领域的应用开辟新的途径。

（二）跨学科融合

跨学科融合将极大地推动魔芋营养研究的发展。生物学与食品科学的融合，可深入研究魔芋生长发育过程中营养成分的合成与积累规律，为优化种植和加工技术提供理论基础。可以通过研究魔芋在不同生长阶段营养成分的变化，确定最佳的采收时间，获得营养成分含量最高的原料。在加工过程中，结合生物学原理和食品加工技术，开发出既能保留魔芋营养成分，又能改善产品品质的加工工艺。

医学与营养学的交叉，有助于深入研究魔芋对人体健康的影响机制。通过临床研究和营养干预试验，明确魔芋在预防和治疗慢性疾病，如糖尿病、心血管疾病、肥胖症等方面的具体作用和效果。将医学研究成果应用于营养学领域，开发出具有针对性的魔芋营养保健食品，满足不同人群的健康需求。

材料科学与魔芋研究的结合，可探索魔芋在新型生物材料领域的应用。利用魔芋中的葡甘聚糖等成分制备生物可降解材料、药物载体等。例如，将魔芋葡甘聚糖与其他天然高分子材料复合，制备出具有良好生物相容性和降解性的包装材料；或将魔芋作为药物载体，实现药物的缓释和靶向输送，提高药物的疗效。

第五节　魔芋的保健养生作用

一、魔芋与消化系统健康

魔芋中丰富的膳食纤维在消化系统中扮演着关键角色。不可溶性膳食纤维如同肠道的"清道夫"，它能增加粪便体积，促进肠道蠕动，有效预防便秘。当膳食纤维进入肠道后，因其具有较强的持水性，可吸收大量水分，使粪便变得松软，体积增大，易于排出体外，减少有害物质在肠道内的停留时间，降低了肠道疾病的发生风险。

而可溶性膳食纤维中的葡甘聚糖，能在肠道内形成黏性物质，调节肠道菌群平衡。肠道菌群是一个复杂的生态系统，对人体健康至关重要。多项研究表明，葡甘聚糖为双歧杆菌、乳酸菌等有益菌提供生长所需的养分，促进它们的增殖，抑制有害菌的生长。有益菌通过发酵葡甘聚糖产生短链脂肪酸，如乙酸、丙酸和丁酸等，这些短链脂肪酸不仅能为肠道上皮细胞提供能量，维持肠道黏膜的完整性，还能调节肠道的免疫功能，增强肠道对病原体的抵抗力。例如在小鼠实验中，喂食魔芋膳食纤维的小鼠肠道内，双歧杆菌数量明显增加，有害菌数量减少，肠道菌群结构更加合理。

通过促进肠道蠕动，调节肠道菌群平衡，魔芋有助于减少肠道内有害物质的停留时间，减少其与肠道黏膜的接触，从而降低肠炎、肠癌等肠道疾病的发生风险。此外，还能维持肠道黏膜屏障的完整性，增强肠道的免疫功能。

此外，魔芋在口腔中就能发挥一定作用。其可在咀嚼过程中刺激唾液分泌，唾液中的淀粉酶等物质有助于初步消化食物，同时清洁口腔，减少口腔细菌滋生，维护口腔健康。在胃中，魔芋的黏性成分可在胃黏膜表面形成一层保护膜，减少胃酸和食物对胃黏膜的刺激，对预防胃炎、胃溃疡等疾病有一定益处。

二、魔芋与血糖、血脂和心血管健康

（一）血糖调节

在血糖调节方面，大量研究表明魔芋具有显著功效。魔芋中的葡甘聚糖是一种优质的可溶性膳食纤维，它在肠道内形成的黏性物质可延缓碳水化合物的消化和吸收。当人体摄入含魔芋的食物后，碳水化合物的分解和吸收速度减缓，葡萄糖进入血液的速度也随之降低，避免了血糖快速上升。临床研究数据显示，糖尿病患者食用富含魔芋的食品后，餐后血糖水平明显降低，且血糖波动幅度减小。一项针对 200 名 2 型糖尿病患者的为期 12 周的干预研究发现，实验组在饮食中添加魔芋制品后，糖化血红蛋白（HbA1c）水平较对照组显著下降，表明长期食用魔芋有助于改善糖尿病患者的血糖控制情况。

（二）血脂调节

在血脂调节领域，魔芋同样展现出积极作用。魔芋膳食纤维能在消化道内与胆固醇等结合，阻碍中性脂肪和胆固醇的吸收；能有效抑制回肠黏膜对胆汁酸的主动转运，吸附胆汁酸，使胆汁酸的肠肝循环被部分阻断，从而降低肝脂，增加类固醇的排出量，最终消耗体脂。

葡甘聚糖能吸附肠道内的胆固醇和胆汁酸，减少它们的重吸收。胆固醇是合成胆汁酸的重要原料，当胆汁酸重吸收减少时，肝脏为了维持胆汁酸的正常水平，会消耗血液中的胆固醇来合成新的胆汁酸，从而降低血液中胆固醇的含量。此外，魔芋中的膳食纤维还能影响脂质代谢相关酶的活性，抑制脂肪的合成，促进脂肪的分解，进一步降低血脂水平。动物实验和人体临床试验均证实了魔芋的降血脂功效。在动物实验中，给高脂血症模型大鼠喂食魔芋提取物，一段时间后，大鼠血清中的总胆固醇、甘油三酯和低密度脂蛋白胆固醇（LDL-C）水平显著降低，高密度脂蛋白胆固醇（HDL-C）水平有所升高。人体研究也得到了类似结果，表明魔芋在预防和改善高脂血症方面具有潜在的应用价值。

（三）心血管健康

在心血管健康的综合保护效应方面，心血管健康是人体整体健康的关键指标，受到多种因素的综合影响，而魔芋凭借其独特的营养成分和生理活性，在维护心血管健康方面发挥着多维度、深层次的综合保护效应。魔芋通过调节血脂、稳定血糖以及发挥抗氧化和抗炎作用，从多个环节对心血管健康进行全方位的保护。在日常生活中，合理摄入魔芋制品，将其纳入健康饮食结构，对于预防心血管疾病、维护心血管健康具有重要的现实意义，有望成为心血管疾病预防和辅助治疗的重要饮食策略之一。

在为期12周的干预试验中，让高脂血症患者每日摄入一定量的魔芋制品，结果显示，受试者血清中的总胆固醇水平平均下降了10%～15%，低密度脂蛋白胆固醇水平下降了12%～18%，而对高密度脂蛋白胆固醇（high density lipoprotein cholesterol，HDL-C）水平则无负面影响，部分受试者的HDL-C水平甚至有所上升。HDL-C常被称为"好胆固醇"，它能够将血管壁中的胆固醇转运回肝脏进行代谢，从而降低动脉粥样硬化的风险。

高血糖是引起心血管疾病的重要危险因素之一，长期处于高血糖状态会引发一系列代谢紊乱，导致血管内皮细胞损伤、血液黏稠度增加以及血小板聚集性增强等，这些变化都为心血管疾病的发生、发展埋下隐患。魔芋中的膳食纤维可显著延缓碳水化合物的消化吸收过程。当人体摄入富含魔芋的食物后，食物在肠道内的消化速度减缓，葡萄糖的释放变得缓慢而平稳，避免了餐后血糖急剧升高。一项针对2型糖尿病患者的临床研究显示，在患者的日常饮食中添加魔芋制品，连续观察16周后，患者的餐后血糖峰值明显降低，糖化血红蛋白（HbA1c）水平也下降了0.5%～1.0%。稳定的血糖水平有助于减少对血管内皮细胞的损伤，维持血管的正常生理功能，降低心血管疾病的发病风险。

此外，魔芋还具有一定的抗氧化和抗炎特性，这对心血管健康的保护也起到了积极作用。氧化应激和慢性炎症是心血管疾病发生、发展过程中的重要病理生理机制。魔芋中含有的多酚、黄酮等抗氧化成分，能够有效清除体内过多的自由基，减少自由基对血管内皮细胞的氧化损伤。同时，这些抗氧化成分能抑制炎症因子的产生和释放，减轻炎症反应对血管壁的损害。研究发现，在体外实验中，魔芋提取物能够显著降低由过氧化氢等氧化剂诱导的血管内皮细胞的氧化损伤，提高细胞的存活率；在动物实验中，喂食魔芋提取物的高脂血症动物模型，其血管壁中的炎症因子表达水平明显降低，动脉粥样硬化斑块的形成也得到了一定程度的抑制。

三、魔芋与体重管理和肥胖预防

魔芋对体重管理和肥胖预防具有重要作用，其作用机制主要基于以下几个方面。首先，魔芋富含膳食纤维，食用后有很强的饱腹感。当人们食用魔芋后，膳食纤维在胃内吸水膨胀，占据胃内空间，使人产生饱腹感，减少对其他高热量食物的摄入。这种饱腹感可持续较长时间，有助于控制食欲，减少热量摄入总量，从而达到控制体重的目的。其次，魔芋的低热量特性使其成为减肥群体的理想食材。魔芋本身的热量极低，在满足人体饱腹感的同时，不会带来过多的热量负担。与其他高热量、高脂肪的食物相比，用魔芋替代部分主食或零食，能有效减少每日热量摄入，创造热量缺口，促进对身体脂肪的分解和消耗。

此外，魔芋中的葡甘聚糖可影响脂肪代谢。它能抑制脂肪酶的活性，减少脂肪的消化和吸收。同时，葡甘聚糖还能促进脂肪细胞的凋亡，减少脂肪细胞的数量和体积，从而降低体内脂肪含量。一些研究还发现，魔芋可能通过调节肠道菌群，影响肠道内分泌细胞分泌与食欲调节相关的激素，如胰高血糖素样肽-1 和肽 YY（PYY）等，进一步抑制食欲，提高能量消耗。

四、抗氧化与延缓衰老

(一) 魔芋的抗氧化成分

魔芋蕴含多种抗氧化成分，葡甘聚糖是其中的关键物质。作为一种高分子多糖，其结构中丰富的羟基可通过供氢方式捕获自由基，从而阻断氧化链式反应。研究表明，葡甘聚糖能有效清除 DPPH 自由基、超氧阴离子自由基和羟基自由基，且清除能力与浓度呈正相关。在体外模拟体系中，当葡甘聚糖浓度达到一定水平时，对 DPPH 自由基的清除率可超过 60%。

此外，魔芋还含有多酚类物质，如酚酸、黄酮等。这些成分具有多个酚羟基结构，能通过电子转移或氢原子转移机制发挥抗氧化作用。其中，黄酮类化合物可螯合金属离子，减少由金属离子介导的自由基生成；酚酸类物质则在细胞内参与抗氧化酶的调节，提高细胞的抗氧化防御能力。

(二) 魔芋抗氧化作用的分子机制

1. 清除自由基

魔芋中的抗氧化成分通过不同方式清除体内自由基。葡甘聚糖主要通过其分子链上的羟基与自由基结合，形成稳定的化合物，从而终止自由基的连锁反应。多酚类物质则利用其酚羟基的活泼氢，与自由基发生氢原子转移反应，将自由基转化为稳定的产物。以超氧阴离子自由基为例，魔芋中的黄酮类化合物能迅速与其反应，生成相对稳定的半醌式自由基，减少自由基对细胞的损伤。

2. 调节抗氧化酶活性

魔芋可调节体内抗氧化酶系统的活性。在细胞实验中发现，魔芋提取物能显著提高 SOD、CAT 和谷胱甘肽过氧化物酶 (glutathione peroxidase, GSH-Px) 的活性。SOD 可催化超氧阴离子自由基歧化为过氧化氢和氧气，CAT 和 GSH-Px 则能进一步将过氧化氢分解为水和氧气，有效清除体内的活性氧。通过上调这些抗氧化酶的活性，魔芋可增强细胞自身的抗氧化防御能力，减少氧化应激对细胞的损害。

3. 抑制脂质过氧化

脂质过氧化是氧化应激的重要表现之一，可导致细胞膜结构和功能受损。魔芋中的抗氧化成分能够抑制脂质过氧化过程。研究表明，魔芋提取物可降低脂质过氧化产物 MDA 的含量，增加细胞膜中不饱和脂肪酸的含量，维持细胞膜的流动性和完整性。这是因为魔芋中的抗氧化成分能够捕捉脂质过氧化过程中产生的自由基，阻断过氧化链式反应，保护细胞膜免受氧化损伤。

（三）魔芋对延缓衰老的作用

1. 细胞水平的延缓衰老作用

在细胞培养实验中，魔芋提取物能够延长细胞的寿命，减少细胞凋亡。以人胚肺成纤维细胞（HFL-1）为例，在培养基中添加魔芋提取物后，细胞的倍增时间延长，衰老相关 β-半乳糖苷酶阳性细胞的比例显著降低。这表明魔芋能够延缓细胞的衰老进程，其作用机制可能与抗氧化作用有关，通过减少氧化应激对细胞 DNA、蛋白质和脂质的损伤，维持细胞的正常生理功能。

2. 动物模型中的延缓衰老效果

在动物实验中，给予衰老模型动物（如 D-半乳糖诱导的衰老小鼠）魔芋提取物，可观察到一系列衰老指标的改善。实验小鼠的皮肤弹性增加，毛发光泽度改善，血清和组织中的抗氧化酶活性升高，MDA 含量降低。此外，魔芋提取物还能调节衰老相关基因的表达，如上调抗衰老基因 SIRT1 的表达，下调促衰老基因 p16 的表达，从基因层面调控衰老进程。

五、免疫调节与疾病预防

（一）调节免疫功能的机制

魔芋中的主要活性成分葡甘聚糖，能够显著激活巨噬细胞、T 淋巴细胞和 B 淋巴细胞等免疫细胞。巨噬细胞作为免疫系统的重要防线，在吞噬病原体、抗原呈递等方面发挥关键作用。研究发现，葡甘聚糖可通过与巨噬细胞表面的特定受体结合，激活细胞内的信号传导通路，如丝裂原活化蛋白激酶（MAPK）和核因子-κB（NF-κB）信号通路，促使巨噬细胞释放多种细胞因子，如肿瘤坏死因子-α（TNF-α）、白细胞介素-1（IL-1）和白细胞介素-6（IL-6）等，增强其吞噬和杀伤病原体的能力。

T 淋巴细胞和 B 淋巴细胞在特异性免疫应答中至关重要。葡甘聚糖能够刺激 T 淋巴细胞的增殖和分化，促进辅助性 T 细胞（Th）和细胞毒性 T 细胞（Tc）的产生。Th 细胞可分泌多种细胞因子，调节免疫细胞功能，Tc 细胞则能直接杀伤被病原体感染的细胞。同时，葡甘聚糖可激活 B 淋巴细胞，促进其分化为浆细胞，产生特异性抗体，增强体液免疫应答。

细胞因子在免疫系统中起着信息传递和调节免疫反应的关键作用。魔芋中的活性成分能够调节细胞因子的分泌和表达，维持细胞因子网络的平衡。在正常生理状态下，细胞因子的分泌处于动态平衡，保证免疫系统的正常功能。当机体受到病原体侵袭或处于病理状态时，细胞因子网络会失去平衡，导致免疫功能紊乱。

魔芋通过调节 Th1/Th2 细胞因子的平衡，发挥免疫调节作用。Th1 细胞主要分泌干扰素-γ（IFN-γ）、TNF-α 等细胞因子，参与细胞免疫；Th2 细胞主要分泌 IL-4、IL-5、白细胞介素-10（IL-10）等细胞因子，参与体液免疫。研究表明，魔芋能够促进 Th1 细胞因子的分泌，增强细胞免疫功能，同时抑制 Th2 细胞因子的过度分泌，防止免疫反应向 Th2 型偏移，避免过敏等免疫相关疾病的发生。

肠道是人体最大的免疫器官，肠道黏膜免疫系统在维持机体免疫平衡中发挥着重要作用。魔芋中的膳食纤维作为益生元，能够促进肠道有益菌的生长繁殖，如双歧杆菌和乳酸菌等。这些有益菌可在肠道内形成一层生物膜，增强肠道黏膜的屏障功能，阻止病原体的入侵。

有益菌还能通过发酵魔芋膳食纤维产生短链脂肪酸，如乙酸、丙酸和丁酸等。短链脂肪酸不仅能为肠道上皮细胞提供能量，还能调节肠道免疫细胞的功能。它们可以抑制炎症因子的产生，促进抗炎因子的分泌，维持肠道免疫微环境的稳定。此外，魔芋膳食纤维还能促进肠道黏液的分泌，进一步增强肠道黏膜的屏障功能。

（二）魔芋在疾病预防中的作用

由于魔芋具有免疫调节作用，能够增强机体的免疫力，从而有效预防感染性疾病的发生。在动物实验中，给小鼠喂食魔芋提取物后，小鼠对细菌、病毒等病原体的抵抗力明显增强。例如，在流感病毒感染模型中，摄入魔芋提取物的小鼠发病率和死亡率显著降低。在人体研究中，一些流行病学调查发现，经常食用魔芋制品的人群，其感冒、腹泻等感染性疾病的发生率较低。这是因为魔芋激活的免疫细胞能够更有效地识别和清除入侵的病原体，细胞因子的调节作用也有助于增强机体的抗感染能力。

在癌症预防方面，魔芋中的活性成分能够激活免疫细胞，增强机体对肿瘤细胞的免疫监视和杀伤能力。动物实验和体外细胞实验发现，魔芋提取物对某些肿瘤细胞具有抑制生长和诱导凋亡的作用。虽然目前还缺乏大规模的人体研究，但魔芋在癌症预防中的潜在作用值得进一步探索。

六、魔芋在传统与现代医学中的应用

在传统医学体系中，魔芋这一植物被赋予了诸多神奇的药用功效，例如化痰软坚、化积解毒等。该植物常被用于治疗多种疾病，包括痰嗽、积滞、疟疾、痈肿等。在诸如《开宝本草》等古典医药文献中，我们能够发现关于魔芋翔实而丰富的记载。这些文献指出，魔芋的外用方式主要针对痈疽肿毒，而内服则多用于治疗积聚等疾病。

随着现代医学研究的深入，魔芋的多种药理作用逐渐被揭示，这些作用包括降血糖、降血脂、抗氧化、免疫调节等。这些研究为魔芋的药用价值提供了坚实的科学依据。临床试验结果也表明，魔芋在辅助治疗糖尿病、高脂血症等疾病方面具有显著的效果。

在当今时代，魔芋已经被广泛应用于医药保健产品的研发。例如，魔芋膳食纤维胶囊、魔芋多糖口服液等产品，它们被设计用来调节肠道功能、降低血脂和血糖、增强免疫力等，达到促进健康的目的。

七、魔芋保健养生的未来

在当前阶段，魔芋保健养生领域的研究正逐步深入基因编辑、分子营养等前沿科学领域，其研究目标在于深入阐释魔芋功效的分子机制，并致力于开发具有针对性的功能性产品。潜在的应用方向涵盖了个性化营养干预、精准医疗等新兴领域。

随着公众健康意识的提升，对魔芋保健产品的需求日益增长，为魔芋产业的发展带来了广阔的空间。然而，产业也面临着品种选育、质量控制、产品创新等多方面的挑战。

魔芋的保健养生功能将引导公众更加重视饮食与健康之间的联系，促进健康生活方式的广泛传播。展望未来，魔芋有望成为日常饮食中不可或缺的组成部分，对提升全民健康水平发挥关键作用。

第六节　魔芋的应用价值与开发前景

一、应用价值

（一）食用价值

魔芋凭借其独特的理化性质，在食品加工领域展现出多元且广泛的应用价值。在传统食品制作中，魔芋豆腐是极具代表性的产品。其制作原理是利用魔芋中的葡甘聚糖在碱性条件下发生凝胶化反应，形成富有弹性和独特口感的凝胶体。通过调整魔芋粉与水的比例、碱液的浓度以及加工工艺参数，可制作出不同质地和口感的魔芋豆腐，满足消费者多样化的需求。

魔芋粉丝也是常见的魔芋传统食品，以其低热量、高膳食纤维的特点，深受追求健康饮食人群的喜爱。在制作过程中，需精确控制魔芋粉的粒度、糊化程度以及成型工艺，确保粉丝的韧性、爽滑度和耐煮性。

随着食品工业的发展和消费者需求的多样化，魔芋在现代食品加工中的应用更加广泛。在仿生食品领域，魔芋被用于制作魔芋素肉、魔芋海鲜等产品。通过模拟真实肉类和海鲜的口感、质地和风味，这些仿生食品不仅为素食者提供了丰富的选择，也满足了普通消费者对健康、新奇食品的追求。例如，利用魔芋葡甘聚糖的凝胶特性和保水性，结合特定的加工工艺和调味技术，可使魔芋素肉具有类似真肉的咀嚼感和弹性。

在烘焙食品中，魔芋粉可作为添加剂，改善产品的品质和口感。它能增加面团的韧性和延展性，使烘焙产品更加松软、湿润，同时延长产品的货架期。在饮料行业，魔芋葡甘聚糖可作为增稠剂、稳定剂，使饮料具有均匀的质地和良好的稳定性，防止沉淀和分层现象的发生。

（二）药用价值

从传统医学角度来看，魔芋在中医典籍中有药用记载，具有化痰软坚、化积解毒等功效。现代医学研究进一步揭示了魔芋在医药保健领域的多种功效。魔芋中的葡甘聚糖具有显著的降血脂作用，它能在肠道内形成黏性物质，阻碍胆固醇和甘油三酯的吸收，促进其排出体外，从而降低血液中血脂的含量。临床研究表明，长期食用富含魔芋的食品，可使高血脂患者的血清总胆固醇和甘油三酯水平显著降低。

在降血糖方面，魔芋同样表现出色。其所含的膳食纤维可延缓碳水化合物的消化吸收，使葡萄糖的释放速度减慢，避免血糖的急剧上升，有助于维持血糖的稳定。对于糖尿病患者而言，合理摄入魔芋制品有助于控制血糖水平，减少并发症的发生风险。

免疫调节也是魔芋的重要药用功效之一。魔芋中的多糖成分能够激活巨噬细胞、T淋巴细胞和B淋巴细胞等免疫细胞，增强机体的免疫应答能力，提高人体的抵抗力，预防感染性疾病的发生。

此外，魔芋还具有一定的抗肿瘤作用。研究发现，魔芋中的某些成分能够抑制肿瘤细胞的生长和增殖，诱导肿瘤细胞凋亡，虽然其具体作用机制尚未完全明确，但已引起了医药学界的广泛关注，为肿瘤治疗的研究提供了新的方向。

（三）工业价值

在造纸工业中，魔芋葡甘聚糖可作为纸张增强剂和施胶剂。作为纸张增强剂，它能与纸张纤维形成氢键结合，增加纤维之间的结合力，从而提高纸张的强度和韧性，使纸张在印刷、书写和使用过程中不易破损。作为施胶剂，魔芋葡甘聚糖能够在纸张表面形成一层均匀的保护膜，降低纸张的吸水性，提高纸张的抗水性和印刷适性，使印刷图案更加清晰、鲜艳。

在纺织工业中，魔芋可用于织物的上浆、整理和印染等环节。在上浆过程中，魔芋葡甘聚糖能够在纱线表面形成一层保护膜，增强纱线的耐磨性和强度，降低纱线在织造过程中的断头率，提高织造效率。在织物整理中，魔芋葡甘聚糖可赋予织物柔软、光滑的手感，提高织物的悬垂性和抗皱性，改善织物的外观和穿着舒适性。在印染过程中，魔芋葡甘聚糖可作为增稠剂，使染液具有合适的黏度，确保染料均匀地分布在织物上，提高印染质量，减少染料的浪费。

在石油开采领域，魔芋可用于制备钻井液和压裂液。作为钻井液添加剂，魔芋能够提高钻井液的黏度和切力，增强其携带岩屑的能力，防止岩屑在井内沉淀，保证钻井作业顺利进行。在压裂液中，魔芋可作为增稠剂和交联剂，提高压裂液的黏度和弹性，使压裂液能够更好地传递压力，形成有效的裂缝，提高油气开采效率。

此外，魔芋还可用于制备生物可降解材料。利用魔芋葡甘聚糖的可生物降解性和生物相容性，与其他天然高分子材料或合成高分子材料复合，可制备出具有良好性能的生物可降解材料，用于包装、农业地膜、生物医学材料等领域，减少传统塑料制品对环境的污染，具有广阔的应用前景。

（四）生态价值

在农业种植方面，魔芋具有良好的生态适应性，能够在山区、林下等边际土地上生长，不与主要粮食作物争地，有助于提高土地资源的利用效率。同时，魔芋的种植过程相对环保，病虫害较少，减少了农药的使用，降低了农药对土壤和水体的污染，有利于保护生态环境。

魔芋植株的根系发达，能够固定土壤，防止水土流失。在山区和坡地种植魔芋，可有效减少雨水对土壤的冲刷，保护土壤结构和肥力。此外，魔芋的叶片茂密，能够覆盖地面，减少阳光对土壤的直射，降低土壤水分的蒸发，保持土壤湿度，有利于土壤微生物的生长和繁殖，促进土壤生态系统的平衡。

在生态循环方面，魔芋加工过程中产生的废渣和废水，经过适当处理后，可作为有机肥料还田，实现资源的循环利用。废渣中含有一定量的有机质和营养元素，能够改善土壤结构，提高土壤肥力；废水中的有机物质经过厌氧发酵等处理后，可产生沼气等清洁能源，剩余的沼液和沼渣可作为优质的有机肥料，用于农作物的种植，形成良好的生态循环模式，促进农业的可持续发展。

二、魔芋的开发技术与工艺

（一）魔芋种植技术创新与优化

在品种选育方面，传统的魔芋品种存在产量低、抗病性差等问题，限制了魔芋产业的发展。近年来，科研人员通过杂交育种、诱变育种等技术手段，培育出了一系列高产、抗病、优质的魔芋新品种。例如，利用杂交育种技术，将具有优良性状的魔芋品种进行杂交，通过对杂交后代的筛选和培育，获得了具有更高产量和更强抗病能力的新品种。同时，分子标记辅助育种技术的应用，能够更加精准地筛选出具有目标性状的植株，加快新品种的选育进程。

在栽培管理技术上，精准施肥技术的应用是一大创新。通过对土壤养分的精准检测和对魔芋生长各阶段营养需求的深入研究，实现了肥料的精准施用。根据土壤中氮、磷、钾等养分的含量以及魔芋在不同生长时期对养分的需求，制定个性化的施肥方案，不仅提高了肥料的利用率，减少了肥料的浪费和对环境的污染，还促进了魔芋的生长发育，提高了产量和品质。

此外，节水灌溉技术的发展也为魔芋种植带来了新的机遇。滴灌、喷灌等节水灌溉方式能够根据魔芋的生长需求，精确控制水分的供应，避免了因过度灌溉或灌溉不足导致的生长问题。同时，这些节水灌溉技术还能够结合施肥、施药等操作，实现水肥药一体化管理，提高了种植效率和管理水平。

（二）魔芋加工技术的发展与突破

在魔芋初加工技术方面，传统的魔芋精粉加工工艺存在生产效率低、产品质量不稳定等问题。近年来，随着超微粉碎技术、膜分离技术等先进技术的应用，魔芋初加工技术取得了显著突破。超微粉碎技术能够将魔芋粉的粒度进一步细化，使其达到微米甚至纳米级别，提高了魔芋粉的溶解性和分散性，拓展了其在食品、医药等领域的应用范围。膜分离技术则可用于魔芋精粉的提纯和浓缩，去除杂质和低分子物质，提高产品的纯度和质量。

在魔芋深加工技术方面，新型凝胶成型技术和风味调配技术不断涌现。在魔芋仿生食品的制作中，通过对凝胶成型条件的精确控制，如温度、pH 值、离子强度等，能够使魔芋制品具有更加逼真的口感和质地。同时，风味调配技术的发展，能够根据不同的产品需求，调配出各种丰富的风味，满足消费者多样化的口味需求。

此外，在魔芋加工过程中，绿色环保技术的应用也成为发展趋势。采用环保型溶剂和加工助剂，减少了加工过程中对环境的污染。同时，对加工过程中产生的废渣、废水等进行综合利用和无害化处理，实现了资源的循环利用和对环境的保护。

（三）魔芋产品质量控制与检测技术

魔芋产品的质量安全直接关系到消费者的健康和产业的可持续发展，因此质量控制与检测技术至关重要。在质量控制方面，从魔芋种植源头开始，建立严格的质量追溯体系。对种植过程中的土壤、水源、肥料、农药等投入品进行严格监控，确保种植环境符合标准，避免有害物质的污染。在加工环节，制定完善的质量管理体系，严格控制加工工艺参数，确保产品质量的稳定性和一致性。

在检测技术方面，采用先进的仪器分析方法，如高效液相色谱—质谱联用技术（high performance liquid chromatography - mass spectrometry，HPLC-MS）、气相色谱-质谱联用技术（gas chromatography-mass spectrometry，GC-MS）等，对魔芋产品中的营养成分、有害物质、添加剂等进行精准检测。这些技术能够快速、准确地检测出魔芋产品中的各种成分，为产品质量的评估提供科学依据。

此外，还建立了针对魔芋产品的微生物检测标准和方法，对产品中的细菌总数、大肠杆菌、霉菌等微生物指标进行严格检测，确保产品的微生物安全性。同时，加强对魔芋产品的感官品质检测，包括色泽、气味、口感、质地等方面，满足消费者对产品感官品质的要求。

三、魔芋开发的创新方向

（一）新型魔芋食品的研发趋势

在功能性食品领域，随着消费者对健康的关注度不断提高，具有特定保健功能的魔芋食品成为研发热点。例如，开发富含膳食纤维、低聚糖等成分的魔芋功能性食品，以满足消费者对肠道健康、血糖血脂调节等方面的需求。通过对魔芋进行深度加工，提取其中的有效成分，并与其他功能性原料复合，开发出具有抗氧化、免疫调节、降血压等功能的魔芋保健食品。

在个性化定制食品方面，随着消费市场的细分，消费者对食品的个性化需求日益增长。研发人员根据不同年龄、性别、健康状况和消费习惯等消费者的需求，开发出个性化的魔芋食品。针对老年人，开发易于消化、富含营养的魔芋软糖、魔芋粥等产品；针对健身人群，开发高蛋白、低热量的魔芋代餐粉、魔芋蛋白棒等产品。

随着消费场景的多元化，魔芋食品在休闲食品、即食食品等领域也有新的研发方向。开发具有独特口味和包装的魔芋休闲食品，如魔芋辣条、魔芋坚果等，满足消费者在休闲娱乐场景下的需求。研发方便快捷的即食魔芋食品，如魔芋自热火锅、魔芋速食汤等，适应快节奏生活方式下消费者对方便食品的需求。

（二）医药领域魔芋应用的创新

在药物载体方面，魔芋葡甘聚糖因其良好的生物相容性、可降解性和独特的理化性质，成为药物载体研究的热点。通过对魔芋葡甘聚糖进行化学修饰，制备出具有特定功能的纳米粒子、微球等药物载体，能够实现药物的靶向输送和缓释控制。将抗癌药物负载到魔芋葡甘聚糖纳米粒子上，使其能够精准地作用于肿瘤细胞，以提高药物的疗效，降低药物的毒副作用。

在组织工程领域，魔芋可用于制备生物支架材料。利用魔芋葡甘聚糖的凝胶特性，与其他生物材料复合，构建具有三维网络结构的生物支架，为细胞的生长、增殖和分化提供适宜的微环境。这种生物支架材料可用于组织修复和再生，如皮肤组织工程、骨组织工程等领域，具有广阔的应用前景。

随着对魔芋药用成分研究的深入，将从魔芋中提取和分离的具有生物活性的小分子化合物用于开发新型药物也是创新方向之一。通过药理活性筛选和作用机制研究，发现魔芋中潜在的药用成分，为新药研发提供新的先导化合物，推动医药领域的创新发展。

（三）工业应用中魔芋材料的创新研发

在生物可降解材料方面，为了提高魔芋基生物可降解材料的性能，研究人员将魔芋与其他天然高分子材料，如淀粉、纤维素等进行共混改性，或与合成高分子材料，如聚乳酸、聚己内酯等进行复合，制备出性能更加优异的生物可降解材料。通过优化材料的配方和加工工艺，提高材料的力学性能、热稳定性和耐水性，使其能够满足不同领域的应用需求。

在智能材料领域，利用魔芋葡甘聚糖对环境因素，如温度、pH值、离子强度等的响应特性，开发智能响应型材料。制备出具有温度响应性的魔芋凝胶材料，可用于药物控释、传感器等领域；开发pH值响应型的魔芋材料，可用于生物分离、污水处理等领域。

在纳米材料领域，将魔芋进行纳米化处理，制备出魔芋纳米纤维、纳米粒子等材料，利用其独特的纳米效应，开发具有特殊性能的材料。魔芋纳米纤维具有高比表面积和优异的吸附性能，可用于吸附重金属离子、有机污染物等，在环境治理领域具有潜在的应用价值。

四、魔芋产业前景

（一）消费升级下魔芋市场的潜力

在消费升级的大背景下，消费者的健康意识日益增强，对食品的品质、安全和营养提出了更高要求，这为魔芋市场带来了巨大的发展潜力。

从食品消费的角度来看，魔芋凭借其独特的营养特性，正逐渐成为健康饮食的新宠。随着人们对肥胖、"三高"等现代慢性疾病的重视，低热量、高膳食纤维的魔芋食品备受青睐。魔芋食品不仅能够增加饱腹感，减少热量摄入，还能促进肠道蠕动，改善肠道微生态环境，有助于预防和缓解便秘等肠道问题。例如，魔芋代餐产品在健身人群和减肥爱好者中广受欢迎，成为他们控制体重、保持健康饮食的理想选择。

在休闲食品领域，魔芋果冻、魔芋薯片等产品以其低脂、低卡的特点，满足了消费者在享受美味的同时追求健康的需求，市场份额不断扩大。

在消费升级的趋势下，消费者对食品的品质和安全性要求也越来越高。魔芋产业在种植和加工环节不断优化，以满足消费者对高品质产品的需求。在种植过程中，越来越多的农户采用绿色、有机的种植方式，减少农药和化肥的使用，确保魔芋原料的安全和品质。在加工环节，企业加大对先进设备和技术的投入力度，提高产品的纯度和质量稳定性。同时，严格的质量检测和监管体系也在逐步建立和完善，保障魔芋产品从农田到餐桌的质量安全。

消费升级还带来了消费场景的多元化和个性化。魔芋食品不再局限于传统的家庭烹饪和餐饮消费，而是逐渐渗透到各个消费场景中。例如，在办公室零食、户外野餐、旅游休闲等场景中，魔芋休闲食品成为方便、健康的选择。此外，消费者对个性化食品的需求也在不断增加，企业通过研发不同口味、不同形态的魔芋产品，满足了消费者多样化的口味和消费需求。

（二）技术创新驱动的魔芋产业未来

技术创新是推动魔芋产业持续发展的核心动力，其将在未来深刻改变魔芋产业的格局。

在种植技术方面，科技创新将不断提高魔芋的产量和品质。基因编辑、分子标记辅助育种等先进技术的应用，能够更加精准地选育出高产、抗病、适应不同环境的魔芋新品种。例如，通过基因编辑技术，可以对魔芋的某些基因进行修饰，增强其对病虫害的抵抗力，减少农药的使用，提高魔芋的产量和质量。同时，智能化的种植管理系统也将得到广泛应用，通过传感器、物联网等技术，实时监测魔芋的生长环境，如土壤湿度、温度、养分含量等，并根据监测数据自动调整灌溉、施肥等管理措施，实现精准种植，提高种植效率和资源利用率。

魔芋加工技术的创新也将为产业发展带来新的机遇。新型的加工技术和设备能够进一步提高魔芋产品的附加值。应用超微粉碎、膜分离、超临界流体萃取等先进技术，能够提取出魔芋中的高纯度有效成分，开发出高端的魔芋产品。例如，利用超临界流体萃取技术提取魔芋中的特殊生物活性成分，用于开发高端保健品和药品。此外，三维（3D）打印技术在魔芋食品加工中的应用，能够实现个性化定制，根据消费者的需求打印出不同形状、口味的魔芋食品，满足消费者对个性化产品的追求。

在应用领域拓展方面，技术创新将推动魔芋在更多领域的应用。在生物医学领域，魔芋基生物材料的研发取得了重要进展，魔芋葡甘聚糖因其良好的生物相容性和可降解性，被广泛应用于药物载体、组织工程支架等方面。未来，随着技术的不断突破，魔芋基生物材料有望在更多疾病治疗和组织修复领域发挥重要作用。在环保领域，魔芋可用于制备生物可降解材料，替代传统的塑料制品，减少白色污染。随着技术的改进，魔芋基生物可降解材料的性能将不断提高，成本将不断降低，有望在包装、农业地膜等领域得到广泛应用。

技术创新还将促进魔芋产业的数字化和智能化发展。通过大数据、人工智能等技术，企业能够更好地了解市场需求，优化生产流程，提高管理效率。例如，利用大数据分析消费者的购买行为和偏好，企业可以精准地开发新产品，制定营销策略。在生产过程中，人工智能技术可以实现自动化控制和质量检测，提高生产效率和产品质量。

第二章　魔芋生长特性及栽培品种

第一节　魔芋形态特征

魔芋在栽培学上属于薯芋类植物。植株分为地上部分和地下部分，地下部为变态缩短的球茎和弦状不定根，并在上面发生须根及根毛；其地上部分由球茎顶芽长出，为一个粗壮叶柄和多次分裂的复叶；四龄以上的球茎可能从其顶芽抽出花茎及佛焰花，并结果产生种子。魔芋花为佛焰花序，由花葶、肉穗花序和佛焰苞组成。花序由上至下由附属器、雄花序和雌花序三个部分组成，雄花序和雌花序约等长，有的种如白魔芋在雌雄花序之间还有一段不育花序。国外科研人员发现，魔芋开花时附属器会散发出一种恶臭气味。魔芋果实为2~3室的椭圆形浆果，成熟时由绿色转变为橘红色或蓝色。魔芋的实生种子是魔芋通过开花结果进行繁殖而来的有性器官，是典型的营养器官——小块茎。

魔芋为单子叶植物，与我们栽培的其他作物一样，具有根、茎、叶、花、果实和种子等（图2-1）。魔芋植株的地下部分由变态的肉质茎、根状茎、弦状根和须根构成。地上部分由一片大型的复叶构成。4年以上的球茎可从顶芽抽生佛焰花序，开花结子，但不抽叶。魔芋有其独特的生理特性及形态特征。

一、根

植物地下所有根的总体称为根系。根系分为定根和不定根。魔芋的根由不定根组成。它是由块茎上的芽鳞片叶基部长出。密集环生、肉质、弦

图 2-1　魔芋形态特征

1—植株上部　2—球茎、地下茎、根系　3—佛焰花序　4—肉穗花序

5—雄蕊纵剖面　6—雌蕊纵剖面　7—雌蕊横切面　8—柱头面及横切面

状，呈水平状生长在土表下 10 cm 左右的土层，属浅根系，是魔芋吸收水分和土壤养分的器官。魔芋播种后最先生长的是根。在种球茎顶端生长点的一些薄壁细胞发生分裂，分化出根冠和原形成层，根冠向外伸长，形成肉质弦状不定根，其上长出须根及根毛，须根与弦状根基本成直角，魔芋种球茎的顶芽萌发时，其基部逐渐形成新球茎，弦状根因此集中在新球茎的顶部及肩部。

若取出一条根来观察，可以看到根尖的最前端是根冠，紧接着有 1 cm 左右光滑的根段，是生长点和伸长区，再向后是很长一段长满根毛的根毛区和侧根生长区。弦状根长约 30 cm，最长可达 1 m。在良好的土壤条件下，多数根可以长到叶柄长度的 1~2 倍。魔芋的侧根也很密集，较小，长度多在 3~5 cm，长的也可长到 15 cm。

在生长期中，根系不断代谢，老根长到一定时期便会枯死，新的根不断补充。7 月以后，新根逐渐减少；8 月中旬以后，根的生长明显减弱；10 月以后，球茎接近成熟时，弦状根首先衰退，在近球茎端转为褐色而枯萎，接着须根也开始枯萎，根基部与球茎形成离层而脱离，从而在年生长周期内形成新老更替过程。已形成花芽的球茎，栽种后抽生花葶时，花芽基部的根只长出几根或十几根。

根系不仅起到吸收水分和无机盐向上运输，还有进行合成与同化的作用。由于魔芋的根内没有维管形成层和木栓形成层，故不能加粗生长，始终保持一定大小。薄壁细胞间的通气间隙也不发达，根内空气通道狭小，这是魔芋根怕渍水的生理原因。

在魔芋的休眠期中，无不定根分化，直到顶芽开始分化时，生长点周围活性强的分生组织形成不定根，向外促长，生长成为弦状根。由于根生长的起始温度只需 10~12 ℃，低于萌芽所需的最低温度，故根的生长比叶芽出土更早、更快。魔芋根的新陈代谢较旺盛，生长期中旧根不断死亡，新根不断发生，到 7 月以后，随着叶的生长达最旺期，新根发生逐渐减少，但其干物质含量仍能维持到 9 月初以后才逐渐降低，9 月底达到最低点。

二、茎

魔芋不论是商品芋，还是种芋，其实都不是真正的果实和种子，而是变态茎。

（一）球茎

地下茎的主体呈球或块状，叫球茎或块茎。年幼的块茎是椭圆形，以后随着种植年龄的增加，逐年变成圆球形、扁球形（图 2-2）。皮黄至褐色，肉白色。有些品种的肉色偏黄。球茎纵剖面上部为分生组织，下部为贮藏组织，中部为过渡区域。上部节密集，新球茎、不定根、根状茎等均由分生组织形成。球茎的维管组织保留延伸至新球茎组织中。魔芋球茎的膨大几乎完全依靠异常分生组织的分裂。球茎的横剖面可见表皮的叠生木栓组织，其内是 2~3 层细胞，再内是薄皮贮藏组织，有两类细胞。一类是普通薄皮细胞，主要内含物是淀粉；另一类是异细胞（或囊状细胞），主要内含物是葡甘聚糖。

（二）顶芽

块茎的上端有一个肥大的顶芽，顶芽在球茎顶端中心，包括 1 个叶芽

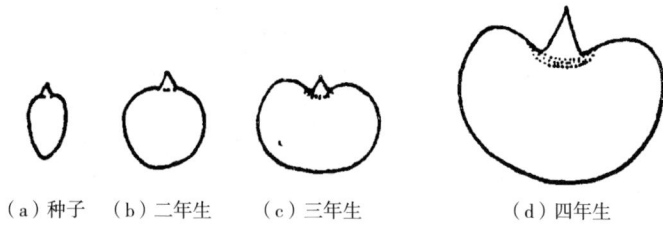

（a）种子　（b）二年生　（c）三年生　　　　　（d）四年生

图 2-2　不同年龄的球茎变化情况

及 8~12 片鳞片叶苞。顶芽若为花芽，则明显肥大且较长，第二年只开花，不长叶。顶芽若为叶芽的球茎，则叶芽可继续分化形成一个具粗壮叶柄及多次分裂的大型复叶。顶芽着生处叫芽眼，芽眼也会随着生长年限的增加而加深。在顶芽外围有一叶迹圈，是上个生长周期叶柄从离层脱落的痕迹。在此圈内形成稍下凹的芽窝，窝内的节非常密集，节上的芽似芽眼，呈螺旋状排列。所以从块茎形状和芽眼深浅可粗略估计块茎生长的年限。顶芽基部还可看到几个细小的芽——侧芽。在球茎底部有残留的脐痕，即种球茎脱离的痕迹。

魔芋种植之后，顶芽利用母芋的养料长出一片大型复叶，同时基部重新形成新的块茎，侧芽则长成根状茎。在长鳞片叶的节位上则长出许多不定根，形成一棵新植株。

魔芋的顶端优势非常强。如果顶芽受损，或将块茎分切成若干块，不具顶芽的切块，摆脱了顶端优势的控制后，其余的芽就可以慢慢长出，而后，其中着生位置优越、长得较快的芽形成新的顶端优势，这便是一个芋种只长一株的原因。有时会同时出现两三个，甚至更多"势均力敌"的芽，没有主次，收挖时，可收到两三个以上块茎。

种芋的顶芽萌发是利用母芋的养料来维持其长叶长根的。芽体及其基部分生组织，也同时利用母芋的养料，开始初生生长，重新形成新块茎。新块茎肩部的芽则发育成根状茎。

（三）根状茎

又称鞭芋，魔芋的腋芽萌发长成，多在中上部。根状茎的数目，首先与品种有关，花魔芋较少，多数在 3~8 条以内，白魔芋则在 10 条以上，其次与种芋的年龄有关，种龄愈大，种芋愈大，长得愈多。

魔芋的根状茎较为发达。根状茎由短缩球茎节上的腋芽发生，一般从二年生起，其球茎达到一定大小，积累了较丰富的营养物质后，其侧芽开始发育并伸长为根状茎或走茎。根状茎有两种形态：一种为始终保持肥大的根茎状，这种类型一般较大，单个重数十克乃至上百克，大的可分切成若干段节做种，如不分切可育成大种芋。另一种类型起初也呈根茎状，后来养分逐步向茎尖数节集中，膨大成指节状的子芋，基部节段因养分输送完毕而枯萎。子芋一般有数克至一二十克。

根状茎具有顶芽和节，以及节上的侧芽。一般当年不发芽出土形成新植株。而成为下年的繁殖材料。

三、叶

魔芋的叶是进行光合作用的器官。魔芋生长的好坏，关键在于叶的发育状况。叶的生长往往与地下球茎膨大率成正比。通常在一个生长周期中只发生一片叶，通过粗壮的叶柄支撑并与球茎相连，其再生能力弱。魔芋的叶有两种类型，一是大型复叶，二是变态叶（鳞片叶）。每一个芽外面都被数片鳞片包裹保护着。芽萌发时，鳞片叶可与芽一起长大，形成长圆锥状的芽鞘保护叶片（或花葶）顺利出土，出土后的鳞片叶还可继续生长数厘米至一二十厘米，以叶鞘的形式保护着叶（花）柄基部，稍后干枯残废。复叶是正常叶，叶形、小叶数及叶面积依据生育年龄和管理水平不同而有较大变化，第一年为三裂二歧，只有 5 片小叶，第二年以后，三裂叶每一分枝再歧状分裂成二歧分裂，或二歧分裂后再羽状分裂。小叶略呈长圆形而锐尖，开放脉序。叶片栅栏组织细胞间隙大，叶肉组织具大型叶绿细胞，具阴性植物的叶片结构。各级分裂的叶片均无离层，所以叶柄倒伏脱落为全株性。不同生理年龄的球茎抽生的叶片不同，从种子繁殖第一年起，随着球龄的增大，叶片分裂方式呈规律性变化，一般 3 年以后叶形稳定（图 2-3）。

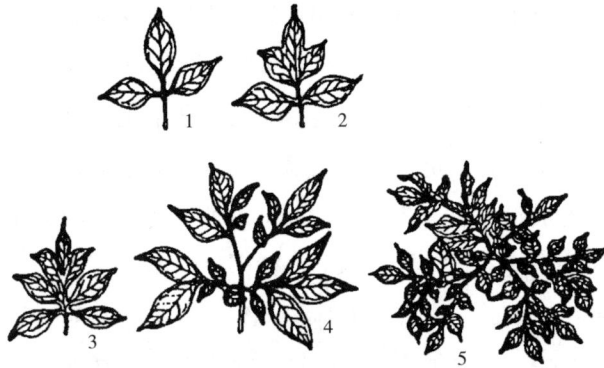

图 2-3　不同年龄魔芋叶形变化

1，2——一年生球茎的叶　3，4——二年生球茎的叶　5——三年生球茎的叶

魔芋叶柄由顶芽抽出，粗壮、中空、表面光滑或粗糙具疣，呈圆柱状，底色为绿色或粉红色，有深绿、墨绿、暗紫褐色或白色斑纹，是区分不同种的标志之一。一般情况下，一个种芋种后只长一片复叶。复叶长出后受损，当年就不再重新长叶补充，正因为这个特点，使魔芋增重数低，种植至收获年限长，种植风险大。

四、花

由于魔芋生活周期长，3~5年的时间才能形成花芽。在实际生产中，魔芋无性繁殖非常常见。其生活周期太长，严重影响了对实生种子的获得以及有性杂交的推广。而长期的无性繁殖，会使其对害虫的抗病能力降低、种芋退化、品质下降等，致使市场上魔芋总量停步不前，魔芋种植业受到限制，使魔芋产业面临巨大挑战。

很多内源性激素调控着植物的分化过程，赤霉素可以诱导花魔芋成花，但是成花不可育。初步建立魔芋顶芽花芽分化的试验体系，并对顶芽转化和瞬间表达进行了研究，结果表明，增加内源赤霉素对魔芋顶芽花芽分化有重要作用。通过外源赤霉素诱导魔芋开花，结果表明赤霉素可诱导魔芋球茎开花且花期推迟；诱导后的雌雄两种花都可育，随着赤霉素浓度的增加，其育性降低。用 100 mg/kg 赤霉素对两年生魔芋进行诱导干预，能缩短魔芋的生长周期，并且使魔芋提前开花结籽，同时可以获得较高的开花率和结实率，从而提高魔芋种子繁殖率。有研究显示，赤霉素能诱导珠芽弥勒魔芋花芽分化。内源赤霉素能调控魔芋顶芽分化，而且外源施加赤霉素能促进其顶芽分化，为进一步提高魔芋繁殖系数提供了一种可行的途径。但是，赤霉素对魔芋花芽分化的作用机理还不明确。从播种起，花魔芋经 4 年，白魔芋经 3 年，顶芽可能分化为花芽。花魔芋的花芽在秋收时已分化完全，其形状比叶芽肥大，能明显分辨花芽球茎及叶芽球茎，而白魔芋直到春季播栽时花芽尚未分化完全，外形难与叶芽区分，花株开花比花魔芋迟 1 个多月。

魔芋为佛焰花。花为裸花，虫媒，雌雄同株，花在花序轴上呈螺旋状排列，是较为原始构造的花序，佛焰花序由佛焰苞、肉穗花序、花葶等组成。魔芋花器的典型性状比较如表 2-1 所示。

表 2-1　魔芋花器的典型性状比较

性状	花魔芋	滇魔芋	白魔芋	西盟魔芋
肉穗花序 （与佛焰苞相比）	远短于	远长于	略长于	略短于、略长于
佛焰苞形状	漏斗状	舟状	舟状	舟状
附属器形状	细纺锤形	短圆锥形	粗纺锤形	细纺锤形
附属器颜色	深紫色	白色、淡黄、黄色、紫色、深紫色	绿色、黄色、淡黄、绿色	淡紫、淡黄、淡绿、淡红色
中性花的有无及颜色	无	无	黄色	黄色
附属器产生的气味	浓臭	浓香	淡臭	浓臭
果实颜色（完熟期）	橘红色	蓝色	橘红色	橘红色
附属器是否光滑	粗糙	有皱褶、竖纹	小点状突起	光滑
管部是否有斑纹	有	无	无	无
佛焰苞内侧基部是否有瘤状突起	点状突起	线状突起	点状突起不明显	无
花序柄斑纹颜色	墨绿色	白色	白色	墨绿色

续表

性状	花魔芋	滇魔芋	白魔芋	西盟魔芋
花序柄与佛焰苞相比	明显长于	明显长于	明显长于	明显长于
花粉颜色	灰色	淡黄色	黄色、金黄色	淡黄色
花序柄光滑度	点状突起	光滑	点状突起	光滑

（一）佛焰苞

佛焰苞为宽卵形或长圆形，不同的种有暗紫色或绿色等多种色泽，基部为漏斗形或钟形，里面下部多疣或具线形凸起，檐部稍展开，有多种形状及花色，开花后凋萎脱落或宿存。

（二）肉穗花序

肉穗花序直立，长于或短于佛焰苞，下部为雌花序，上接能育雄花序，最上为附属器，个别种在能育雄花序之下有一段中性花序。附属器可增粗或延长。雄花有雄蕊1个、3个、4个、5个、6个。雄蕊短，花药近无柄或长在长宽相等的花丝上。花柱延长或短缩。柱头多样，一般头状。

魔芋的花为雌花先熟型，雌花比雄花早熟2~3天，且雌花受精的时间短，同株的雄花开花时，雌花已不能受粉受精。因此，若只有一株开花，便不能获得"种子"，但若有多株同时同地开花，由于各株开花时间有先有后，便可能异株受粉受精而获得"种子"。

（三）花葶

魔芋花葶相当于植株的叶柄，色泽形状均与叶柄相似，连接佛焰花和球茎，起支撑和输导作用。魔芋的花序散发出的腐尸气味可以吸引腐尸昆虫。不同的种和花序部位发出不同的气味，所吸引的昆虫也不同，但一般为腐尸甲虫及粪蝇，很少见到蜜蜂。魔芋花序的附属器散发气味最浓，次为雄蕊和佛焰苞的上端，再次为佛焰苞的中部，而基部不能散发气味。

在生产上，当以商品芋为收获器官时，要尽量不栽花芽种芋，花芽魔芋容易判断，只要是冬季挖收魔芋芽长5 cm以上，明显不同于其他魔芋，可不作为种芋留下，而直接加工处理；对白魔芋而言，尽可能选小球茎和根状茎作种芋，可大幅度避免误栽花芽种芋。如果魔芋出土后，发现已经误栽花芽种芋了，可以拔掉花葶，之后原球茎上将很快重新长出 2~5 个新植株，也可收获新球茎。反之，如果以有性杂交收取种子为目的，要选用花芽魔芋作种芋。

五、果实和"种子"

魔芋果实为浆果，椭圆形，初期为绿色，成熟时转为橘红色或蓝色。

果实中的"种子"不是真正的植物学种子，而是一个典型的营养器官——球茎。经正常受精形成的合子，不再形成子叶、胚根和胚芽，而分化发育成球茎原始体，因此，果实中"种子"不是真正植物学种子，但它仍然经过了有性过程，并且能正常长成植株，因此仍然可作为杂交育种或专门生产种子用种。

魔芋属中有少数种能在叶部形成珠芽，通常在叶片中央及一次裂片分叉处或小叶片上面或叶柄分歧处形成珠芽。例如，珠芽魔芋、攸乐魔芋。

第二节　魔芋生长发育过程

魔芋从种子经过一年生、二年生、三年生、四年生或五年生，再到开花结出种子的过程叫魔芋的生命周期。营养生长期间，球茎的长大是通过"换头"的方式，在原有的基础上重新开始，愈种愈大，最后转入生殖生长阶段，开花结实，产生新的种子，老一代植株及球茎死亡，完成一个生命周期。在营养生长阶段，魔芋只长叶；在生殖生长阶段，只开花结实不长叶，故有"花叶果不见面"之说。

一、生命周期

（一）营养生长

魔芋球茎贮藏的养分供顶芽生长、叶片抽出。随着顶芽基部分化形成新的球茎，母体营养逐渐转到子体的根、茎、叶，最后母体营养耗尽，只剩下表皮层，随后残体与新球茎脱离。完成魔芋生育上的重要转折——换头，此后进入自养阶段，形成球茎和根状茎。球茎的生长主要进行多糖的合成、运输、转化。

魔芋是单子叶植物，球茎微管组织复杂，有多层，与皮层分界不明显，其保护组织为叠生木栓层，而不是周皮。球茎源于异常分生组织活动，只有初生生长，没有维管束形成层引起的次生生长，故其膨大率远不如其他薯芋类作物。

三年生以上球茎产生根状茎，存在较小的球茎单位面积上的维管组织较多，物质合成与转运更快捷，导致较小球茎的膨大系数高、较大球茎的膨大系数低的现象。

(二) 开花结实期

魔芋在进化过程中，其繁殖方式已由有性繁殖转向无性繁殖。在目前栽培中，绝大多数都是从根状茎开始其生长发育过程的，只有在很特殊的情况下才用"种子"。花魔芋经过4年左右的营养生长过程后发育成熟，转入生殖生长期，其主要过程分述如下。

花芽形成过程中，花芽原基的分化与叶芽原基的分化同时进行。花芽是在开花的头一年形成的。在收挖时，已分化成花芽的顶芽要比叶芽长得肥大一些，这时的花芽、花器已分化完毕。只要有一定浓度的成花激素存在，魔芋的芽原基就能向花原基转变，进而分化形成花芽。

魔芋植株随着种植年龄的增加，体内成花物质形成，其是花芽分化的直接原因。种芋年龄比种芋大小对花芽的形成的影响要大得多。同是花魔芋，有的块茎只有250 g左右即可开花，有的2~3 kg仍未形成花芽，继续其营养生长，长成硕大的块茎。种植白魔芋时，田间花株率很高，也是因种芋无法辨别年龄，播种时难区分其叶芽或花芽，只凭其大小来选择，许多大龄的小块茎被选作种，花株比例自然就高。

二、魔芋的生长发育阶段

魔芋的生长发育分为休眠期、幼苗期、换头期、膨大期、成熟期等 5 个时期。

（一）休眠期

魔芋在收获后近半年时间内，芽处于相对静止的休眠状态，这种休眠为生理性休眠，分为 3 个阶段。

（1）休眠初期。从采收到 11 月下旬，历时 1 个月左右，此期球茎含水量高，呼吸作用强，内部代谢旺盛，淀粉酶、过氧化氢酶的活性强，主要完成后熟作用。

（2）深休眠期。从 11 月下旬到翌年 1 月上旬。此期球茎呼吸作用弱，受温度影响不大，内部代谢基本停止，淀粉酶、过氧化氢酶的活性低。

（3）休眠解除期。从 1 月上旬到 2 月下旬或 3 月上旬结束，历时 2 个月左右。此期球茎呼吸作用随温度的升高而加强。若环境适宜，球茎逐步解除休眠，顶芽开始萌动。

魔芋采挖后在当年难以发芽，冬季即使达到 25 ℃ 以上的温度和有充足的水分也不会萌动，但可用赤霉素等植物激素解除休眠。

（二）幼苗期

魔芋从萌芽出土至复叶的小叶完全展开、地下块茎"换头"结束前的这一生长阶段称为幼苗期。魔芋叶片的抽出和展开，是幼苗期生长的主要特征（图 2-4）。

除休眠后的芽，只要达到 15 ℃ 的起点温度，便可以萌发，在 15～35 ℃ 范围内，随着温度升高而加快，但以 20～25 ℃ 最为理想，在 30～35 ℃ 高温下，芽虽然生长得快，但长得瘦弱。

魔芋在 3 月上中旬彻底解除休眠后，顶芽开始萌发，此期为最佳播期。播后 50 天左右，鳞片出土并包围复叶的叶柄基部。

叶片展开的形式与其植株的健壮程度和产量有关。魔芋萌芽初期，叶

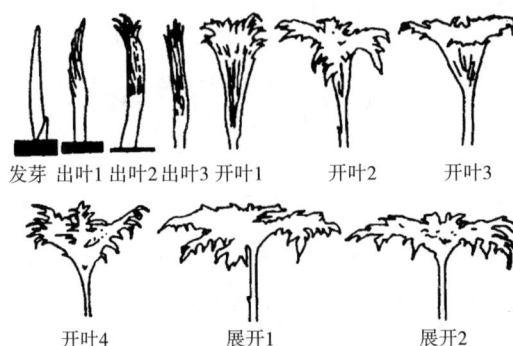

图 2-4　魔芋叶片展开过程

片的抽出展开速度较慢，中期较快。但各期的展开速度又依各年气候、发芽时期等不同而异。展叶类型有以下 5 类。

（1）高 T 字展开。叶芽膨大伸长极好，小裂片自叶芽的先端逐渐展开，到开叶的第二期呈高 T 字形，随着小叶柄的张开，出现极健壮的细漏斗状叶片。

（2）漏斗状展开。第一种是小叶展开顺利，但小叶柄张开不整齐，叶片较粗壮。第二种是小叶展开延迟，叶片较弱。

（3）伞状展开。第一种是小裂片随小叶柄张开而下垂，呈伞状，小裂片展开迟，到完叶期也不能完全展开，叶面积小。第二种是小裂片难展开，似萎缩状。

（4）萎缩展开。整株呈萎缩状，由于展开速度慢且迟，所以虽然小叶展开，但萎缩、小裂片不展开。

（5）病变展开。展叶速度极慢，甚至不能展开，大多倒伏死亡。

种球茎栽种后，所含营养物质迅速分解供发根、萌芽、出叶及新球茎形成所需。其重量每天约减 1/60，2 个月后完成换头，7 月中旬，种球茎消失。

在顶芽开始分化成复叶的同时，生长点周围活性强的分生组织形成不定根，向外促生长成弦状根。由于根生长的起始温度只需 10~12 ℃，低于萌芽所需的最低温度，故根的生长比叶芽出土更早更快。

在土壤环境适宜时，根生长得很快。在复叶伸出之前已形成比地上部强盛得多的根系。它为魔芋下一步的旺盛生长打下了坚实的基础。如果种芋芽处有病，则根系长得很差，这样魔芋即使能存活，也难长好。发芽期的长短也因各年气候、种植时期、种芋年龄（大小）等不同而异。

（三）换头期

种芋通过维管组织将其贮藏的养分全部输送给子芋，子芋除用于叶、根生长所需之外，还有一部分剩余养料贮藏于新块茎中。种芋耗尽养料而干瘪，子芋得到种芋的养料而长大，最后脱离种芋，这个新旧转换的更替过程称为"换头"（图2-5）。魔芋每年以换头的形式生长，但生理年龄却是继承累加的。如果用根状茎来繁殖种芋，那么根状茎的年龄是从零开始的。

图 2-5　魔芋球茎生长及"换头"过程

换头完成的季节约在 7 月上旬前后，植株在换头期开始旺盛生长。叶柄迅速生长，叶面积扩大得最快，对产量的形成至关重要。魔芋叶面积的扩大，既不能靠增加复叶数，也不能靠增加小叶数，唯一靠的是小叶面积增大。新块茎从结构组成上看，它的上部由顶芽的若干个节间长成，下部由顶芽下的分生组织分裂成的原形成层进行细胞分裂和分化而成。新块茎的内部有各组成部分分化出的维管组织。在母芋萌芽长叶的同时，通过维管组织，将母芋的一部分养料输送到子芋，供子芋生长——初生生长（另一部分用于长叶和长根）。

此生长期中，魔芋根的新陈代谢较旺盛，旧根不断死亡，新根不断发生，到 7 月以后，随着叶的生长达最旺期以后，新根发生逐渐减少。

（四）膨大期

随着生长进程逐渐加快，待换头完成后，子芋摆脱了母芋的生理影响，此时最明显的表现是新块茎的急速增长。从 7 月上旬至 9 月下旬，前后持续时间约有 3 个月。其营养完全源于自身叶片的光合作用，所以这个阶段延长叶片旺盛的光合作用，防止早衰是丰产的关键。换头期结束，也是根状茎旺盛萌发的开始时期。新球茎迅速膨大，时间约 1 个月，8 月中旬结束。此期叶生长已达顶点，叶面积达峰值，叶绿素含量及各种酶活性继续上升，净同化率达最高，光合产物大量运转积累到球茎中，叶面积不再增加，此期球茎的鲜重及干物质重分别占全生育期的 60% 及 50%，葡甘聚糖及淀粉已达 50%。新根发生量减少。此过程约 2 个月，是决定魔芋产量及品质优劣的关键时期。

（五）成熟期

从 9 月开始到 10 月底结束，球茎的葡甘聚糖等多糖类物质积累减缓，干物质增长速度陡降，叶生长趋于停滞，逐渐枯黄，直至倒伏。根系在 9 月底停止生长。

球茎已成熟并进入休眠期。10 月上旬起，气温逐渐下降到 22 ℃以下，叶片开始衰老，块茎生长趋缓，干物质积累减慢。气温下降到 15 ℃以下，叶片逐渐枯黄、倒伏，块茎趋向成熟。干物质的积累尚可延续 20 天左右，从 11 月起可以开始陆续收获。

三、魔芋产量的形成

（一）种球茎大小与新球茎产量形成的关系

（1）种球茎重量与新球茎产量形成的关系。随着种球茎重量的增大，其新球茎膨大倍数减小。如试验表明，种芋从 20 g 增大到 592 g，新球茎的净增重从 123 g 到 1388 g，而膨大倍数从 6.15 倍减少到 2.3 倍。

（2）种球茎年龄与新球茎产量形成的关系。魔芋随年龄的增加，其种球茎干物质增加，叶面积增加，但增加的幅度逐渐降低。新球茎单位叶面积生产干物质降低，膨大倍数降低。因此建议商品芋生产一般选用 2~3 年生 250~500 g 的球茎为宜。种芋过大，回报率低，同时增加了投资风险；种芋过小，单产较低，可出售商品少。

（二）魔芋光合效率对产量形成的影响

魔芋的生物学特性决定了其光合作用效率较低。魔芋是一种半阴生的阔叶水平型植株，其群落的叶面积指数在 2 以下，其消光系数却较大，阳光难以照进群体内部，这两个因素造成光合作用的绝对量低，制约着魔芋产量。如魔芋的单位面积群体平均干物质增长速度较低，在生长期中维持 $4~8$ g/$(m^2 \cdot$ 天$)$，在单位生长时间内与水稻、马铃薯、甘薯、芋头等阳性作物相比，魔芋尚属低产半阴性作物。

第三节　魔芋生长对环境条件的要求

无论是从魔芋的起源地，还是从现在的适宜丰产区的环境条件分析，人们一致认为魔芋的生长和块茎的形成要有一个温湿相宜的环境，亦即喜温湿、怕炎热、不耐寒、忌干燥、怕渍水、较耐阴；要求土壤疏松透性好，土层深厚透水，有机质丰富而肥沃，土质微酸至偏碱（pH 值为6.0~7.5）。

影响魔芋生长发育的环境因素主要是温度、光照、水分、土壤 pH 值等。

一、温度

温度是魔芋生长发育的重要因素，它直接影响魔芋的生长速度，影响其产量和品质。魔芋喜温暖湿润的气候，其不同发育阶段对温度的要求不同。种芋的最适发芽温度在 22~30 ℃，出苗后魔芋的生长最适温度为 20~25 ℃，适应温度为 5~43 ℃，低于 15 ℃时有碍生长，低于 0 ℃时球茎内细胞冻伤，逐渐死亡。高于 35 ℃时影响叶的生长和根的发育，高温致死温度为 45 ℃。魔芋根系生长的最适温度为 20~26 ℃，5 ℃以下和 35 ℃以上，根系停止生长。魔芋球茎发育的最适温度为 22~30 ℃，昼夜温差越大，越能促进干物质的积累，增加产量，提高品质，0 ℃以下会引起细胞内水分结冰。在生长季节平均气温为 17~25 ℃的地区最适宜种植魔芋。

据张兴国等室内研究表明：魔芋的芽，解除休眠后在 5 ℃的环境下开始缓慢萌动，15 ℃左右时芽生长缓慢，35 ℃以上芽生长加快但较微弱，出叶时呈卷筒状。20~30 ℃时，叶片生长正常，15 ℃以下叶片略变黄，35 ℃叶略褪色。25 ℃左右时叶片叶绿素含量最高，光合作用最强，低于 15 ℃、高于 30 ℃时光合作用均较低。块茎含水量高时，在 -1~0 ℃受冻，块茎理想的贮藏温度为 8~10 ℃。

据各地报道，魔芋丰产区多在海拔 800~1400 m 的地域。据统计，该海拔高度的年均温为 11 ℃左右，7~8 月平均温度 21~23 ℃，10 ℃及以上年积温为 3500 ℃左右（我国其他主产区和日本等魔芋适生区年平均温度为 12~14 ℃，甚至更高。10 ℃及以上年积温在 4000 ℃以上）。湖北主产区地处北纬 30°~32°，所以花魔芋宜选海拔 800~1200 m 为主产适生区。海拔 800~1000 m 应充分注意遮阴（含地面）降温避病。海拔 1200 m 以上地区应提倡催芽和地膜栽培，不必考虑遮阴，以单作为好。海拔 1400~1600 m 地区积温不足，冬季贮种困难，不提倡发展。

二、光照

魔芋是天南星科魔芋属多年生草本植物，它是目前发现的唯一能大量合成葡甘聚糖的经济植物，魔芋因具有高含量的葡甘露聚糖而被广泛应用于医疗、食品及工业等各个领域。根据国际天南星科植物学会（International Aroid Society）统计，目前共发现已有 228 种魔芋种，其中我国魔芋有 30 种，至少有 13 种为我国特有魔芋品种，主要分布在云南省、四川省以及贵州省，并且花魔芋（*Amorphophallus konjac*）、白魔芋（*Amorphophal-*

lus albus）及珠芽魔芋（*Amorphophallus bulbifer*）是我国目前主要的栽培品种。由于魔芋生长条件的特殊性，需在海拔为 600~2500 m 部分地区生长，并且魔芋的光饱和点相对较低，魔芋生长环境为半阴半阳，光照对魔芋的生长发育起着重要作用。花魔芋喜相对湿度较大、排水性能好的湿润小环境；白魔芋喜充足的光热资源及红壤、燥红土为主的疏松土壤环境；珠芽魔芋适宜夏季高温高湿的环境。随着遮阴率的增加，魔芋叶片光系统 II（PS II）的最大光化学效率、潜在活性和非光化学猝灭值不断增加，而 PS II 的实际光合效率［Phi（PS II）］、rETR 和光化学猝灭值先升高后降低，无荫蔽处理下魔芋植株相对电子传递速率（relative electron transport rate, rETR）的日变化呈双峰曲线，而荫蔽处理下则呈单峰曲线，且遮阴 50%~70%时产量高，说明适宜的光照强度有利于魔芋的光合作用。在王孟等研究六种魔芋的光合特性中发现，不同魔芋对暗光和高光的耐受性不同，其中甜魔芋（*Amorphophallus paeonifolius*' Yellow）、疣柄魔芋（*Amorphophallus paeoniifolius*）、珠芽类魔芋、滇魔芋（*Amorphophallus yunnanensis*）、东京魔芋（*Amorphophallus tonkinensis*）、攸乐魔芋（*Amorphophallus yuloensis*）的光补偿点在 2.41 ~ 17.83 μmol/m^2 · s，光饱和点在 417.16 ~ 1381.22 μmol/m^2 · s。喜阴植物谢君魔芋通过加强对低光和动态光源的利用能力及有效的 N 资源分配策略来适应低光照环境。在遮光条件下与自然光下相比，发现魔芋叶构造具有阴叶化的现象，并且单位面积内的叶绿体维持在较高水平，像魔芋一样的阴生植物，自然的光照强度对叶绿体的构造产生有阻害的可能性。根据吕一凡的研究表明，不同的珠芽繁殖材料为适应不同的光环境会做出相应的调整，珠芽魔芋球茎材料整体长势旺盛，对丁外界环境更能做出积极的调整，而珠芽材料更为敏感，易受环境影响而产生生理层面的变化。为了充分提高光能利用率，田间种植多通过套种、林下种植等措施，更好地利用光能。虽魔芋作为半阴半阳性植物，且每种魔芋对光环境的需求不同，也受地理位置、气候等因素影响，如高媛等通过在 4 种不同经济林下遮阴度的测定及对魔芋生长的影响研究中发现，确定了平川地区花魔芋林下种植的适宜遮阴度为 70%~88%。秦巴山区海

拔 700 m 以下魔芋产区，遮阴栽培能降低魔芋软腐病发生程度 42%~45%。李志华的研究中发现，宜章县林下套种魔芋的适宜遮阴度为 70%~80%。在不同的地区种植要综合考虑各种因素，光作为影响魔芋种植的重要因子之一，适宜的光照环境对于魔芋的种植尤为重要。

魔芋为半阴性作物，光饱和点较低。喜散射光、弱光，忌强光。光饱和点为 $2×10^4~2.3×10^4$ lx，光补偿点为 $0.2×10^4$ lx。无论是花魔芋还是白魔芋，其光合作用效率均低，不及阳性作物的一半。这是造成魔芋增重系数低、鲜产量及干物质产量都不及阳性作物的原因之一。在低海拔地区，还可因长时间的强光照引起叶面温度升高，40 ℃以上时就会发生日灼烧病。强光照还会降低魔芋的叶绿素含量，降低光合作用的效率。由于阳光可转化成热，在夏季的烈日下必然加剧升温，造成高温危害。在高温下，叶片和根均会因受到伤害而降低抵抗力，为病菌的侵染和发病创造了条件，这是造成低山不适合种魔芋、魔芋病害特别重的原因。因此，魔芋栽培很强调地上遮阴和地面覆盖。

魔芋喜半阴半阳的环境，光照过强或过弱会导致魔芋受到逆境伤害，影响魔芋的品质和产量。目前，关于魔芋在光照方面的系统的研究较少，魔芋不同种之间的光合性能有较大的差异，以白魔芋（*Amorphophallus albus*）、珠芽白魔芋（*Amorphophallus bulbifer*）及花魔芋（*Amorphophallus konjac*）3 种魔芋为研究对象，以全自然光照（CK）为对照组，设置四个黑色遮阳网的不同光照强度梯度（透光率 49.1%，Black－1；透光率 42.9%，Black－2；透光率 25.8%，Black－3；透光率 17.3%，Black－4）和六种颜色遮阳网的不同光质条件（红色遮阳网，Red；黄色遮阳网，Yellow；白色遮阳网，White；绿色遮阳网，Green；蓝色遮阳网，Blue；银灰色遮阳网，Silver Gray），通过测定其生长及生理生化指标，探究适合 3 种魔芋种植的最佳光照条件。

1. 光照对魔芋生长指标的影响

遮阴能调节魔芋的叶柄长度及株高，随着光照强度的减弱，可促进魔芋叶柄长度及株高的增加，在透光率为 17.3% 时，3 种魔芋均具有最大的叶柄直径、株高、叶柄长度、叶盘直径、顶裂叶长及顶裂叶宽，其中花魔芋、白魔芋、珠芽白魔芋的株高较 CK 处理分别显著提高了 57.70%、71.46% 和 85.77%，花魔芋、白魔芋、珠芽白魔芋的叶盘直径较 CK 处理分别显著提高了 40.21%、46.87% 和 56.40%。在银灰色遮阳网下，可显著增加珠芽白魔芋叶柄直径、株高、叶柄长度和叶盘直径，达到最大，较 CK 处理分别显著提高了 28.96%、98.69%、172.52% 和 39.66%。在红色遮阳网下。可显著增加花魔芋的株高及小叶数量，较 CK 处理分别显著提高了 53.11% 和 115.82%，并促进白魔芋的叶柄增长。在黄色遮阳网下，可促进花魔芋的叶柄增长及叶盘直径增大，较 CK 处理分别显著提高了 73.55% 和 39.02%。在绿色遮阳网下，珠芽白魔芋具有最大顶端小叶宽，较 CK 处理显著提高了 555.78%。

2. 光照对魔芋光合作用的影响

当透光率为 25.8% 时，白魔芋及珠芽白魔芋的净光合速率最大，而在全光照处理下花魔芋的净光合速率最大。在蓝色遮阳网下，白魔芋及花魔芋的净光合速率达到最大，珠芽白魔芋的蒸腾速率及气孔导度（Gs）达到最大。在绿色遮阳网下，珠芽白魔芋的净光合速率最大。

3. 光照对魔芋气孔特征及叶片解剖结构的影响

光照能够调节气孔的形态特征及叶片形状。随着光照强度的减弱，3 种魔芋的气孔密度呈减小趋势，花魔芋和白魔芋在透光率为 49.1% 的情况下气孔面积最大，珠芽白魔芋在全光照处理下气孔面积最大。随着光照强度的减弱，3 种魔芋的叶片厚度均有减小趋势。在蓝色遮阳网下，白魔芋具有最大气孔面积和气孔密度。不同的光质处理能够改变栅栏组织厚度及海绵组织厚度，在蓝色遮阳网下，促进了白魔芋及花魔芋的叶片增厚。在全光照处理组，珠芽白魔芋的叶片厚度、海绵组织厚度及栅栏组织厚度均达到最大。

4. 光照对魔芋叶片光合色素含量及丙二醛含量的影响

在一定的光照强度范围内，随着光照强度的减弱，遮阴处理可促进珠芽白魔芋及花魔芋叶绿素 a、叶绿素 b 及叶绿素总含量的积累。遮阴在一定程度上可缓解 3 种魔芋叶片膜脂质的逆境损伤，随着光照强度的降低，白魔芋及珠芽白魔芋叶片丙二醛含量呈现降低的趋势，而花魔芋则呈"U"型的生长趋势，光照过强或者过弱均会对花魔芋造成逆境伤害。不同的光质处理均会在一定程度上降低叶片丙二醛含量的积累。不同光质处理对白魔芋的光合色素无显著影响，能够提高珠芽白魔芋及花魔芋的叶绿素 a、叶绿素 b 及叶绿素总含量。

5. 光照对魔芋产量的影响

白魔芋在透光率为 49.1%、42.9% 时，较 CK 处理分别增产了 18.8%、8.7%。在透光率为 25.8% 时，珠芽白魔芋达到最大产量，较 CK 处理显著增产了 65.96%。花魔芋在透光率为 42.9% 时，产量达到最大，相比较 CK 显著增产了 132.5%。在红色遮阳网处理下，白魔芋具有最大产量，较 CK 处理显著增产了 26.23%。在银灰色遮阳网处理下，珠芽白魔芋的产量最大，相比较 CK 显著增产了 114.79%。在蓝色遮阳网处理下，花魔芋达到最大产量，相比 CK 显著增产了 212.07%。

6. 通过隶属函数综合分析

花魔芋及珠芽白魔芋在透光率为 25.8% 时，白魔芋在透光率为 42.9% 时，得分最高，综合表现最佳。花魔芋、白魔芋、珠芽白魔芋分别在蓝色遮阳网下、银灰色遮阳网下、绿色遮阳网下，得分最高，综合表现最佳。

光照对于魔芋的产量有着重要影响，仅单一地从田间实测的产量衡量魔芋生长好坏有些片面，根据综合指标分析筛选出适合魔芋生长的光环境更全面、客观。在日照较短、较弱，温度较低的地区。通过遮阴，地面温度下降，发病率明显降低。但过度遮阴，产量反而下降，以采用 40%~60% 的荫蔽度为好。目前解决魔芋的遮阴，大多与玉米、经济林套种，但海拔 1200 m 以上地区可以净作。

三、水分

水分与魔芋生长的关系密切。魔芋的生理活动都需要水分的参与。这包括空气湿度与土壤水分两个方面。魔芋喜湿润，生长季节内需雨水均匀充沛，在生长前期和球茎膨大期，需要较高的湿度，土壤含水量以80%为宜。在生长后期，要适当控制水分，土壤含水量在60%左右时最好。水分过重会影响根的呼吸，严重时引发病害，甚至造成死亡。干旱同样也会引起根毛和根死亡，造成叶片枯黄、叶柄干缩，造成严重减产。水分对魔芋结实也有重大影响，盛花期的空气湿度在80%以上时，魔芋才能结实，一旦低于80%，结实率极低。所以，秋旱是造成低海拔地区魔芋发展不利的又一重要原因。此外，地下水位过高，土壤含水量过多，土壤中通气条件差，也会导致根系呼吸作用减弱，甚至停止，阻碍根系对土壤中各种养分的吸收。

从水分的角度看，魔芋的生长活动需要水分的参与，并且还需要保证空气的湿度与土壤的湿度全部在适当的范围之内。魔芋喜欢湿润的区域，尤其是生长的时候，更需要适当的水分，一般为80%。在生长后期，也需要保持适当的水分，一般为60%。秋旱对于魔芋的生长来讲是十分不利的。秋旱时，魔芋根部的呼吸作用会降低，严重者甚至会停止。遇到7月连雨天气的时候，黄黏土水分饱和，这样的情况下，也会导致魔芋腐烂死亡。如果出现地下水位较高的情况，土壤当中的水含量会降低，长久下去就会影响土壤当中的通气条件。紧接着，魔芋根部各种养分的吸收也会随着减弱。从另外一个层次上看，万物的生长都与水分存在着密切的关联性。水的多少就像一把"双刃剑"，凡事都需要把握一个度。

四、pH值

魔芋喜欢微酸性（pH值6~6.5）的土壤环境，也能耐微碱（pH值7.5）环境，因为许多土传病菌喜欢酸性环境而不适应碱性环境，在酸性土壤中容易引起磷、钙、镁元素的缺乏，而碱性土壤又阻碍魔芋的生长，所以给魔芋生长创造一个中性、微碱性（pH值7~7.5）的环境，既不影响魔芋生长又能较好起到防病作用。生产上常应用火土灰（碱性），整地时适施石灰（视土壤pH值而定），发病时田间撒施生石灰、草木灰

（碱性）等方法来提高土壤碱性。需要注意的是，pH 值最高不能高于 8.2，碱性土壤对魔芋生长有害，最低不能低于 5.5，在酸性土壤中，魔芋易染软腐病。

一般情况下，比较适合魔芋生长的 pH 值条件是 6~6.5，也可以将魔芋置于 pH 值为 7.5 的微碱环境下进行适应。但是，此种情况下，很容易引起起磷现象。这时就需要为魔芋的生长提供一个中性环境，这样不仅不会影响魔芋的成长，还会起到防病的效果。因此，在魔芋发病的时候，可以播撒一些石灰等，这样就可以提高魔芋生长环境的碱性度。但是，pH 值不可以高于 8.2，如果超过了这个界限，那么就会适得其反，损害魔芋的生长。同时，pH 值也不能低于 5.5，如果低于 5.5，在酸性土壤当中，魔芋很容易出现病变。例如，中方县铁坡镇两利村的魔芋种植，起初 pH 值为 7.6，魔芋生长得比较健康，后来由于保持得很好，也没有出现腐病和白绢病等病变。

五、土壤养分

土壤是植物生长发育的基础。魔芋在生长过程中，需要土壤为其不断提供水分、养分、空气和温度。土壤中的有机质影响着魔芋的生长发育，土壤的质地也会影响水、肥、气、热等条件的优劣。魔芋喜深厚疏松、通气排水好、富含有机质的轻沙壤土。此外，选择栽培魔芋的地块还要考虑其前作，若前作为番茄、辣椒、茄子等茄科作物，且留有白绢病、根腐病、软腐病病史的，应对地块进行消毒杀菌。每亩地用三元消毒粉处理（50 kg 石灰粉+50 kg 草木灰+2 kg 硫黄粉）。

魔芋是一种喜肥作物，由于根系分布浅，吸肥力弱，因此，要求有较充足的肥料。其中，有机肥养分全，还能起到松土作用，但有机肥未充分腐熟也易引起病害。

魔芋在整个生育期中，需要从土壤中吸收氮、磷、钾、钙、镁、硫、铁、硼、锰、锌、钼等养分，其中以氮、磷、钾的需要量较大。又以吸收钾肥最多，氮肥次之，磷肥最少。魔芋在不同生育阶段对氮磷钾的需求也有所不同，在换头期前，需求量小，球茎膨大期达到最高，成熟期时最低。氮磷钾的比例应为钾>氮>磷，应重视钾肥的补充。由于魔芋的生长规律是先长营养体，再进行养料的制造和积累，且一个植株只有一片叶，这片叶长大后，1年内就不再长叶了。所以，肥料供应应以前期为重点，通过重施底肥、早施追肥来解决。魔芋生长前期需要充足的肥料来长好叶、根，后期块茎的急剧增重，主要得益于碳水化合物的积累，碳水化合物是水和二氧化碳通过光合作用合成的，无须从土壤中吸收大量养分。这一阶段的土壤养分主要用于植物新陈代谢的维持，与产量增加的直接关系不大，只需维持基本供应量即可。因此，要采用重施底肥、早施追肥、适量补施防早衰、不缺肥不施肥的措施。此外，魔芋属忌氯作物，所以要避免施用含氯化钾的复混肥或其他专用肥。

（一）魔芋对土壤和养分的要求

1. 魔芋对土壤质地的要求

魔芋地下部分为球茎且根系较长，适宜在土层深厚、质地疏松、排水透气良好、有机质丰富的轻砂土壤生长，土壤松厚肥沃是保证魔芋根系生长发育和块茎正常膨大的重要条件。容易板结或排水透气不良的土壤，不适宜魔芋的生长，用其栽培魔芋，不仅产量低，而且块茎形状多样，表皮粗糙，易发病，不利于魔芋干片的加工。

土壤酸碱度对魔芋产量影响较大，多数魔芋品种适宜的 pH 值为 6.5~7.0，中性和微碱性的土壤也能种植魔芋，但酸碱性较强的土壤不适宜魔芋生长，尤其是酸性较强的土壤种植魔芋时较易发生病害。花魔芋最适的 pH 值为 6.5~7.0，白魔芋为 7.0~7.5。

2. 魔芋的生长发育对养分的要求

当魔芋萌芽后，只需充足的水分而不需外界任何养分即可出苗（利用种芋中的养分）。在魔芋叶片展平后，尤其是魔芋换头结束后，需靠根系从土壤中吸收大量养分来满足自身生长的需要。在魔芋的整个发育期间，吸收钾肥最多，氮肥次之，磷肥最少，需肥规律氮：磷：钾为 6：1：8。

魔芋在不同生育阶段对氮、磷、钾的需求也不同，在生育前期需肥量不大，当魔芋换头后需肥量增加，块茎膨大时达到需肥的高峰期。根据印度Nair 等对魔芋在多雨酸性土壤中栽培的研究，每公顷施用纯氮肥为 100 kg、P_2O_5 为 50 kg、K_2O 为 150 kg 能获得较高产量。

（二）魔芋栽培土壤条件适宜性分析

1. 土壤类型及分布

富源地处低纬度高海拔山区，是一个以喀斯特地貌为主的区域，山区面积占 90%，属亚热带湿润季风气候。全县土壤类型有红壤、黄壤、黄棕壤、棕壤、紫色土、石灰土、草甸土、冲积土、水稻土 9 个土类，17 个亚类，40 个土层和 93 个土种，以及 10 个变种。其中红壤、黄壤、紫色土占比较大，红壤面积最大，约 9.71×10^4 hm²，占土壤面积的 33%。这种土壤大部分适宜魔芋生长，只有红壤中的窑泥土质地黏重，不太适宜魔芋生长，主要分布在大河、后所、墨红、营上等部分坝区。黄壤主要分布在富村、黄泥河、十八连山、老厂等山区，海拔 1500~2100 m。这一带云雾较多，日照较少，雨量丰富，湿度较大，是富源魔芋栽培最适宜的区域。紫色土是富源非地带性土壤，面积大，分布较散，全县 11 个乡镇都有分布，土壤呈弱酸性且质地差，磷素养分含量低，不太适宜魔芋生长。

2. 土壤养分分析

（1）土壤有机质高，但有效肥力低。富源 94.8% 的土壤有机质含量高达 3% 以上，但有效肥力一般偏低，中低产地比较多，因富源大部分地区海拔较高，热量偏低，南部地区温度高，北部地区干燥少雨，众多土壤的土体结构黏重板结，或过沙过粗，其胶体活性与生物活性差，肥力低，氮、磷、钾营养元素缺乏和养分比例失调，尤其严重缺钾。

（2）淋溶强度大，土壤盐基少，多偏酸。富源气候湿润多雨，岩石风化大，风化物中钾、钠、镁等盐基物质易淋失，使土壤偏酸性，这与魔芋生长所需的 pH 值一致，但由于淋失作用，土壤养分流失较多，在魔芋的种植过程中，需补施大量的氮磷钾肥和微量元素，才能满足魔芋的生长发育，获得优质高产。

（3）土壤缺素面积大，氮磷钾养分供给不协调。在全县的耕地面积中，缺氮、磷、钾三要素的累计面积为 $10.26 \times 10^4 \ hm^2$，其中缺磷面积达 $7.73 \times 10^4 \ hm^2$，有效氮磷钾的含量是氮高、钾中、磷低。近年来，施肥水平的提高，对土壤养分的供给起到一定的补充作用，但由于氮肥用量过高降低了土壤的综合供肥能力，土壤中速效磷含量过低，钾素在大部分土壤中含量丰富，但也有近 1/4 的土壤含量不足，而且在生产上钾素得不到及时补充，在魔芋栽培过程中，常因富氮缺磷少钾而影响其产量和品质。因此在魔芋的施肥上要注意氮、磷、钾的合理比例。

六、风及其他条件

魔芋生长期对风力有一定的适应性。魔芋怕强风，却又需要微风，选择地块时要考虑通风条件。山区应避开山巅、陡坡，结合光照和荫蔽条件，在坡向、坡度和海拔等方面综合选地。同时，要防止暴雨对地表及魔芋植株的冲刷。大风易折断叶柄和叶片，使植株失去唯一的功能叶，对产量的影响极大。

因此，在魔芋栽培各个关键环节上，要尽量满足魔芋最佳生长条件，科学精细管理，才能达到魔芋生产高产高效的目标。

第四节　魔芋的栽培品种

我国的魔芋品种中最重要的是花魔芋和白魔芋。花魔芋历史悠久，我国从秦岭山区向南，各处都有花魔芋，而白魔芋则于 1984 年才正式命名，仅分布在金沙江河谷的四川凉山州和云南昭通地区，其品质和价格优于花魔芋，但产量比花魔芋低。其他如广西田阳魔芋仅在广西小范围栽培，云南西盟魔芋和株芽魔芋正从野生采集逐步转向人工栽培。

全世界魔芋属的植物有 228 种，我国有 30 种，其中 9 种为我国的特有种，可供食用的有 11 种，已广泛栽培的有 6 种，即花魔芋，白魔芋，滇魔芋，东川魔芋（*Amorphophallus mairei* level），疏毛魔芋（*Amorphophallus kiusianus* Makino）和疣柄魔芋。花魔芋在我国分布最广，白魔芋主要分布于金沙江流域，滇魔芋及东川魔芋分布于云南，疏毛魔芋分布于江苏、浙江及福建大部分地区，疣柄魔芋分布于广东、广西。据国外报道，魔芋不同种的染色体数为：$2n=2x=26$，或 $2n=3x=39$，或 $2n=2x=28$ 等。我国学者对我国 11 种魔芋的染色体进行了研究，认为除疣柄魔芋为 $2n=2x=28$ 以外，其余 10 种均为 $2n=2x=26$。

现将我国栽培较多，并且可供食用的 14 种魔芋简介如下。

一、花魔芋

花魔芋为天南星科魔芋属多年生草本植物，其块茎呈扁球形，顶部中央稍下凹，球茎肉为白色。叶柄为黄绿色，光滑，有绿褐色或白色斑块，叶片为绿色，3 裂，佛焰苞漏斗形（图 2-6）。花魔芋是目前种植范围最广、产量最高的魔芋种类之一。可用作浆纱、造纸、瓷器或建筑等的胶黏

图 2-6　花魔芋

剂。块茎入药能解毒消肿，灸后健胃，消饱胀，也是一种球茎类的观赏植物。但是花魔芋极易感染土传性病害，如软腐病、白绢病以及根腐病等。花魔芋主要种植在中高海拔的冷凉地区，有助于减轻软腐病等病害的发生程度，但由于传统高海拔山区发展魔芋产业存在交通困难、运输成本高、连作障碍等问题，适宜地区发病率逐年升高，规模化发展魔芋种植难度逐渐加大。相比而言，发展中低海拔魔芋种植可减轻或避免这些问题，更有利于魔芋产业化发展。相较于其他魔芋，花魔芋具有生育周期长、膨大系数大、产量高等优点，以及抗病性差等缺点。

花魔芋又叫蒜头、鬼芋、花梗莲、花伞把、花杆莲、麻芋子、花杆南星、天南星、花麻蛇等，分布在海拔800~2500 m甚至更高的地区。其分布范围广泛，涵盖东喜马拉雅山区至泰国、越南、菲律宾、日本和中国；在中国分布于陕西、甘肃、宁夏至江南各省。生于疏林下、林缘或溪谷两旁湿润地，或栽培于房前屋后、田边地角，有的地方与玉米混种。魔芋为半阴性植物，喜温暖，忌高温，喜肥怕旱、忌大风，在水良好和富含有机质的沙质壤土中生长良好，故宜生长于溪谷、山沟、林下或林缘等湿润环境。生长适温为20~30 ℃，超过35 ℃时，地上部分生长即受抑制甚至倒苗，从而影响块茎的生长。入秋，气温低于12 ℃时，地上部分停止生长，甚至枯萎。块茎在0~3 ℃温度下可安全越冬。

全年生长期为200天。魔芋营养植株的发育可分为幼苗期、换头期、块茎膨大期和块茎成熟期4个阶段。幼苗期包括发根、发芽、叶片抽展及块茎的初期生长，发生在4~6月。7月前后是换头期，此时种芋养分消耗殆尽而干缩，新旧块茎更替，植株生长由异养转为自养。7~8月进入块茎膨大期。9月以后块茎膨大速度减慢，10月之后块茎完全成熟，植株枯倒，块茎成熟期结束并转入休眠。魔芋植株需经过4~5年栽培才能开花。待花植株的块茎在秋季进行花芽分化，翌年春夏抽葶，只长出1枝肉穗花序而不形成叶子。花葶出土到开花约需35天，花期通常7~10天，花后多数不能结实。

花魔芋叶柄长10~150 cm，横径0.3~7 cm，黄绿色或浅红色，光滑，有绿褐色及白色相间的斑块；叶柄基部有膜质鳞片 4~7 枚，披针形，粉红色。叶绿色，3 裂，小裂片数随植株年龄的增加而加多；小裂片互生，大小不等，长圆形至椭圆形。花序柄长 40~70 cm，粗 1.5~4 cm。佛焰苞漏斗形，管部长 6~13 cm，延部长 15~30 cm，渐尖；佛焰苞外表苍绿色，含暗绿色斑块，里面深紫红色。花序比佛焰苞约长 1 倍；雌花序呈圆柱形，附属器剑形，紫红色。花期为 4~6 月。浆果，椭圆形，初为绿色，成熟后呈红色；块茎扁球形，直径 7.5~25 cm，顶部中央稍下凹，暗红褐色；颈部周围生多数肉质根及纤维状须根。叶柄长 45~150 cm，基部粗 3~5 cm，黄绿色，光滑，有绿褐色或白色斑块；基部膜质鳞叶 2~3 枚，披针形，内面逐渐长大，长 7.5~20 cm。叶片绿色，3 裂，Ⅰ次裂片具长 50 cm 的柄，二歧分裂，Ⅱ次裂片二回羽状分裂或二回二歧分裂，小裂片互生，大小不等，基部的较小，向上渐大，长 2~8 cm，长圆状椭圆形，骤狭渐尖，基部宽楔形，外侧下延成翅状；侧脉多数，纤细，平行，近边缘联结为集合脉。主芽高 3~5 cm，粗 2~5 cm，红褐色；凹沿周围密生着 1 周纤维状须根，凹沿至球茎中部，散生数条形状不规则的根状茎；表皮暗褐色，肉白色，有时微红色。

花序柄长 50~70 cm，粗 1.5~2 cm，色泽同叶柄。佛焰苞漏斗形，长 20~30 cm，基部席卷，管部长 6~8 cm，宽 3~4 cm，苍绿色，杂以暗绿色斑块，边缘紫红色；檐部长 15~20 cm，宽约 15 cm，心状圆形，锐尖，边缘折波状，外面变绿色，内面深紫色。肉穗花序比佛焰苞长 1 倍，雌花序圆柱形，长约 6 cm，粗 3 cm，紫色；雄花序紧接（有时杂以少数两性花），长 8 cm，粗 2~2.3 cm；附属器伸长的圆锥形，长 20~25 cm，中空，明显具小薄片或具棱状长圆形的不育花遗垫，深紫色。花丝长 1 mm，宽 2 mm，花药长 2 mm。子房长约 2 mm，苍绿色或紫红色，2 室，胚珠极短，无柄，花柱与子房近等长，柱头边缘 3 裂。浆果球形或扁球形，成熟时黄绿色。花期为 4~6 月，果 8~9 月成熟。

花魔芋一般商品块茎重 0.5~2.5 kg，为食用、药用及工业兼用种。该品种产量高，精粉黏度高，但怕热、易感病，种植风险大，且不宜在低海拔区域推广。块茎可加工成魔芋豆腐，供熟食。魔芋干片含淀粉42.05%，淀粉的膨胀力可大至80~100倍，黏着力强，可用作浆纱、造纸、瓷器或建筑等的胶黏剂。块茎入药能解毒消肿，灸后健胃，消饱胀，还能治流火、疔疮、无名肿毒、瘰疬、眼镜蛇咬伤、烫火伤、间日疟、乳痈、腹中痞块、疔癀高烧、疝气等。全株有毒，以块茎为最，中毒后舌、喉灼热、痒痛、肿大。民间用醋加姜汁少许，内服或含漱，可以缓解。

　　魔芋生产宜选择土层深厚、肥沃、疏松的微酸性砂壤土以及半阴半阳的避风荫凉地。除林间隙地、溪边谷地、房前屋后之外，也可种植于果园、桑园、人工育林地以及与玉米等作物套种。但前作是辣椒和烟草的田块则不宜栽种。魔芋下种前应翻地深达25~30 cm，每亩施1500 kg腐熟堆肥入土，并做好高畦以利排水。在病害多发地每亩可施用2 kg 50%多菌灵和1 kg辛硫磷进行土壤消毒。魔芋的种植时间因各地平均气温不同略有先后，在中国浙江临安的西天目山以清明至谷雨间下种为宜。种植过早容易烂种，过迟则因缩短生长期而导致减产。种芋应选择"口平、窝小"，顶芽粗壮、表皮光滑无病斑的芋头型块茎。块茎应按大小等级分开下种，以免因植株大小与叶面疏密不当而影响发育。如选用每块100 g重的块茎作种，株行距以3 cm×50 cm为宜；若选用250 g重块茎作种，则以株行距50 cm×66 cm种植，种芋下种前可用40%甲醛200~250倍液浸种15 min消毒。若在15~20 ℃温度、75%左右相对湿度的条件下催芽15天，可提早打破休眠。下种的深度为种芋平均直径的2~3倍，下种后覆盖5~6 cm厚的细土，并盖稻草以利保湿，可防止土壤板结。

　　魔芋的种植已从传统的零星栽种转变为成片种植。因为作物群体易引起病虫感染和蔓延，所以田间管理须加强中耕除草、施肥遮阴及病虫害防治等一系列配套措施。中耕除草一般在施肥之前进行。由于魔芋根系浅，所以除草要早，一般只能用手拔除。松土只能用竹签，以免损伤根系和枝叶。施肥的基本原则是施足基肥并巧施追肥，一般基肥用量占总施肥量的70%~80%。肥料以钾肥为主，防止偏施氮肥；以农家肥为主，化肥为辅。追肥的时间及数量可灵活掌握，一般在展叶初期（4月底）施第一次肥，当80%苗株展叶后重施苗肥，当魔芋开始形成块茎时需肥剧增，应及时追施块茎膨大肥，9月上旬追施壮苞肥，推迟倒苗，以促进块茎膨大。魔芋下种时施用的基肥以有机肥为主，每亩施入腐熟农家肥（人粪尿、厩肥、饼肥）3000~3500 kg，追肥以速效肥为主，人粪尿分解迅速，易被吸收，适宜用作追肥。此外也可适当追施化肥。魔芋是半阴性植物，最忌强烈而持久的直射光。盛夏季节当叶面温度高达40℃以上时会产生日灼，随之很快会发生真菌性病害，从而导致减产。所以必须采取适当的遮阴措施。实践证明魔芋最适荫蔽度为40%~60%。除了在栽培中采用间作和套作等简便有效的荫蔽方式外，还可以在叶面上覆盖麦秆、青草以减弱日照强度，为防止夏天地温过高，可采用地表铺草的方法降低地温。

二、白魔芋

白魔芋由于其肉质洁白而得名，它是魔芋家族中减肥性能最突出的一个品种。白魔芋是我国特有魔芋属种，只生长在我国金沙江大峡谷区域，区位优势明显。金阳县是国家级贫困县，属于乌蒙山集中连片特困区，探究其以白魔芋这种优质绿色农产品作为县内支柱产业的发展，不仅符合当前消费者高品质健康饮食的追求，更契合当前国家利用产业扶贫以实现打赢脱贫攻坚战、提高贫困群众自我发展能力，从根本上实现脱贫致富的重要举措。白魔芋分布在海拔800 m以下地区，主产区为云南省昭通地区及四川省的大、小凉山，贵州省的金沙、威宁也有分布，适宜低海拔地区种植。白魔芋耐旱，一年生，单个重0.5 kg以下，二年生以上达1.5~2.5 kg。在四川省大、小凉山地区种植面积最大，湖南省种植面积也较大，属小型种。产量较花魔芋低，但其肉色洁白，商品率和商品价值较高，比较适宜低海拔地区种植。

块茎近球形，直径为0.7~10 cm，表面紫褐色，肉质洁白，顶端中央稍下陷，为根状茎［图2-7（a）］。叶柄长10~40 cm，基部粗0.3~2 cm，淡绿色、绿色或红绿色，光滑，有微小白色或草绿色斑块；基部有膜质白色鳞片4~7枚，披针形［图2-7（b）］。第1次裂片有5~40 cm的叶柄，小裂片形状与花魔芋相似。花序轴长 30 cm，粗 0.5~2 cm，色泽与叶柄相同。佛焰苞船形，长 12~15 cm，基部席卷，管部长 1.5~2 cm，宽 3~4 cm；檐部长 10~13 cm，宽 4~5 cm，淡绿色，无斑块。肉穗花序稍短于佛焰苞。雌花序长 1 cm，粗 1.2 cm，淡绿色，雌雄花序间杂有长 1 cm 的不育雌花。雄花序为长圆筒形，长约 3 cm，粗 1.2 cm。附属器伸长成圆锥形，先端钝状，长 6~9 cm，上有明显乳头状突起，黄色，花丝联合，长 2 mm，宽 2 mm；花药 4 室，初白色，后转黄色。花粉球形，金黄色，沟槽较浅，子房淡绿色，长 2 mm，每室 1 胚殊。花柱长 2.5 mm，柱头圆形，无分裂，具乳头状突起。果实椭圆形，初为淡绿色，成熟为橘红色。花期为 5~6 个月，果期为 7~9 个月。

（a）白魔芋芋鞭　　　　　　（b）白魔芋植株

图 2-7　白魔芋

　　白魔芋是魔芋家族中减肥性能最突出的一个品种。除有效成分含量最多之外，还具有以下减肥有利因素：一是白魔芋含有吸水性强的天然亲水胶体，在大肠内吸水后体积膨大，经结肠菌分解产生的短链脂肪酸，能促进肠道蠕动，缩短排便时间，使排便自然通畅而不会产生腹泻。二是白魔芋中所含的多种元素，可强化蛋白质、碳水化合物、维生素和矿物质的生成，是最理想的主食替代品。三是白魔芋可大大缩短食物在胃中停留的时间，一般来说，普通食品需要 28 h 才能从肠道中排空，而富含高食物纤维的白魔芋只需要 10~14 h，这样大大减少了对有害物质的吸收。

因此，白魔芋在魔芋世界中独树一帜，是名副其实的魔芋减肥专家。以白魔芋为原料的白魔芋制品研发正在国内悄然兴起，并正在成为世界减肥领域的一颗耀眼明星。白魔芋中 KGM 纤维成分最多，减肥性能最佳。魔芋的主要成分是一种叫作 KGM 的可溶性膳食纤维，而 KGM 的多少是决定魔芋减肥效果优劣的指标。白魔芋的 KGM 含量在整个魔芋家族中居于榜首，平均高达 59.2%，是普通甜魔芋的 10 倍。另外，白魔芋还含有比其他魔芋品种更多的维生素、生物碱，其粗蛋白质中的氨基酸高达 16 种，人体必需的微量元素 13 种，同时诸如糖、淀粉等成分却相对较少，这也形成了所有魔芋品种中最合理的功效配比。

白魔芋含有吸水性强的天然亲水胶体，在大肠内吸水后体积膨大，经结肠菌分解产生的短链脂肪酸，能促进肠道蠕动，缩短排便时间，使排便自然通畅而不会产生腹泻。

三、疣柄魔芋

疣柄魔芋是天南星科魔芋属多年生草本植物。块茎扁球形或半球形，直径约 20 cm，高约 10 cm，基部圆形，顶部极宽，中央强度压扁状，表面具斑痕，有小球茎；根粗，线形，不分枝；叶单一，有时多叶（稀 2 枚），叶柄长 50~80 cm，深绿色，具疣凸，粗糙，具苍白色斑块（图 2-8 中的 2）；叶片 3 全裂，裂片二歧分裂或羽状深裂，小裂片长圆形、倒卵形、三角形或卵状三角形，骤尖或渐尖，不等侧，下延，侧脉近平行，近边缘连接成集合脉。小裂片长圆形、倒卵形、三角形或卵状三角形，骤尖或渐尖，不等侧，下延；深绿色，具苍白色斑块，具疣凸；花序梗圆柱形，具疣凸；肉穗花序无梗；雌花序圆柱形，紫褐色；雄花序倒圆锥形，黄绿色；子房球形，被长柔毛及腺毛；果序圆柱形，具疣突，无毛；浆果椭圆状红色，具疣突，种子长圆形，腹平，背凸，光滑；花期为 4~5 月，果期为 10~11 月。

花序柄粗短，圆柱形，长 3~5 cm，粗 2~3 cm，花后增长，粗糙，具

图 2-8　疣柄魔芋

1—佛焰花序　2—未散开的叶

小疣，被柔毛（图 2-8 中的 1）。佛焰苞长 20 cm 以上，喉部宽 25 cm，卵形，外面绿色，饰以紫色条纹和绿白色斑块，内面具疣，深紫色，基部肉质，漏斗状；檐部渐过渡为膜质，广展，绿色，边缘波状。肉穗花序无梗极臭，雌花序长 5～7 cm，圆柱形，紫褐色；雄花序倒圆锥形，黄绿色，长 3～5 cm，基部粗 2 cm，上部粗 4～5 cm；附属器圆锥形，钝圆，青紫色，长 7～12 cm，基部粗约与长度相等，海绵质。雄蕊花丝长 5 mm，药室长 4 mm。子房球形，长宽 2～3 mm，花柱长 10 mm，柱头 2 裂，近肾形，长宽 1.5 mm，被长柔毛及短腺毛，果序柄亮褐色，圆柱形，具不明显的三棱，高 25～37 cm，粗 2.5～3 cm，表面具同色疣状突起，无毛。果序长 16～20 cm，圆柱状，粗达 7 cm。浆果椭圆状，长 2.5～3 cm，直径 1.7～2 cm，红色，具疣突，先端近截平，有圆形的黑色残存花柱，2室，每室有种子 1 枚。种子长圆形，腹平，背凸，长 1.4 cm，粗 7 mm，光滑，外种皮肉质，褐色，内种皮薄，白色；胚倒卵形，绿色，长 8 mm。花期为 4～5 月，果 10～11 月成熟。

疣柄魔芋适宜庭院孤植或群植，亦可栽培于公园草地花坛，具有一定的观赏价值与食用价值。疣柄魔芋有很高的药用价值，其味甘、辛，有小毒，具有化痰散结、行瘀消肿、解毒止痛、减肥降脂、开胃消食及减肥、防癌等功效，可治疗肥胖症、糖尿病、肺结核、消化不良、腮腺炎、虫蛇咬伤、红斑狼疮等症。疣柄魔芋对女性有排毒养颜、滋润肌肤的作用。疣柄魔芋的全株作猪饲料，有催膘良效。其块茎富含淀粉，工业上用作胶黏剂。

疣柄魔芋主产于中国广东、广西南部，云南南部至东南部也有栽培，多见于灌丛中；越南、老挝、泰国也有分布。疣柄魔芋生长在海拔 750 m以下的热带地区。江边草坡、灌丛或荒地也常见。疣柄魔芋喜湿热气候，肥沃土壤，通过种子繁殖。

疣柄魔芋一般于雨季来临之时（5 月中下旬）进入快速生长期，块茎萌动后直接抽出花序或长出叶片，盛开的花序会散发出烂鱼般的腥臭味。疣柄魔芋虽然花形奇特，但是一个花序的盛开时间并不长，开放时间只有 3～4 天。花序萌动后经过约 2 周的孕蕾期后，它的花序会于第一天傍晚时分盛开，此时围绕在肉穗花序外围巨大的佛焰苞展开，花序内部迅速升温，在热量的帮助下将蕴藏的臭味散发出去，吸引喜食腐肉的蝇类和甲虫类前来采食花粉，并借由它们完成异花授粉过程。

海南野生疣柄魔芋的群体花期约 50 天，单花序花期 16～23 天。根据单花序开花习性，可分成花蕾期、佛焰苞初裂期、佛焰苞与附属器分离期、佛焰苞全展臭前期、散臭期、停臭期、散粉期、停粉期、枯萎期，共 9 个时期。整个单花序花期历时 16～23 天，其中佛焰苞全展（即佛焰苞全展臭前期、散臭期、停臭期、散粉期、停粉期）历时较短，大约 2 天。海南野生疣柄魔芋的单花序在佛焰苞全展时，整花序高度 23~33 cm，花序冠幅（21~36）cm×（19~35）cm；佛焰苞管部肉质钟形，檐部膜质（似荷叶），边缘波状，近卵形或圆形；附属器深紫红色，光亮，蘑菇状，表面有褶皱。花序由下往上依次是雌花穗、雄花穗、附属器，无中性器和中空段，雌花穗和雄花穗藏于佛焰苞管部，并被附属器遮盖，仅有 2~4 cm 宽近环形缝隙。海南野生疣柄魔芋的主要传粉方式为虫媒授粉。其花器低矮，且雌花穗和雄花穗藏于佛焰苞管部，并被附属器遮盖，仅有 2~4 cm 宽近环形缝隙等特点，导致风力不能成为其传粉媒介。人工授粉试验中去雄套网实验的结实率为零，也证明了风力不是海南野生疣柄魔芋的传粉媒介，而体型较小的象甲科昆虫和蚁类可能是海南野生疣柄魔芋的主要传粉媒介。海南野生疣柄魔芋同株雌雄不遇，雌蕊至少比雄蕊早 1 天成熟，为异株授粉。在自然条件下，自然受精成功率极低，可能原因是种群数量较少，导致同期成熟雌雄花株很少或无，同时传粉昆虫在某一花期阶段内不同花株间迁移概率极少。另外未发现海南野生疣柄魔芋存在无融合生殖。

通过人工控制进行异株授粉，可以高效地实现海南野生疣柄魔芋的有性生殖。适当切裂佛焰苞以便于人工授粉操作使所有柱头沾到花粉，有利于提高结实率。在佛焰苞与附属器分离期和散臭期进行人工授粉，可成功受精。因此推断，其柱头可受性可能在散臭期（包括散臭期）以前，散臭结束以后柱头失去活力，但柱头可受期和花粉活力有待今后进一步探索，以提高人工授粉的结实率。

四、疏毛魔芋

疏毛魔芋又叫东亚魔芋、土半夏、鬼蜡烛、蛇头草，是天南星科、魔芋属植物。块茎扁球形，直径 3~20 cm。鳞叶 2 枚，卵形，披针状卵形，有青紫色、淡红色斑块。叶柄长可达 1.5 m，光滑，绿色，具白色斑块；叶片 3 裂，第一次裂片二歧分叉，最后羽状深裂，小裂片卵状长圆形，渐尖，长 6~10 cm，宽 3~3.5 cm。花序柄长 25~45 cm，光滑，绿色，具白色斑块。佛焰苞长 15~20 cm，管部席卷，外面绿色，具白色斑块，内面暗青紫色，基部有疣皱，长 6~8 cm，粗 1~2 cm，檐部展开为斜漏斗状，边缘波状，膜质，长渐尖，直立，后外仰，外面淡绿色，内面淡红色，边缘带杂色，二面均有白色圆形斑块，长 12~15 cm，人为展平宽 9~10 cm。肉穗花序长 10~22 cm，雌花序长 2~3 cm，粗 1~1.2 cm；雄花序长 3~4 cm，粗 0.7~1.2 cm；附属器长圆锥状，长 7~14 cm，粗 0.8~1.8 cm，常为花序长的 2 倍，深青紫色，散生长约 10 mm 的紫色硬毛。雄蕊 3~4 柱，药隔外凸。子房球形，花柱不存在，柱头不明显地浅裂，2 室。浆果红色，变蓝色。花期为 5 月。

种植疏毛魔芋用 7 粒泥炭粒播种：将其浸泡在水中，然后放入塑料盆中；也可以使用正常的种子基质：先将种子播种在泥炭颗粒上，并在种子上覆盖一层薄薄的泥炭（约 2 mm），然后将塑料罐放在一个自封袋中，罐的尺寸为 6 cm，建议使用尺寸为 12 cm×17 cm 的自封袋。在自封袋中加入几滴通用肥料，以及尽可能多的自来水，以便在吸收基质后，底部保留几毫米的水。然后合上自封袋，不需要过多浇水，因为没有水分可以通过自封袋蒸发。

疏毛魔芋分布于中国、日本；在中国分布于江苏、浙江、福建、台湾、海南等地。常见于海拔 800 m 以下的林下、灌丛中，或种植于房前屋后。块茎供药用，可治疗蛇虫咬伤、无名肿毒、流火、颈淋巴结核、癌肿、红斑性狼疮，也可加工为魔芋豆腐作蔬食。

五、南蛇棒

南蛇棒（*Amorphophallus dunnii* Tutcher）是天南星科魔芋属的多年生草本植物。其块茎扁球形，顶部扁平，密生分枝肉质根；鳞叶多数，呈线形且膜质，叶柄干时绿白色，饰以暗绿色小块斑点；肉穗花序，具短梗或否，附属器长圆锥形或纺锤形，绿色或黄白色，花药无柄，圆柱形；浆果蓝色；种子黑色；花期为 3~4 月；果期为 7~8 月。南蛇棒在中国主要分布于湖南、广西、广东及沿海岛屿、云南东南部等地。喜生于海拔 220~800 m 的路旁疏林中或密林中。南蛇棒的药用部位为块茎，其味辛，性平，有毒，具有消肿散结、解毒止痛等功效，可用于缓冲肿瘤、颈淋巴结结核、痈疖肿毒、毒蛇咬伤等症。南蛇棒具有艳丽的果实或奇特的果形，在园林中可配置于林缘的路边、花坛、花境或盆栽，以供观赏。

南蛇棒块茎扁球形，厚 2~8 cm，直径 4.5~13 cm，顶部扁平，基部下凹，密生分枝肉质根。鳞叶多数，线形，膜质，内面长 10 cm，宽 1 cm。叶柄长 50~90 cm，粗 1 cm，干时绿白色，饰以暗绿色小块斑点。叶片 3 全裂，裂片离基 10 cm 以上 2 次分叉，小裂片互生，基生小裂片椭圆形，长 7~8 cm，宽 3~4 cm，先端骤狭渐尖，基部楔形，一侧稍下延；顶生 2 个小裂片，倒披针形或披针形，锐尖，基部楔形，一侧下延，长 14~18 cm，宽 3~6 cm，表面绿色，背面淡绿色，其下两小裂片外侧极下延，下延部分联合成长 4 cm、宽 2 cm 的翅，侧脉弧曲上升，集合脉距叶缘 3~8 mm。

花序柄长 23~60 cm，颜色同叶柄。佛焰苞绿色、浅绿白色，干时膜质，长卵形或椭圆形，长 12~26 cm，宽 14 cm，下部席卷，上部舟状展开，内面基部紫色，余黄绿色。肉穗花序短于佛焰苞，长 8~19 cm，具短梗或否，雌花序长 1.5~3 cm，粗 1~3 cm，基部稍狭，雄花序长 1.4~4.5 cm，粗 1~3 cm；附属器长圆锥形或纺锤形，绿色，黄白色，长 4.5~14 cm，中下部粗 1.5~6 cm，中部以上渐狭，先端钝圆。花药无柄，圆柱形，长 1 mm；子房倒卵形，长 1~2.5 mm，先端渐狭为长 0.3~0.5 mm 的花柱，柱头盘状，微浅裂。浆果蓝色，种子黑色。

南蛇棒喜生于海拔 200~800 m 的山坡密林下、河谷疏林、路旁疏林中或密林中及荒地。南蛇棒在中国主要分布于湖南、广西、广东及沿海岛屿、云南东南部（金平、河口、绿春）等地。

南蛇棒的药用部位为块茎，其味辛，性平，有毒，具有消肿散结、解毒止痛等功效，可用于缓冲肿瘤、颈淋巴结结核、痈疖肿毒、毒蛇咬伤等症。壮医：通龙路、散结肿；外用勒爷顽瓦（小儿麻痹后遗症）等。南蛇棒具有艳丽的果实或奇特的果形，在园林中可配置于林缘的路边、花坛、花境或盆栽以供观赏。

六、蛇枪头

蛇枪头（*Amorphophallus mellii*）是天南星科魔芋属的植物，中国的特有植物（图2-9）。分布在中国的广东、广西等地，生长于海拔1000 m的地区，多生长在灌丛中及林中，尚未由人工引种栽培。

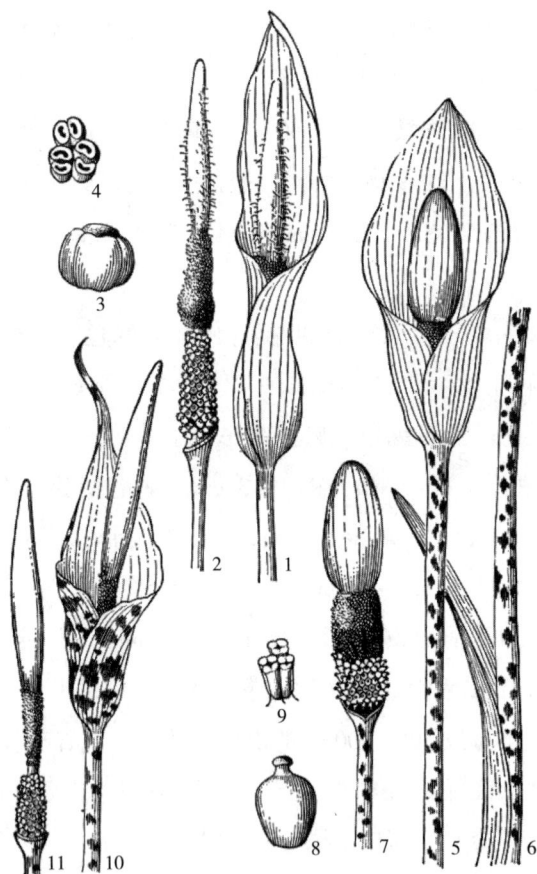

图 2-9　3种魔芋花序

1~4—梳毛魔芋　5~9—南蛇棒　10、11—蛇枪头

叶柄直立，叶柄长 25~60 cm，粗 8 mm，与花序柄皆呈苍白色，光滑，斑块灰绿色，伸长，不规则，彼此稍连接；叶片 3 裂，Ⅰ次裂片长约 25 cm，下部羽状分裂，基部以上 3~5 cm 二歧分裂；Ⅱ次裂片长 20 cm，再羽状分裂。裂片互生，下部的斜卵形，长 1 cm，渐尖，中部和上部的长圆形，顶生小裂片长 10~15 cm，中部宽 3.5~4.5 cm，基部楔形，一侧下延，先端渐尖或急尖，最后各裂片之间的中肋具宽翅，集合脉距边缘 3~4 mm。花序柄长 30~60 cm，肉穗花序与佛焰苞近等长；花柱长于子房。花期为 4~5 月。佛焰苞兜状，基部席卷，下部淡绿色，具淡灰色斑块，向上变浅绿色，内面中部以下为深紫色；长约 10 cm，直径 4 cm，展平宽 6 cm。肉穗花序与佛焰苞近等长，具长约 1 cm 的梗或否，雌花序长 8~20 mm，粗 5~8 mm。雄花序长 2.5~3 cm，粗 0.5~1.5 cm；附属器长圆锥形或长纺锤形，锐尖，下部具皱，长 5.5~8 cm，粗 7~14 mm，浅黄色，基部有假雄蕊。雄蕊花药倒卵圆形；子房近球形，2 室，花柱长于子房，柱头黄色，半球形，常浅裂。浆果熟时蓝色，长约 1 cm，内有种子 2 枚。块茎球形，扁，粗 4.5 cm，厚 3 cm，属药用种。

七、天心壶

天心壶（*Amorphophallus bankokensis*）是天南星科魔芋属的多年生草本植物。块茎球形，顶部扁平下凹，直径为 6 cm。叶 1 枚，叶柄直立，叶柄长 20~25 cm，光滑，玫瑰红色，稍具绿色或紫色斑块；叶片 3 裂，裂片具长 2~4 cm 的柄，长 15~18 cm，分叉；小裂片长 3~10 cm，宽 0.8~2.5 cm，上部的叶较大，披针形，长渐尖，基部下延成翅（宽 2~5 mm），集合脉离边缘 1 mm。花序柄长 4~8 cm，颜色同叶柄；鳞叶线形，长达 22 cm。佛焰苞倒阔钟状，长 13~15 cm，展开宽 15~20 cm，绿色，具紫色脉序，边缘褐色。肉穗花序略短于佛焰苞，长 12~15 cm，雌花序长 3~5 cm，粗 2 cm，圆柱形；雄花序长 5 cm，倒圆锥形，顶部粗 2 cm，基部粗 0.5~1 cm；附属器近球形，高 5 cm，顶端扁平，有疣凸。雄花长圆形，顶钝平，宽 0.6 mm，室孔近圆形。子房扁球形，长 1.5 mm，花柱长 4~5 mm，渐狭；柱头头状，浅裂。花期为 4 月。块茎球形，顶部扁平下凹，直径为 6 cm，以药用为主（图 2-10）。

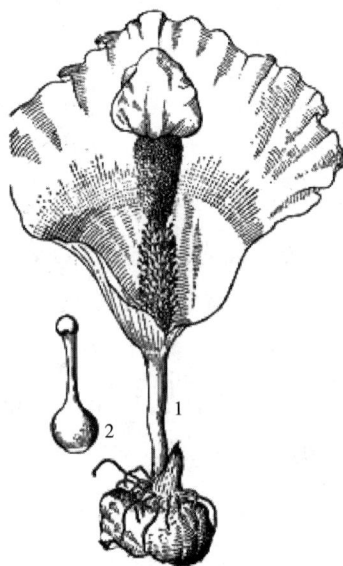

图 2-10　天心壶
1—植物　2—雌花

　　分布在泰国以及中国的云南省等地，生长于海拔 570~1000 m 的地区，一般生长在石灰岩山密林中，多生于河岸草丛中，其花很有观赏价值，尚未由人工引种栽培。

八、珠芽魔芋

　　珠芽魔芋是一类繁殖方式特殊的野生驯化魔芋种。珠芽魔芋原产于中国云南南部、缅甸北部、老挝、泰国北部以及印度尼西亚热带雨林地区，我国主要在云南省的西双版纳、瑞丽、文山、思茅以及临沧的边境一带有种植。珠芽魔芋生长在热带雨林，适宜夏季高温高湿的环境，表现出良好的抗病性和适应性，具有繁殖系数高、生育期短、精粉含量高、产量高等优点，是在高温高湿地区种植范围广泛的优良魔芋种。珠芽魔芋地下球茎的表皮组织呈棕色或深灰色，其内部营养组织呈白色或淡粉色，有的呈淡黄色。在繁殖材料方面，叶柄直立，长 100 cm，粗 1.5~3 cm，表面光滑，浅黄色，具不规则的苍白色斑纹；叶柄顶部有珠芽 1 枚，球形，暗紫色（图 2-11）。花序柄长 25~30 cm，佛焰苞倒钟状，内红外绿；肉穗花序略长于佛焰苞；子房扁球形，柱头无柄，呈宽盘状，雄蕊倒卵圆形。花期为 5 月。块茎球形，直径为 5~8 cm，密生根状茎及纤维状分枝须根。主供药用。葡甘聚糖含量、精粉黏度各项指标均优，在基地试种，还具有抗病耐热的突出优势，可将适宜种植区扩大到更低海拔区域。

图 2-11　珠芽魔芋植株局部手绘图

1—植株分叉处有珠芽、叶柄基部直径较细、叶柄表面光滑

2—叶柄边缘为全缘　3—叶片形状为长圆形

花魔芋和白魔芋的繁殖材料主要为根状茎、地下球茎、种子。珠芽魔芋地下球茎因重量大，作为繁殖材料在保存、运输和种植方面难度较高。种子虽然重量小，但后代变异大且繁殖周期长。有趣的是，珠芽魔芋叶面着生的气生珠芽也具有繁殖能力，且繁殖系数和膨大倍数高，已成为珠芽魔芋主要的繁殖材料，显著增加了珠芽魔芋的繁殖系数，此外还具有较高的膨大系数和 KGM 含量。珠芽魔芋能耐高温高湿的环境，对软腐病的抗

性也比较强，同时因为其球茎膨大倍数高，所以球茎产量也相对较高。

九、滇魔芋

滇魔芋是东亚地区的一个广布种，原产于中国西南地区，主要分布于我国云贵高原及邻近地区，少量分布于周边的老挝、泰国、越南北部等区域。该种的海拔分布范围为 200~3300 m，喜阴凉潮湿的环境，宜疏松肥沃、湿润、排水良好的土壤，如原生林或次生林、灌木丛和森林边缘等。生于山坡密林、河谷疏林及荒地、石灰岩山林中的石缝。滇魔芋在西南地区的分布呈现孤立的小种群状态，这使得该种成为研究地理隔离对种群遗传分化影响的理想物种。

滇魔芋块茎扁球形，叶 1 枚，叶柄长达 1 m，有白绿色斑纹；具 3 小叶，2 歧分叉，裂片再羽状分裂，顶生小叶片披针形，下部小裂片椭圆形至披针形。叶柄直立，长 100 cm，绿色，表面具绿白色斑块。花序柄长 25~40 cm，肉穗花序柄长度为佛焰苞长度的 1/3~1/2，佛焰苞具绿白色斑点；附属器乳白色，长 3.8~5 cm，子房球形，柱头点状。花期为 4~5 月。块茎球形，直径为 4~7 cm，顶部下凹，有肉质须根，主供药用。滇魔芋以广西、贵州、云南栽培为主，叶柄绿色，表面具绿白色斑块，叶绿色，叶全裂。

花葶长约 60 cm，佛焰苞卵状矩圆形，肉穗花序短于佛焰苞，下部雌花部分长约 1.5 cm，紧接的雄花部分长约 2.5 cm，顶端附属体为柱状圆锥。块茎球形，顶部下凹，直径为 4~7 cm。叶柄绿色，具绿白色斑块；叶 3 全裂，裂片二歧分裂，顶生裂片长 15~25 cm，披针形，锐尖，基部一侧下延，下部裂片短小。花序柄长 25~40 cm，粗 1 cm，绿褐色，有绿白色斑块；肉质花序短于佛焰苞，雄花序长 15~40 mm，圆柱形，白色，附属器长 38~50 mm，近圆柱形或三角状卵圆形，先端钝，平滑，乳白色或幼时绿白色；雄蕊花丝极短，花药长 2~5 mm，室孔邻接；子房球形，花柱长 1~5 mm，柱头点状。花期 4~5 月。

滇魔芋可用播种或分株的方式进行繁殖。种子成熟后，需进行沙藏处理，待翌年春季再进行盆播，此外，也可用块茎繁殖。滇魔芋栽培容易，管理较粗放，日常养护需经常保持土壤湿润、疏松。冬季应将块茎挖出妥善贮藏。

十、甜魔芋

甜魔芋在我国的云南和广西南部有少量分布，植株较大，丛生性强，球茎上芽点较多，根系发达，球茎肉为橙色。甜魔芋相较于花魔芋，具有抗病性好、适应强，以及繁殖系数高等优点，缺点是在我国分布范围小，种植面积不大，种芋价格高昂以及品质较低等。2002 年，标本馆科技人员在调查西双版纳地区天南星科植物时，发现当地农民普遍栽培一种魔芋，当地人称其为甜魔芋或黄魔芋。科技人员将其引种至中国科学院西双版纳热带植物园栽培。2003 年，引种栽培的甜魔芋开花，通过对其植株及花序进行仔细的解剖、比较、研究，科技人员发现甜魔芋与疣柄魔芋在花的各部分形态及叶的形态是一致的，不同之处在于甜魔芋植株为丛生（每丛13+7 株，$n=30$），叶柄及花序柄不具疣状突起。科技人员又经过多年的调查发现，甜魔芋在西双版纳地区、思茅地区、红河州等地的村寨中有栽培，而在野外没有发现其分布。最后，科技人员参照国际栽培植物命名法规的有关规定确认甜魔芋为疣柄魔芋长期栽培得来的新品种，系统进化分析也显示甜魔芋与疣柄魔芋具有较近的亲缘关系。甜魔芋的利用有一定的特殊性，西双版纳地区的当地居民直接将甜魔芋的块茎煮食，另外叶柄也被当地人直接炒食。魔芋属其他种类一般都是先把块茎制作成魔芋豆腐，然后再烹饪食用，相比之下，甜魔芋食用更加方便。在栽培适应性方面，甜魔芋在西双版纳地区生长良好，可以迅速分株，抗病性好。同时，甜魔芋的淀粉含量较高，其淀粉含量高达 50%，对于魔芋属其他种类复杂的食用方式，甜魔芋具有开发成蔬菜的巨大潜力，但是目前关于甜魔芋的成分研究较少。

十一、桂平魔芋

桂平魔芋（*Amorphophallus cocetaneus*）为天南星科魔芋属多年生草本

植物，最早发现于广西桂平市，1986 年立为新种。其花序和叶同时存在，老叶柄末端及 1 次裂片末端常膨大形成小球茎，其小球茎栽植后均能长出具 1 枚 3 裂叶的植株。

十二、万源花魔芋

万源花魔芋为 20 世纪 80 年代后期从各地花魔芋品种中优选出的品种，1993 年通过四川省农作物品种审定委员会审定。该种已成为大巴山区的主导品种。

万源花魔芋生长势强，叶绿色，三全裂，裂片羽状分裂或二次羽状分裂，或二歧分裂后再羽化分裂，最后的小裂片呈长圆形而锐尖，叶柄具粉底黑斑。3 年生植株高 86.5 cm，叶柄长 46.7 cm，叶柄直径为 2.7 cm，开张度为 70.9 cm。球茎近圆形，表皮黄褐色，有黑褐色小斑点，球茎内部组织白色。从出苗至成熟倒苗约 135 天，偏晚熟，平均产量为 29659.5 kg/hm^2，比对照屏山花魔芋增产 15.21%。鲜魔芋含干物质 20.5%~21.3%，干物质中含葡甘聚糖 58.7%~59.2%，品质好。抗病性优于对照品种，软腐病和白绢病的发病率均低于对照品种。

万源花魔芋适宜在四川盆地周围山区海拔为 500~1300 m 的区域种植。一般在 4 月中旬至 5 月上旬选晴天播种。播前严格挑除带病伤种芋，各种操作及运种环节均需轻拿轻放，严禁碰伤种芋。下种前重施基肥，包括各种腐熟农家有机肥 75000 kg/hm^2，长效复合肥 750 kg/hm^2。播种时进行种肥隔离。50~100 g 的种芋密度为 45000 株/hm^2，100~250 g 的种芋密度为 30000 株/hm^2，250~500 g 的种芋密度为 15000 株/hm^2。高畦排水，魔芋出土后及时除草、追施提苗肥和培土、厢面盖草，并将 1000 万单位农用链霉素兑水 150 L 灌窝，或兑水 20 L 喷施魔芋叶面，以预防软腐病。田间适当种植玉米遮阴。10 月底选晴天采挖，商品芋及时销售。需注意保护种芋，避免挖收时碰伤。精选种芋，做好通风透气预处理和后期越冬保温贮藏工作。

十三、云南红魔芋

云南红魔芋是 2003 年从珠芽魔芋中选育出的新品种，由云南省德宏州梁河县魔芋制品有限责任公司和中国科学院昆明植物研究所共同选育。

云南红魔芋是多年生草本植物，块茎扁球形，顶部中央凹陷，具一肉红色顶芽；块茎表面红褐色，横切面粉红色；根肉质或纤维质，粉红色。由于其块茎表面、横切面、顶芽和根均带红色，故俗称"红魔芋"。植株高 1.4~2.2 m。叶柄光滑，下部墨绿色，具少数不规则苍白色斑块或墨绿色条纹，上部黄绿色。幼叶边缘紫红色，成年植株叶片三裂后作二歧分裂，小裂片互生、大小不等，先端渐狭具尾尖，主脉粗大具脉沟，侧脉在边缘联合后形成集合脉。叶柄顶部和二叉分裂处具珠芽。花期为 4~6 月。佛焰苞花序高 30~60 cm。佛焰苞直立、漏斗状，外面淡红色，具墨绿色斑点，内面粉红色，基部鲜艳且分布有红色疣突。肉穗花序短于佛焰苞，雌花序粉红色，雄花序淡红色，附属器卵圆形，黄白色；雌蕊子房粉红色，扁球形，柱头有柄。雄蕊顶端截平、粉红色，其余为黄白色。

该种生育期为 207~215 天，在相同自然条件下比花魔芋早熟 20~30 天。平均 667 m² 产鲜芋 2151.7 kg（最高可达 2751.9 kg），比花魔芋增产 225.7%，比白魔芋增产 171.4%。抗病（软腐病、白绢病）试验表明，云南红魔芋的抗病性远高于作为对照的西盟魔芋、白魔芋和花魔芋，其染病率分别为 15%、30% 和 57%，而云南红魔芋的染病率仅为 5.5%。以云南红魔芋块茎加工成的魔芋精粉，品质优良，达到国家质量体系中的一级标准。云南红魔芋喜阴，宜与果树或其他高秆作物间作。宜种植在果园、高秆作物（如玉米、高粱）旱地，选择阴湿而不积水、土层深厚、土质疏松、通气性良好、富含有机质的砂壤土，pH 值为 6~7，翻耕深度 20~30 cm，在果园或高秆作物株行距间开沟、做垄。

云南红魔芋适宜施用腐熟有机肥。基肥应深施，深度播种后以不与种芋接触为宜。其每 667 m² 用量为 2500~3000 kg，占总施肥量的 80% 左右。可采用混施与穴施两种方式，前者与土壤充分混合，后者直接施于种芋穴内。

宜选用 50~150 g 的块茎作种芋，对较大的块茎可采用切块的方法扩大繁殖系数。种芋的大小决定播种的密度，种芋或切块较小时应稍加密植。每 667 m² 需用种芋 200~350 kg。必须对种芋或切块消毒。可用一定浓度的福尔马林、硫酸铜、高锰酸钾溶液或清石灰水浸泡，时间以 5~20 min 为宜。

2 月下旬至 3 月中旬定植。播种前最好对种芋进行催芽。新根即将萌发时，是播种的最佳时期。为了避免雨水在种芋顶芽凹陷处积留而导致烂种，播种时应将幼芽倾斜向上，但不能将芽倒置。播种深度为 5~8 cm，行株距 20 cm×40 cm。

播种后应对地表进行覆盖，覆盖材料可选用麦秸、稻草、野干草等。在大田种植时，如果未与果树或高秆作物间作，则需要采用人工方法遮阴，搭建棚的高度以 2 m 为宜。云南红魔芋发病率低，但一旦发现病情，应及时采取措施，趁早消灭病株。除草宜用人工拔除。在 6 月和 8 月各施 1 次追肥。浇水在播种后进行，平时注意防涝和水淹。

一般在 10~11 月采收。采收前清除覆盖物，用二齿钉耙对准叶柄留下的印记逐窝挖收，尽量减少损伤。

十四、清江花魔芋

清江花魔芋是从武陵山区 14 份魔芋地方品种中筛选出的优良品种，2003 年 12 月通过恩施自治州农作物品种审定小组审定。清江花魔芋具有出苗早、出苗整齐、出苗率高的特点，田间长势壮，株形呈"Y"字形，农艺抗病性状优。该品种适应性强，产量高，品质好，较抗软腐病。葡甘聚糖（干基）含量 44.4%，蛋白质（干基）含量 7.57%，淀粉（干基）含量 59.3%。

从出苗至成熟需 125 天左右。株高 50.3 cm，幼苗长势强。掌状复叶，叶柄花斑色，叶绿色，叶片长 42.27 cm，展开度 50.7 cm，叶柄长 36.5 cm、粗 1.98 cm。球茎表皮褐色，鳞芽梢状、粉红色，芋肉白色。耐低温、耐渍性较差。

栽培要点：①适时播种。一般 4 月中旬至 5 月中旬气温稳定在 15 ℃以上时直接播种；育苗移栽于清明前后进行。播种前精选种芋、消毒，并提前 15~20 天催芽。②合理密植。依据种芋的大小确定合理的密度，一般以种芋横径的 6 倍为行距、4 倍为株距。③科学肥水管理。底肥一般每公顷施腐熟的农家肥 52500~75000 kg、三元复合肥 750 kg、钾肥 225 kg。合理追肥，一般展叶后至换头前追第一次肥，8 月下旬至 9 月上旬追第二次肥，封行后可用磷酸二氢钾追叶面肥 1~2 次。遇干旱及时灌水，快灌快排。④覆盖管理。一般采用厢面覆草方式，覆草厚度为 5~10 cm，可有效减轻病害、增加产量。⑤综合防治软腐病、白绢病等病虫害。⑥适时收获。倒苗 70% 后 10 天左右采挖。⑦适于湖北省鄂西山区海拔 900~1400 m 的地区种植。

第三章 魔芋栽培技术

魔芋的起源中心位于亚洲中南半岛北部和云南南部北纬 20~25 ℃ 地带，其始祖种为森林下层草本植物。在长期适应温暖、湿润、荫蔽环境的历史进程中，魔芋形成了对这类生态条件的依赖，对环境改变的适应能力差。人类将魔芋东迁西移，南北调运，使其对生态环境不适，发生生理障碍，且因各种人为及自然灾害造成种芋及植株受伤，加重病害，以致减产，甚至绝收。世界各国栽培魔芋的经验表明，凡野生或原始式自然栽培以及农户房前屋后零星种植者发病轻，凡集中成片栽培者发病重，此乃植物种族自然繁衍的生态平衡规律受到人为干预破坏的后果。

第一节 魔芋繁殖技术

魔芋作为天南星科重要的经济作物，其繁殖技术体系涵盖有性繁殖、无性繁殖及现代生物技术三大分支。魔芋以无性繁殖为主，根据其自然繁殖材料可分为根状茎繁殖、小球茎繁殖、珠芽繁殖、种子繁殖。根据人为繁殖手段，又分为切块繁殖、分芽繁殖、去顶芽繁殖、商品芋芽窝繁殖及组培快繁。除种子繁殖为有性繁殖，其余均属无性繁殖，魔芋也以无性繁殖为主。传统繁殖方式以保持遗传稳定性为核心，而组织培养等新技术则致力于突破繁殖系数限制。本章整合了 10 年生产实践与最新研究成果，系统解析魔芋繁殖全流程技术要点。

一、魔芋繁殖技术的基本原理与分类

有性繁殖：魔芋在 2~3 年后开花，花期在夏季。花朵为佛焰苞状，颜

色有白色、黄色、暗紫色或绿色等。授粉主要依靠自然风和昆虫等媒介，但成功率较低。授粉成功后，魔芋会结出果实，果实内含有大量种子。种子需要经过晾晒、筛选等处理，去除不成熟和含有杂质的种子，然后储藏。种子繁殖是扩大种芋数量及选育杂交育种后代的重要手段。种子繁殖的后代变异性较大，但可以将这一特点用于育种工作，培育优质、高产、抗病的良种。

无性繁殖：魔芋的无性繁殖通常以块茎为繁殖材料。块茎的繁殖不仅能保持母株的优良性状，还能增加单位面积的产量。

二、种子繁殖

魔芋有性繁殖的优点是繁殖系数高、有杂交优势、能有效预防种芋性能退化，是扩大魔芋种植面积、保障种芋供给的有效途径。魔芋球茎一般在生长 2~4 年后就会出现花芽分化，其中白魔芋在 2~3 年，花魔芋在 3~4 年，然后进行生殖生长和开花结果（图 3-1）。开花魔芋球茎外形皱缩老化，球茎叶芽花芽化且叶芽色红、基部粗壮，叶芽长度达 3 cm 以上。一般开花魔芋 5 月中旬至 6 月上旬出苗，同时进入生殖生长，浆果 7~8 月批次成熟，成熟的浆果呈红色或橘色，分批次采收即可，采收后应及时处理。可将浆果装入编织袋内反复搓揉去皮，搓揉时可以在编织袋内装入一定量的小石沙子以利于去皮，搓揉的力度以不损伤种子为度，最后再用清水反复冲洗，即可获取干净的种子。种子切记不可以暴晒。洗干净后的种子按批次用纱布网盘悬空阴干，或摊晾于通风、透气、透光好的室内，种子应均匀摊铺，一般为 2~3 粒厚。每天翻动网盘内的种子 2~3 次，防止籽粒霉变。魔芋种子籽粒的保管主要采用干沙藏法。该法是将阴凉风干后的种子与等量的干沙混合贮藏在纱布网盘内，每盘厚度为 10 cm、总重量为 10~15 kg，便于贮藏搬运。贮藏过程中注意观察，保持通风透气，防止发霉烂种。气温低时应保持室内温度为 10~15 ℃，以保持种子的发芽力，待来年播种。播种期一般在 3 月中旬至 4 月上旬。播种前 10~15 天浸种催芽。播种时用高锰酸钾溶液浸泡种子，即用浓度为 0.3%~0.5%高锰酸钾溶液浸泡魔芋籽粒 5~10 min，取出晾干催芽，将种子平铺在纱布网盘中，再盖上湿棉布，定时喷水，使所盖棉布呈湿润状，保持温度在 20~25 ℃，见种子开始萌动露白即可以进行田间播种。该方法主要用于有目的的杂交育种，而生产上由于成本高，暂难推广。

图 3-1　花魔芋佛焰花（左）、浆果（中）、种子（右）

三、根状茎繁殖法

根状茎由魔芋球茎上端不定芽萌发而成，多数根状茎形如棒状，又称为芋鞭（图 3-2），分节明显，具有较强的顶端优势。有少数根状茎后期前端膨大，尾端萎缩成"烟斗状"。根状茎生命力强，繁殖系数高，将根状茎切成几段更能提高繁殖系数，生产上所用的小球茎大多数是由根状茎生长发育而来的，因此，根状茎是生产上极为重要且良好的繁殖材料。魔

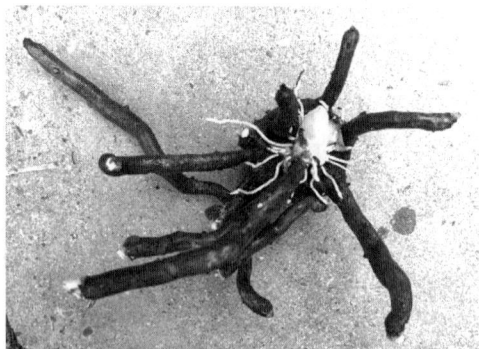

图 3-2　白魔芋根状茎

芋品种不同，其球茎着生的根状茎数量相差较大，少则 2~3 根，多则 10 多根（如白魔芋、杂交魔芋等）。根状茎长达 20 cm 以上，可切成 2~3 段，每段带芽 2 个左右，用于扩繁。根状茎栽 2~3 年可成长为商品芋。

近年，余展深提出根状茎 2 年生促成栽培法，即选用大的根状茎通过特别关照使其 2 年后成商品芋，这不失为一种好方法，该方法旨在引导人们对易被忽视的根状茎实施重点栽培，缩短商品芋的生产时间，同时减少成本，降低风险，具体做法是：

（1）在收获商品芋时，将根状茎全部选出，另放一边，不与小块茎掺混。

（2）选出收获的根状茎中长得饱满、无病而较大的个体（80~100 个/kg），妥善贮藏，留作明年的种芋。

（3）翌年播种前约一个月将上年选好的大根状茎进行种芋消毒后，建苗床催芽。

（4）当发芽（1 cm）冒根时，即可进行定植。按每亩 1 万~1.2 万株的密度，参照丰产田的标准进行种植管理，特别要注意病害防治，年底根状茎重量便可达 150 g 以上，通过一年的种植与精心管理，即可育成非常好的商品芋种芋。第二年，这种种芋再按每亩约 4000 株的密度栽培，年内即可长到 1 kg 左右。通过这种方法培育出的商品芋加工品质好，比常规培育的商品芋缩短 1~2 年培育时间，平均产量为 4~4.5 t/亩，算得上是丰产优质。

此外，缩短一年大田的生产时间和投入，还可减少一次种芋贮藏的管理和烂种风险。新区只从外地调根状茎，根状茎用种量少（120~150kg/亩），可以减少调进量，更重要的是根状茎在运输途中不易被擦伤，且本身即使带病也很轻，烂种情况可大大减少，所以这也是魔芋新区发展的最佳选择。根状茎及其小球茎因重量小、易失水，贮藏期应注意保持贮藏环境的适当湿度和温度。

四、小球茎繁殖法

魔芋小球茎繁殖法主要利用魔芋母球茎采挖后的小球茎进行繁殖，一般为一年生球茎，小于 150 g（图 3-3）。挖收后的球茎大小不一，大的作商品芋，小的作种芋，商品芋都由小球茎发展而来。一般较大的经过一年、较小的经过两年繁殖后，可为大田生产提供高产种芋。小球茎繁殖法可以在较短时间内获得大量种芋，适合大规模种芋生产。相比有性繁殖和其他无性繁殖方法，小球茎繁殖法的成本较低，而且只需选择健康的小球茎，进行简单的处理和种植即可。

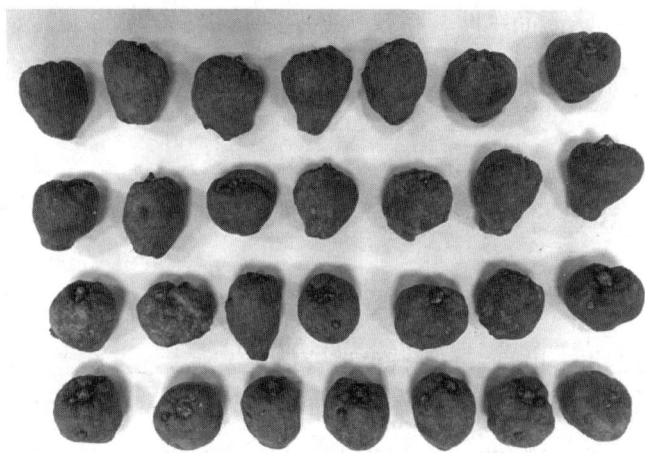

图 3-3　花魔芋一代球茎

五、切块繁殖法

一般重量在 500 g 以上的球茎经切块繁殖可提高繁殖率。如果球茎已经形成花芽，则必须切块处理。切块时须切破顶叶芽或顶花芽，以破坏其顶端优势，促进切块上的侧叶芽萌发成叶。将球茎切为数块进行栽培，是提高繁殖系数的有效手段，一般以顶芽为中心，纵向等分切下，破坏顶芽，让每一块上的侧芽萌发生长。大小不同的球茎均可用于切块，但是由于白魔芋根状茎丰富，一般不进行切球茎繁殖，花魔芋球茎过大和过小，其创口面过大，成活率都会下降，一般宜选用 500 g 左右的球茎为切块繁殖的材料。切块的时间选在晴天的中午进行，切块时应尽量不沾水，以免葡甘聚糖溶出并包裹大量细菌。下刀要果断，切面要平整，尽量减少对球茎的伤害。

切后晾干切面水分，再浸入0.05%的高锰酸钾溶液5~10 min，取出后在阳光下晒放一段时间，待伤口愈合后栽培。一般正式下种栽培前宜进行催芽处理，方法是将切后处理的切块放于疏松保水的砂壤土中，盖小拱棚升温催芽，待侧芽萌发后即可下种栽培。春季晴天的中午注意适当通风，早晚注意保温，20多天后长出蚕豆大小的芽，即可选种与栽培。

六、分芽繁殖法

魔芋顶端优势特别强，但是如果种芋贮藏前将其顶芽切除或使其损伤，来年春季时应用小拱棚催芽，促进数个侧芽萌发，栽培时按芽切块，一芽一块，并按切块繁殖法处理伤口后下种，可以提高繁殖系数，日本过去多采用此法。

七、去顶芽繁殖法

因魔芋顶端优势较强，作者试验在栽种时有意刮去顶芽而不切块，这样，在生产过程中每个魔芋顶芽从附近侧芽长出3~6个芽，并相继成苗，挖收时地下球茎从同一个母体上长出3~6个新球茎，既增加总产，又增加繁殖数量，不失为一种简便易行的繁殖法。

八、商品芋芽窝繁殖法

商品芋的芽窝在加工时会影响精粉质量，使精粉中黑点增多，若将芽窝挖除既可提高精粉质量，又可将芽窝作为繁殖材料使用。具体作法是在鲜芋烘烤前用利刀将芽窝连肉带皮挖下，通过适当药剂处理并使其在温暖干燥环境中愈合伤口，贮藏到春季栽培。此法可综合利用商品鲜芋，缺点是技术要求高，成活率低。

九、珠芽繁殖法

珠芽魔芋、云南红魔芋等，在叶柄分叉及二次分裂处有凸出的珠芽营养体（图3-4），该珠芽成熟后自然脱落或随叶柄倒伏于土中，并于第二年重新生长植株以延续物种。据作者观察，有珠芽的种不长根状茎，因而珠芽相当于花魔芋、白魔芋的根状茎，既是一种无性繁殖材料，也可专门收集并栽培繁殖。

图3-4　珠芽魔芋珠芽繁殖

十、组织培养快速繁殖法

无论是根状茎繁殖、种子繁殖还是切块繁殖，魔芋的繁殖系数都很有限，而利用现代离体组织培养技术进行脱毒快速繁殖，实现种苗生产工厂化，则可以从根本上解决魔芋繁殖系数低、种芋用量大、成本过高的问题。特别是近几年马铃薯组培快繁大量应用于生产实践中后，缺乏魔芋种植广大产地的人们对魔芋组培快繁也进行了大量的基础研究。组织培养为生产上快速繁殖提供了一个新的手段，接种的一个小外植体，继代2~3次，可得到4~10块，甚至更多的愈伤组织。以每块愈伤组织分化10个芽计（一般每块愈伤组织可分化5~30个芽），可得到40~1000株苗。如果继代多次，建立起无性繁殖系，则可不受限制地不断生产试管苗。试管苗当年可得到10~20 g重的球茎。再栽种2~3年即可作为生产商品芋的种芋用种。有条件和项目支持的企业已开始尝试生产，预计不久的将来会有所突破。

　　花魔芋组织培养程序是：球茎、鳞片表面消毒后，在含 0.5% 维生素 C 和 0.1% 聚乙烯吡咯烷酮（polyvinyl pyrrolidone，PVP）的培养皿内切成 0.5 cm 见方的小块，接种到附加萘乙酸（naphthaleneacetic acid，NAA）1.0 mg/L，BA 1.0 mg/L 和 3% 蔗糖的 MS 固体培养基上，25 ℃下暗培养，诱导愈伤组织形成。愈伤组织继代 2 ~ 3 次后，转接到含 NAA 0.1 mg/L 和苄基腺嘌呤（benzylaminopurine，BA）1.0 mg/L 的 MS 固体培养基上，每天 16 h 光照，诱导芽的形成。待芽长到刚出鳞片时，带少量愈伤组织将芽切下，接种到含 BA 1.0 mg/L 的 1/2 MS 固体培养基上，诱导生根，或直接以 BA 10 mg/L 处理芽基部半小时后栽种到泥炭培养基上。白魔芋材料比花魔芋材料更易于培养。在附加 NAA 0.5 mg/L 和 BA 1.0 mg/L 的 MS 固体培养基上诱导愈伤组织。继代培养后，在含 NAA 0.1 mg/L 和 BA 1.0 mg/L 或含 NAA 0.5 mg/L 和激动素（kinetin，KT）4.0 mg/L 的 MS 固体培养基上诱导发芽。以后过程同花魔芋。

　　云南省农业科学院生物技术研究所还创新了魔芋组织培养的一步成苗技术，以花魔芋顶芽生长点为外植体，经消毒处理，接种在 MS + 6BA 1 mg/L+ NAA 1 mg/L 培养基上，10 天左右的诱导培养，材料边诱导愈伤组织边分化幼苗、生根，约 28 天在同一种培养基中一步成苗，形成完整植株，并且成苗率极高，达 95%。苗壮，移植入苗床 5 ~ 6 个月就能形成 50 ~ 100 g 的块茎。整个培养过程仅需 38 天，不仅缩短了培养周期，简化了培养程序，还提高了出苗率，降低了生产成本，为魔芋组培技术产业化的运作提供了保证。

第二节　魔芋栽培关键技术

　　魔芋是近 20 年来大面积规模化种植的特色经济作物，它对栽培技术有较高要求，笔者在长期的实践探索中总结出了魔芋栽培的关键技术，即魔芋栽培重点要关注的 8 个方面：种植地选择、种芋精选处理、合理套种间作、适时播种、科学施肥、病虫害防治、栽培管理和规范采挖。只有把握了这些栽培关键技术重点，魔芋才能获得高产稳产。

一、魔芋种植地选择与准备

（一）魔芋对种植地的要求

首先魔芋选择在适合种植的区划内栽种，这是对魔芋种植的最基本要求。其次魔芋要获得高产稳产必须要有适应魔芋生长的土壤环境，以满足魔芋生长过程中从土壤中吸取的水、空气、养分。一般宜选在山峦互相遮挡或有树木遮阴、半阴半阳、空气湿度较高的倾斜、背风地带，有水源、能灌溉，排水良好，夏季暴雨不致土壤严重冲刷的地块。具体魔芋高产田的土壤条件如下。

（1）耕作层深厚。魔芋为块茎作物，耕作层的深浅对魔芋产量影响较大，种植魔芋的土层深度要求 30 cm 以上。

（2）土壤微酸性。高产田土壤 pH 值为 6~6.5 比较好。过酸则魔芋软腐病、魔芋白绢病等现象发生严重，过碱则严重影响魔芋植株生长和魔芋块茎的膨大。

（3）土壤肥沃、透气、保水、保肥。魔芋是一种需肥、需水量大的作物，要求魔芋田不仅土壤肥沃，而且土壤结构透气好、疏松，这样既有利于贮水和透水，又有利于土壤微生物活动，把土壤中有机质转化成腐殖质，积累养分，满足魔芋生长对肥水的要求。

（4）排灌方便。魔芋既需要水又怕渍水，如渍水，则魔芋生长将受到严重影响，导致魔芋病害，特别是魔芋软腐病等可对魔芋造成毁灭性损失。

（5）地势平坦或坡度小于 25°，切忌选低洼地。土地平坦或较小坡度，可防止土、肥、水流水，提高土壤蓄水、保水、保墒的能力，充分发挥土、肥、水的增产作用。土地平整有利于整地、播种、田间管理的顺利进行，同时确保出苗整齐一致、苗壮苗齐、稳产高产。

（6）土壤环境质量符合 GB/T 15618—2018 规定，且 5~10 月月平均气温不低于 14 ℃，7~8 月平均最高气温不超过 30 ℃。

（7）环境空气质量符合 GB 3095—2012 规定，农田灌溉水质符合 GB 5084—2021 规定。

（8）空气湿度 80%~85% 的半阴半阳或光照充足的高山和二高山地区。

（9）选择轮作田，且实行间套作制度。轮作可防治病虫害。选择前茬为禾本科作物（如玉米）的田块，避免选择魔芋连作田，注意不要与辣椒、番茄、茄子、马铃薯、甘蓝、白菜、萝卜、烟叶、茶树等连作、间作或套种。因为魔芋软腐病等主要病害，既是种传病害，也是土传病害，且魔芋与辣椒、番茄、茄子、马铃薯等作物存在共同病原。在发展高山蔬菜、烟叶、茶叶地区特别要注意魔芋不要与这些作物连作、间作或套种。

间作套种可起多种作用。首先在较低海拔地区可起遮阴作用，满足魔芋所需的半阴半阳生长环境；其次可充分利用空间、时间、光能和地力，合理利用土地，提高土壤肥力，改善土壤理化性质；最后可增加复种指数，调剂作物种类，提高作物总产量和增加经济效益。

（二）魔芋种植地处理

（1）深耕冻土。前作收获后，冬前进行深翻，把田间病原菌埋于 30 cm 以下，第二年春季进行第二次深耕时，撒施适量生石灰（每亩施生石灰 50 kg）或结合土壤消毒共同进行。

（2）土壤消毒处理。采用土壤三元消毒粉（三元消毒粉配方：硫黄粉、生石灰、草木灰按 2∶50∶50 比例混合均匀），按每亩施消毒粉 50 kg，在播种前撒施。

（3）整地。翻耕细整，开厢理沟，注意开厢的宽度可根据各地种植水平和习惯，但对于有坡度的田块其开厢方向要从上往下，这样有利于排水。

二、魔芋种芋准备

（一）品种选择

不同地区采用不同品种，当前大面积推广应用的主要有花魔芋、白魔芋、珠芽魔芋和杂交魔芋，其中以花魔芋为主，但近几年花魔芋种植面积有下降趋势。花魔芋中主要应用的品种为万源花魔芋、清江花魔芋以及农家地方品种。

(二) 种芋来源

农家种芋来源主要有两个途径：自繁和从外地购种。由于魔芋是一种繁殖系数小、需种量大、比较难运输贮藏的特色经济作物，在起初发展阶段，可适当从其他魔芋产区购种调入，但大规模发展阶段仍应以自繁为主、从外地购种为辅。

1. 自繁留种

（1）建立专门的种芋繁殖田进行繁种，可采用根状茎繁殖、小球茎繁殖、切块繁殖等方法。

（2）从商品芋田中选留种芋。在收获魔芋时可将 500 g 以下优质魔芋按大小分级单独作种芋贮藏。将 250~500 g 魔芋作为来年生产商品魔芋的种源；将 250 g 以下的小魔芋球茎及根状茎留作来年作为生产种芋的种源。

（3）将隔魔芋收获后留作种芋。隔魔芋就是前一年收获商品芋后遗留在田间的小魔芋第二年生长出的魔芋，也就是自生苗魔芋。在种芋比较缺乏时，这也是一种不错的种芋来源。

2. 从外地购种

在魔芋发展新区适度规模发展时采用的重要途径。从外地购种要坚持如下几个原则。

（1）要坚持有计划有目的的购种、调种原则，切不要盲目大调大运。当前和今后较长一段时间，魔芋病害仍将是限制魔芋快速生产的瓶颈因素，魔芋主要通过种芋带菌长距离传播魔芋病害。由于魔芋种芋在运输路途中很容易受到机械损伤，加上魔芋本身不同程度带菌，且调入量大使种芋质量难以得到保证，这样极易造成种芋调入地魔芋病害的大发生、大流行，将给魔芋生产及产业发展带来严重隐患。

（2）要坚持主要种芋繁殖的原则。在魔芋新区，由于亩需种量大，若要大面积发展商品芋，一次性用种成本较大，老百姓难以接受，采取购种再自繁的方式，不但可降低用种成本，而且可降低种植风险。

（3）要坚持从种植水平较高、病害发生较轻的较高海拔地方购种、调种的原则。魔芋种植技术水平较高及海拔较高地区，魔芋病害相对发生较轻，从这些地方调种，种子品质便有了基本保障。

（4）要坚持尽量购买 250 g 以下的小魔芋作种，越小越好，并按大、中、小分类放置的原则。由于小魔芋生命力旺盛，单位重量的小魔芋个数多，这样购入小魔芋作种，不但可降低成本，而且可以提高调种效益，加快种芋调入地魔芋种植的发展。加上魔芋种芋大小不同、含水量不同，采取的运输、贮藏和种植生产管理方法也有所差异，所以在调种过程中最好分大小放置。

（5）要坚持选择无病、无伤及外形规范的魔芋作种的原则。要求种芋无病、无伤和外形规范，可基本保证调入魔芋种芋的质量。这点务必牢牢把握，切不可掉以轻心，否则很容易造成种芋调入地魔芋产量低，且也很容易引起病害流行。

（6）运输时要坚持采用合理包装，预防在运输途中对魔芋产生伤害的原则。魔芋产区一般是交通不便的山区，道路颠簸，导致魔芋在运输路途中很容易相互挤压、碰撞而受伤害，给魔芋病害以可乘之机，因此在运输时一定要注意合理包装。可用盛装水果的竹筐、塑料筐或其他容器进行包装运输，在筐或容器底部和魔芋种间应放适量稻草或茅草，减少种芋相互挤压、碰撞。

（三）种芋精选

种芋的质量是影响魔芋病害轻重的关键因素之一，大多数病害都是通过种芋传播。同时，种芋优劣对魔芋幼苗的生长影响也很大，进而影响其产量及品质。按照魔芋种芋良种标准，采用两次精选法，即分别在种芋贮藏之前进行第一次精选以及种芋播种之前进行第二次精选，确保选用无病、无伤优良种芋作种源。同时按照种芋大、中、小分开放置、分开处理，便于分开播种和管理。对于局部腐烂或机械损伤的种芋应先用较锋利刀片切除伤病组织，再用药剂进行处理。对这部分种芋采取单独种植、单独管理。

（四）种芋消毒处理

种芋先经太阳暴晒 1~2 天处理后再选用药剂浸种或粉衣消毒处理，用太阳暴晒既可起到利用太阳光紫外线杀菌的作用，也可促进魔芋主芽萌动、提高种芋生命活力的作用。种芋药剂消毒处理是魔芋栽培及病害防治中采用的基本措施，在实际操作中一定要因地制宜选择好药剂配方及方法，下面的配方和方法有效、经济、方便，可选择其中任何一种配方和方法。

（1）75%百菌清可湿性粉剂 500 倍与 72%农用硫酸链霉素可湿性粉剂 1500 倍混合液浸泡 30 min。

（2）20%生石灰乳浸泡 20 min。

（3）77%可杀得可湿性粉剂 1000 倍与 72%农用硫酸链霉素可湿性粉剂 1500 倍混合液浸泡 30 min。

（4）50%多菌灵可湿性粉剂 500 倍或 50%甲基托布津粉剂 500 倍混合液浸种 30 min。

（5）硝基黄腐酸盐 600 倍与 50%退菌特可湿性粉剂 800 倍混合液浸泡 30 min。

（6）硝基黄腐酸盐 600 倍与 40%杜邦福星 800 倍混合液浸泡 30 min。

（7）采用"三元消毒粉"粉衣（三元消毒粉配方见前述）。消毒方法是：将种芋表面均匀裹上一层三元消毒粉即可；也可采用 50%甲基托布津可湿性粉剂或 50%多菌灵可湿性粉剂做种芋粉衣消毒。

魔芋种芋在浸种过程中应注意避免受伤害，可先将魔芋种装入竹篮后一并浸种，达到浸种时间后再将种芋连同篮子一起捞出，待晾干后即可播种。

三、魔芋基肥施用

（一）基肥种类

魔芋种植过程中使用的基肥包括农家肥、商品复混肥或魔芋专用肥等。

（二）基肥施肥量

播种前重施基肥，每亩施农家肥 2500~5000 kg、复混肥或魔芋专用肥 50~80 kg。

（三）基肥准备及要求

基肥所用的农家肥必须充分腐熟，以达到大量杀死农家肥中的病原微生物及草籽、提高肥效的目的。农家肥采取堆肥办法加以腐熟，即在每年元月前首先将猪栏粪等农家肥转到魔芋田间地头，呈圆锥形堆放（高1.5 m以上），压实，然后在表面涂满一层约5 cm厚的泥巴，或用塑料薄膜将农家肥盖实，确保农家肥密封，让其自然升温发酵，使农家肥充分腐熟。由于魔芋对氯离子敏感，所以必须采用硫酸钾型魔芋专用肥或硫酸钾型复混肥，切忌使用氯化钾型专用肥或氯化钾型复混肥。

（四）基肥施用方法

应因地制宜采用先施肥后播种（种在肥上）、先播种后施肥（种在肥下）、边播种边施肥（种在肥间）的施肥方法。

1. 先施肥后播种（种在肥上）

即整田后先挖深 12~15 cm 深的沟，然后在沟底施农家肥，再在农家肥表面施专用肥或复混肥，接着再盖 3 cm 厚的土，并放种芋（主芽斜向上，下同），最后盖土起垄［图 3-5（a）］。这种施肥方法适合腐熟不够彻底且用量大的农家肥的施用。在魔芋病害发生流行较重的地区，适宜采取这一施肥方法。

2. 先播种后施肥（种在肥下）

即整田后先挖 10 cm 深的沟，然后播种，接着再将农家肥盖在魔芋种上面，再将专用肥或复混肥撒施在农家肥上，最后盖土起垄［图 3-5（b）］。这种方法适合腐熟彻底且肥量大的农家肥施用。

3. 边播种边施肥（种在肥间）

即整田后先挖 10 cm 深的沟，再将魔芋种按要求放入沟内，同时在魔芋种之间点施农家肥，然后在农家肥上或种植行旁撒施专用肥或复混肥，最后盖土起垄［图3-5（c）］。这种方法适合中等农家肥量的施用。

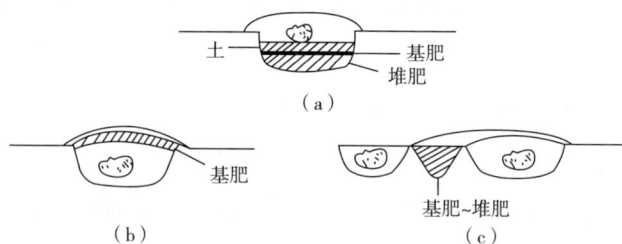

图3-5　基肥施用方法

四、魔芋播种

（一）播种时间

总的要求是适时播种。适时播种是指品种在一个地区正常发育而获得高产的播种期，魔芋产区因纬度和海拔高度不同可选择不同的播种期。魔芋是一种可边收获边播种的作物，但为了获得高产，减少冻害和病害损失，一般采用春播，即在3月底至4月上中旬，或当地表以下10 cm的地温在5日内平均温度达到10 ℃，即可开始播种。在冬季气候温和无霜冻或霜冻轻微的低山地带可采取冬播，即在魔芋收获的当年11~12月播种。从湖北产区来看，一般选在3月底到4月上中旬播种为宜。

（二）播种密度

根据种芋大小来确定播种规格及播种量（表3-1）。

表3-1　魔芋播种规格及播种量参考表

种芋重/g	株距/cm	行距/cm	密度/（株/亩）	播种量/（kg/亩）
100	60	20~25	4447~5558	445~556
150	60	25~31	3586~4447	538~667
200	60	35~38	2925~3176	585~635

种芋重/g	株距/cm	行距/cm	密度/(株/亩)	播种量/(kg/亩)
300	60	45~50	2223~2470	667~741
400	60	50~55	2021~2223	808~889
500	60	55~60	1853~2021	927~1011

注　（1）此表为商品芋生产的种植规格及播种量参考值，为提高单产可适当密植，即株行距
　　　　分别在上述基础上调减5 cm左右，在实际操作过程中魔芋播种密度一般依种芋球茎
　　　　横径的4倍为株距、6倍为行距，以根状茎横茎的7倍和14倍为株距和行距种植。
　　　　决定栽植距离时，对于向南斜坡或较低海拔处，宜较密植；在高寒地区，日照较少，
　　　　宜稍稀植；花魔芋生长势旺宜较稀植；白魔芋植株矮小，生长势较弱，宜较密植。
　　（2）种芋在100 g以下的采取密植栽培。

（三）播种方法

为有效防治魔芋病害，应采取先施肥后播种的方法。具体播种方法是：先开沟，施农家肥（施肥量见前述），再撒施魔芋专用肥或硫酸钾型复混肥（氮：磷：钾为10：8：12），并在肥料上撒施一层薄土，然后放种芋，放球形种芋时将魔芋主芽朝上并向东方微倾，播种根状茎时将芋头芽向上且基部插入土壤中，最后盖土起垄。

五、魔芋田间管理

（一）除草

魔芋田间主要草害有繁缕、辣蓼、三叶草、水蒿、竹节草等。这些杂草与魔芋争肥、争养分，影响魔芋根系和块茎的正常生长，是造成魔芋减产的重要原因之一。

整田及苗前除草。在种植田耕整前7~10天及在5月底或6月初魔芋出苗前选用20%g无踪水剂600倍液或30%飞达可湿性粉剂500倍液或10%草甘膦250倍液，选其中一种除草剂进行田间喷雾除草。

苗后除草。魔芋出苗后至封行前，进行人工除草，除草时务必注意防止魔芋植株及根系受到伤害。

（二）追肥

1. 追肥作用

魔芋是一种需肥水量特别大的作物，除施重基肥外，在生长期还要适时追肥。追肥能促进魔芋植株生长，增强魔芋的生长势，不仅有利于提高魔芋抗病能力，还有利于魔芋块茎的膨大，从而提高魔芋的产量。

2. 追肥方法

根部追肥方法：魔芋出苗后进行根部追肥，方法是将商品肥（尿素等）均匀撒施在魔芋株行间，切忌接触叶柄基部，或将肥料撒在魔芋叶片上或弄伤魔芋植株，否则会导致魔芋叶烧病和其他病害发生。

叶面追肥方法：在进行魔芋病虫害药剂防治时，配制好药剂后，再将叶面肥按浓度要求与药剂混合均匀，再喷施。喷施时叶面叶背应喷洒均匀，切忌在施药过程中伤害魔芋。

3. 追肥时间及追肥量或浓度

魔芋出苗后，于7月上旬、8月上旬分两次对根部追施尿素，每亩每次追施5~8 kg，7月中旬以后每20~25天选用颗粒丰（1000倍液）或磷酸二氢钾（0.5%）等叶面追肥1次，连追2~3次，叶面追肥可与防治魔芋病虫害药剂混配施用。

（三）开沟排涝

虽然魔芋是一种需水较多的作物，但它却最怕淹水，一旦长时间淹水，魔芋根系呼吸作用将严重受阻，对魔芋生产造成重大影响，可导致魔芋病害大流行，甚至造成魔芋绝收。故对魔芋田块，特别是地势较低、地下水位较高的田块，要注意开好围沟、厢沟及腰沟，确保在暴雨和持续阴雨过后，魔芋田间排水通畅、不渍水。

（四）清洁田园

在魔芋生长全过程中，必须保持魔芋田间的清洁卫生，对于魔芋病残体及杂草要清除干净，特别是要注意剔除魔芋"中心病株"，即发现"中心病株"后要迅速将其挖除、移出田外，在远离魔芋田的下游处进行深埋或烧毁。对"中心病株"所在穴用生石灰或其他药剂进行撒施或灌兜等消毒处理。

（五）病虫害综合防治

魔芋主要病害为魔芋软腐病、白绢病、根腐病、枯萎病等，魔芋主要虫害有甘薯天蛾、豆天蛾、斜纹夜蛾等，对魔芋主要病虫害防治采取综合防治策略（见病虫害防治章节）。

六、魔芋收挖

首先，确定魔芋收挖最佳时期。随机选择10株魔芋植株挖开观察，离球茎基部5 cm处叶柄上硬下软，用手拔即可拔掉叶柄，且脱落处光滑，则表明魔芋成熟，否则表明魔芋未完全成熟。若上述10株预选植株绝大多数均已成熟，则可以收挖了，魔芋的收挖期一般以霜降前后选晴天和土壤干燥时收挖较好。

其次，收挖时从地边一角顺着魔芋行小心开挖，收获时注意精选抗病优良种芋，并将种芋与商品芋分开放置，且注意将大球茎、小球茎、根状茎及带病、带伤芋分开，轻拿轻放。将商品芋及时送往魔芋加工基地进行加工，将种芋用篮筐装运至用于贮藏的房屋场地晾晒预处理，按架藏方法进行贮藏处理。

第三节　魔芋典型栽培模式

一、魔芋地膜覆盖栽培模式

（一）魔芋地膜覆盖栽培模式特点

利用塑料薄膜进行地面覆盖栽培，简称地膜覆盖。地膜覆盖栽培模式具有如下特点。

1. 促进魔芋提早出苗

由于地膜覆盖提高了土壤的温度与湿度状况，有利于魔芋主芽萌动，促进魔芋较露地栽培提早出苗，一般可提早出苗 8 天以上。

2. 有利于蓄水、节水、保墒

地膜覆盖后，减少了裸露地面面积，利用地膜的不透气性，切断了水分和大气的直接交换，有利于阻止土壤水分蒸发。同时因膜内温度高，加大了土壤热梯度的差异，使深层水分向上移动，并在上层积聚，形成提水上升的提墒效应。当白天气温高时，膜内水汽增加，大量凝结附在膜内壁上，到了夜晚或低温天气，膜下水凝结成水珠滴落地表，或沿地膜向两边际集流，再渗入土中，又提高了土壤湿度。高垄栽培盖膜模式，垄膜成弧形，又可使降雨沿垄膜流向两侧，渗入土壤中，提高了自然降雨的利用率。

3. 增温效益明显

采用地膜覆盖，晴天阳光透过地膜，土壤获得辐射热，使地表温度升高，并逐步提高下层土壤温度，把热量贮存在土壤内。由于地膜具有不透气性，又是热的不良导体，近地面的空气流动不能带走土壤中的热量，因此土壤温度得以保持。同时，覆盖地膜的土壤蒸发量很少，减少了汽化热的损失，相应提高了土壤的热容量。

4. 改善土壤的理化性状

地膜覆盖使土壤表面免受风吹雨淋，大大减缓了表土受雨滴的冲击、侵蚀，使土壤结构保持良好状态。同时膜内水分胀缩运动，使土壤间隙变大，土质疏松，改善了土壤结构，增加了土壤空隙度，保持了适宜的固、气、液态三相比，从而提高了水分与养分的利用率。据测定土壤容重比不覆盖的降低 $0.13 \sim 0.311 \mathrm{~g/cm^3}$，空隙度增加 10.6%。良好的温湿环境，为土壤微生物繁衍创造了条件，加快了有机质分解，使土壤潜在的养分活化，更好地满足魔芋生长的需要。

5. 抑制杂草生长

在地膜覆盖下，地表高温闷热，最高温度可达45℃以上，杂草生长受到很大抑制，有的杂草即使出苗也被烤死。因此地膜覆盖后一般不需中耕除草，既省工省事又减少营养消耗，为高产创造了有利条件。

6. 发挥防病增产作用

由于光、热、水、气、肥等生态条件的改善，不仅有利于魔芋生长，还增强了魔芋的抗病能力。地膜覆盖可抑制病害发生蔓延，魔芋采用地膜覆盖可增产20%以上。

（二）魔芋地膜覆盖栽培模式要点

应因地制宜选择播种覆盖方式。目前主要推广应用的方式有两种：一是先播种，后覆膜；二是先覆膜，后移栽。其中以采用先播种，后覆膜方式最为普遍，其技术要点如下。

（1）确定播期。因地膜覆盖出苗较早，比一般露地栽培提早出苗8天以上，所以播种前应考虑勿使幼苗遭受霜冻。播期不宜过分提前，一般播期在3月初。

（2）起垄。首先，根据魔芋种芋大小确定垄宽和垄高。一般以垄面宽50~60 cm，垄高10~15 cm为宜。其次，在垄中央开沟，沟内施农家肥和专用肥，由于盖膜后不易地面追肥，所以要下足底肥。

（3）在施肥沟两侧采取"品字形"播种，播种后整平垄面，呈鱼脊背状。

（4）喷施除草剂。喷施剂量应比一般栽培减少剂量1/3，以防发生药害。

（5）覆膜。盖膜质量是地膜覆盖栽培技术的关键。播种且喷施除草剂后应立即覆膜，防止水分蒸发，盖膜时应拉紧铺平，使膜完全贴于垄面上，然后把两边和两头压严、压紧，防止空气透入。

（6）及时破膜放苗。地膜覆盖后，魔芋出苗期要提早。所以在出苗前后要经常到魔芋地观察和破膜放苗，及时将幼芽从膜内接出，在四周盖上细土，防止产生烧苗现象，减少土壤水分和养分的逸散及杂草生长。

（7）加强开沟排渍、叶面追肥、病虫预防、清洁田园等田间管理工作。

二、魔芋秸秆覆盖栽培模式

（一）魔芋秸秆覆盖栽培模式特点

（1）秸秆覆盖可调节地温，增加土壤肥力。秸秆覆盖增加了有机物还田量，高温高湿、微生物活动加速秸秆腐烂分解，一方面供应当季作物养分，另一方面增加土壤有机质积累，培肥耕地，改良土壤。覆盖物的分解可提高田间二氧化碳浓度，加强作物光合强度和光合产物运转速度。秸秆覆盖改善了耕层的通透性，使土壤容重平均降低 0.07 g/cm³，孔隙度增加 1.2%，有利于微生物活动，蓄水保肥，加速养分转化，提高肥料利用率。

（2）秸秆覆盖可减少水土流失。秸秆覆盖可保护土壤免受雨滴拍击，避免结壳，使径流大幅度减少，秸秆残茬可阻碍水流，延缓径流的产生，削弱径流的速度和强度，大大缓解地表径流对土壤的冲刷，减少水土流失。

（3）秸秆覆盖可起蓄水、提墒、保墒作用。秸秆覆盖可增加雨水入渗，起蓄水作用。同时，秸秆覆盖地表，阻止阳光直射地面，减少水分蒸发损失，表土与秸秆层间水分扩散层大大降低了对流水分损失，毛细管的作用使下层水分富集于耕作层，起到蓄水提墒的作用。覆盖增墒效果是浅层优于深层。

（4）秸秆覆盖可防治草害。秸秆覆盖后，在土表与秸秆层之间形成了较稳定的热空气层，杂草呼吸作用旺盛，自养养分消耗大，另外被压杂草因不见阳光，光合作用停止，养分制造受阻，使杂草生长受到抑制，逐渐枯黄甚至死亡，减少与作物水分、养分的竞争，覆盖后 1 个月杂草数量减少 93.06%，杂草重量减少 87.41%。

（5）秸秆覆盖可防病增产。秸秆覆盖使土壤水、肥、气、热等肥力要素得以协调，增加营养，培肥耕地，改良土壤，为魔芋健壮生长提供了条件。同时秸秆覆盖可在一定程度阻止魔芋病害的传播。因此秸秆覆盖可起防病增产作用。

（二）魔芋秸秆覆盖栽培模式要点

（1）选择秸秆等覆盖物。可因地制宜选用小麦秸秆、稻草、油菜秆，也可选用杂草、树叶等覆盖物。

（2）选择覆盖时间。在魔芋出苗后，封行前进行田间覆盖为最佳覆盖时间。

（3）秸秆等覆盖物的药剂处理。作物秸秆等覆盖物本身带有多种病原菌，若不作任何处理覆盖到魔芋田间，会大大增加土壤病原菌含量，从而加重魔芋病害发生。故在用于覆盖前一定要进行药剂处理。可选用75%百菌清500倍+72%农用硫酸链霉素4000倍混合液对秸秆等覆盖物进行喷雾消毒处理即可。

（4）覆盖方法。魔芋出苗后，封行前将已消毒处理的作物秸秆等覆盖物，均匀横放或铺放于魔芋田间，覆盖物厚度为5 cm左右即可。

三、魔芋间作及套种模式

（一）魔芋的间作、套种模式特点

（1）可满足魔芋生长对光照条件的需要。魔芋为半阴半阳作物，适当遮阴，可满足其生长需要。特别是在海拔偏低、光照较强地区，采取用其他高秆作物间作、套种模式，可改善魔芋生长的光照条件，有利于魔芋的生长。

（2）可提高复种指数，增加作物产量。采取套种，尤其间作模式，可显著增加作物复种指数，既可增加单位面积魔芋产量，又可提升间作、套种作物产量，提高经济效益。

（3）可充分发挥"边际效应"，提高光合生产率。魔芋一般与高（矮）秆作物套种、间作，作物"边际效益"十分明显，同时，两种作物间作套种，它们的总叶面积能更快地占据单位面积上的空间，从而得以较早地进入完全吸收、利用投射到地面的太阳总辐射，以及它们叶面积的总和也较大于任何一种作物单作的水平。这就是套间复种得以大幅度增产的物质基础。

（4）有利于调整农业种植结构，增加农民收入。魔芋一般与粮食作物或其他经济作物间作、套种，这样既可促进魔芋产业发展，也有利于发展粮食和其他经济作物，增加农民收入，见图3-6。

魔芋—玉米套作　　魔芋—自然林套作　　魔芋—经果林套作　　魔芋净作

图 3-6　魔芋不同栽培模式

（二）魔芋的间作、套种技术模式要点

在湖北及周边地区魔芋生产可采取如下种植模式，其他地区可根据当地气候特点和农作物区划，因地制宜采取不同栽培种植模式。

（1）对海拔1100 m以上地区以及阴坡山地采用魔芋单作模式。这种模式技术特点是单独种植魔芋，便于田间统一管理，单位面积容易获得高产，最大限度利用有限土地资源发展魔芋生产，在土地缺乏、轮作困难地区显得十分重要。

（2）对海拔900～1100 m地区采取魔芋与高秆作物（玉米、向日葵等）间作或混作。这种模式的技术特点是既满足了魔芋遮阴的需要，又对魔芋产量未造成大的影响，还在一定程度上增加了其他高秆作物的产量。

（3）900 m以下对较低海拔、向阳坡地或光照较强地区采取魔芋与其他作物套种模式。

魔芋+玉米套种模式：即可采取种1行魔芋再种1行玉米、种2行魔芋再种1行玉米、种3行魔芋再种1行玉米、种4行魔芋再种1行玉米等模式。这种模式特点是可根据魔芋种量大小、目的不同，灵活安排，可兼顾发展经济作物和粮食作物，是广大山区发展魔芋较好、较普遍的一种模式。

小麦—魔芋+玉米模式：即在小麦田中套种魔芋，待小麦收获后在小麦行间套种玉米，这是一种比较好的粮经作物生产模式，其特点是实现作物周年生产。

油菜—魔芋+玉米模式：即在油菜田中套种魔芋，待油菜收获后在油菜行中套种玉米。这种模式的特点是能促进粮食、经济、油料作物协调发展，尽可能充分利用土地资源。

板栗—魔芋模式：即在板栗树下种植魔芋，其特点是比较适合魔芋种芋生产，病害轻，种芋生产效果好。

果树（柑橘）—魔芋模式：在果树（柑橘）园内种植魔芋，其特点是果树和魔芋能同步发展，实现以短养长，长短结合。

四、魔芋高垄栽培模式

（一）魔芋高垄栽培模式特点

高垄栽培既是魔芋丰产栽培的常规措施，也是魔芋防病的关键技术之一。

（1）利于排水降渍抗旱。高垄栽培，暴雨后地表水能迅速从垄沟排出，避免田间渍水，降低田间湿度，预防渍害和病害。此外因高垄栽培还具有保墒功能，故有利于发挥抗旱作用。

（2）增加栽培地温。高垄栽培增加了田间接受阳光的表面积，从而提高春季栽培地温，有利于魔芋提早出苗。

（3）加厚栽培土层。采取高垄栽培在一定程度上增厚了栽培土层，扩大了根系和块茎的活动范围，有利于魔芋球茎的生长发育，以及提高魔芋球茎的生长系数。

（4）增强通风透气性。高垄栽培一方面有利于栽培土的土质疏松，使土壤与大气间的气体交换加强，有利于根系吸收、同化物质积累运转及块茎的形成与膨大；另一方面有利于通风透光，促进光合作用，有利于魔芋的生长发育。

（5）发挥防病增产综合效益。通过高垄栽培，改善田间小气候，增强魔芋植株长势，提高魔芋抗病能力，从而达到高产目的。魔芋高垄栽培产量比平地栽培平均可提高15%。

（二）魔芋高垄栽培措施

垄子的高低、宽窄和方向，要根据种芋大小、土质、地势和气候条件等确定。保水性强的黏土，地下水位高的平地、洼地，作垄应高一些，但不宜过宽，以利于排水防渍；保水力差的砂质土，雨水少易旱的山岭坡地，垄子应宽，却不宜过高，以利抗旱保墒。根据种芋大小可单行起垄、双行起垄或多行起垄。垄的方向最好是南北向，使魔芋获得足够的阳光。若魔芋田为山坡地，则起垄时，垄的方向要与坡向呈45°~60°，以利于蓄水，防止土壤被雨水冲刷。在高垄栽培时可按如下方法操作。

（1）播种时培土起垄。使垄高达到10~15 cm。

（2）出苗后培土增垄。出苗后，封行前，结合除草进行培土，将垄增高5~8 cm。

（3）暴雨后培土保垄。暴雨后，进行培土以防止土壤板结，保持垄高。

五、魔芋催芽移栽模式

（一）魔芋催芽移栽模式特点

（1）魔芋催芽移栽可提早成苗。魔芋通过催芽后，种芋内有利于生长的酶活性得到激发，魔芋主芽顶端优势更加明显，因此移栽后魔芋能较快抽叶成苗，有利于魔芋的生长。

（2）魔芋催芽移栽可确保全苗。在移栽前有一个选苗过程，可确保无病、优良、出芽整齐的魔芋移栽到大田中，因而可确保魔芋全苗。

（3）魔芋催芽移栽可促进魔芋提早"换头"，延长生长季节。魔芋催芽后，一方面，提早了魔芋进行光合作用的时间，另一方面，增强了魔芋的生长长势，因此可促进植株提早"换头"，延长生长季节。

（4）魔芋催芽移栽可起防病增产作用。由于在移栽时剔除了病伤劣质种苗，同时缩短了移栽苗主芽与土壤、肥料直接接触的时间，减少了魔芋发病机会，同时由于生长期的提前，在一定程度上起到了"避病"作用，加上移栽可确保苗全苗壮，延长魔芋光合作用季节，有利于魔芋块茎的膨大。因此魔芋催芽移栽可起防病增产作用。

（二）魔芋催芽移栽模式要点

（1）选好种芋。催芽育苗可在当地正常播种前 20 天左右开始，按优质种芋标准选择好无病无伤、形态规范的种芋，按大、中、小分开放置，经过太阳暴晒 1~2 天，并用药剂进行浸种晾晒处理后备用。

（2）选择苗床地。为便于搬运移栽，将苗床选在计划当季种植魔芋的田块旁，要求苗床地向阳、土壤肥沃、排灌方便，且为魔芋、茄科作物等的非连作地。苗床地大小依种芋量多少来定。

（3）做苗床。苗床宽一般为 100~120 cm，周边沟深 15~20 cm。依据种芋大小将苗床做成四周有 10~15 cm 高的土埂，中央预留摆种芋地的宽度为 85~105 cm。做好后盖地膜，再做拱棚，以利于苗床升温。苗床可选晴天催芽前 1 个星期提前做好。

（4）下苗床。下苗床要选晴天进行，重要操作步骤如下：首先揭开、移走地膜，然后种芋按大小分开摆放，要求所有种芋的芽子基本平齐，每个种芋间隔 2~3 cm；其次在下种的苗床上喷施杀菌消毒药剂，可选用 75%百菌清可湿性粉剂 500 倍与 72%农用硫酸链霉素可湿性粉剂 1500 倍混合液、50%多菌灵可湿性粉剂 500 倍或 50%甲基托布津粉剂 500 倍混合液；再次在种芋上面盖上一层 2~3 cm 湿润的泡土；最后盖好拱棚，拱膜弓架要插在沟边，以免膜上的水汽流入苗床。注意为了防止苗床过湿，一般不再盖地膜。

（5）苗床管理。如发现苗床土发白干燥，可适当浇点水，保持湿润即可，过湿容易发病。如遇到强降温天气，应棚内或棚周临时加盖草、玉米秆保温防冻。

（6）选苗移栽。按常规栽培技术进行土壤处理、整田、开厢、施肥、起垄、开沟等，待苗床种芋的芽子萌动长至 2 cm 左右，根也开始冒出即可选苗移栽。根过长易受损。如采用地膜覆盖栽培，可比正常季节提早7~10 天移栽，也应相应提早几天育苗。

（7）大田管理。做好开沟排渍、追肥、病虫防治等田间管理工作。

六、魔芋根状茎两年促成栽培模式

（一）魔芋根状茎两年促成栽培模式特点

（1）缩短栽培年限。利用根状茎促成栽培由根状茎到商品芋仅需要 2年时间，比常规办法栽培缩短 1~2 年。

（2）商品芋品质得到提高。通过根状茎促成栽培生产的商品芋一般在 1 kg 左右，其折干率和葡甘聚糖含量都处于最佳状态，加工品质非常好。

（3）防病增产增收。由于缩短了栽培年限，大大减少了田间的病害威胁，减少病害造成的损失，增加了单位时间、单位面积产量，从而达到增产增收的目的。

（二）魔芋根状茎两年促成栽培模式要点

（1）收获及精选根状茎。在收获商品魔芋时，将所有根状茎收集在一起，并精选出其中长得饱满、无病、较大的根状茎（一般 80~100 个/kg），单独放在一边。

（2）安全贮藏根状茎。采取室内架藏的方法进行种芋（根状茎）安全贮藏。

（3）种芋（根状茎）消毒处理。在正常播种时间前 1 个月左右先进行种芋浸种消毒，可选用 75%百菌清可湿性粉剂 500 倍与 72%农用硫酸链霉素可湿性粉剂 1500 倍混合液浸泡 30 min，或 77%可杀得可湿性粉剂 1000倍与 72%农用硫酸链霉素可湿性粉剂 1500 倍混合液浸泡 30 min，或 50%

多菌灵可湿性粉剂 500 倍或 50% 甲基托布津粉剂 500 倍混合液浸种 30 min。消毒后晾晒 1~2 天待用。

（4）选地建苗床。按前述"魔芋催芽移栽技术"中的方法选地建苗床，为了便于操作管理，苗床宽度可为 50~60 cm。做好苗床后盖地膜，再做拱棚，有利于苗床升温。苗床可选晴天催芽前 1 个星期提前做好。

（5）下苗床催芽。先揭走拱棚和地膜后，将消毒晾晒后的根状茎整齐平放在苗床上，根状茎之间留 1~2 cm 间隙，再在根状茎上面盖上一层 2~3 cm 湿润的泡土；最后盖好拱棚，拱膜弓架要插在沟边，以免膜上的水汽流入苗床。并加强苗床管理，保持苗床湿润，防止产生霜冻危害。

（6）定植。发芽长 1 cm 左右且冒根时采取高垄栽培技术进行定植，定植密度单作一般按 1 万~1.2 万/亩，若采取套种模式，则可适当调减定植密度。

（7）田间管理。加强肥水管理、病虫防治、清洁田园等工作。

（8）收获。通过本栽培技术，当年根状茎平均可长到 150 g，收获时应注意抢晴收获，另外还要注意精选及大、中、小分类放置。

（9）种芋安全贮藏。经晾晒 3~5 天后，再采取架藏方法进行安全贮藏。

（10）第二年采取催芽选苗移栽技术进行栽培管理。栽培密度按单作一般为 4000 株/亩，通过精心栽培管理，年底魔芋单种平均可达到 1 kg/个，产量达到 2 t/亩。

七、挖大留小栽培模式

（一）挖大留小栽培模式特点

（1）魔芋挖大留小是指将种植的魔芋在采收的时候，把单个块茎大于 300 g 的作为商品芋采收，把小于 300 g 的魔芋留在地里，让其在次年及以后多年自然生长的一种种植技术。其特点是可以减少劳动力投入，减少种芋采收，目的是增加魔芋种植适宜区耕地的利用率，增加山区农民收入。

（2）挖大留小栽培模式可以减少用工量、减轻农民劳动强度、减少农民工作时间并提高劳动生产率。通过稳定农民魔芋种植地的面积，让农民可持续增收，稳定增收。

（3）分拣、运输、贮藏、播种等流程病菌传染、扩散使魔芋产业瓶颈的大田生产问题中，连作轮作难题得到有效缓解。

（4）自第二年以后能促进魔芋早出苗，比常规栽培提前 7~20 天。魔芋苗期早封行，减轻杂草危害。有利于魔芋进行光合作用，形成更多的光合产物。

（5）减少种植魔芋对土壤的干扰及对土壤的侵蚀，改善土壤理化结构，保持土壤水分，改善土壤水的渗透性能，减轻土壤环境力、改善土壤耕性，增加土壤有机质含量，减轻病害危害，提高物种多样化。该技术的核心是减少对土壤耕作的物理干扰，从而减少病菌对土壤的侵蚀，改善农田生态环境。

（二）挖大留小栽培模式要点

1. 选地选种

地块选择的好坏是当年魔芋种植能否成功的关键，根据多年经验总结，魔芋种植地要求土层深厚，土壤肥沃、干湿合适的砂壤土为宜，以 pH 值在 6.5~7.5 的山间坡地、疏林地最好，魔芋地前茬种植小麦、大麦、玉米、向日葵、大蒜等作物为优，种植薯类、蔬菜等为次。对当年种植魔芋病害发生程度来说，种芋选择也很关键，宜选择 100 g 以内，形态周正、无损伤、无病虫害、无病菌，顶芽饱满、芋窝浅的魔芋做种芋。种芋经精选后并消毒。

2. 整地理墒

魔芋根系多分布在表层土壤 5~20 cm，所以耕作层应该在 25~40 cm，种植区域应该在前一年的冬天深翻细耙，做到地平垡碎、土细。种植时理墒起垄，垄面宽 1.1~1.2 m，在垄面上开 3 个沟，每条沟宽 0.2~0.3 m，沟深 0.15~0.25 m，行距 0.3~0.4 m，沟内摆放 10~100 g 的种芋，株距 0.2~0.3 m，每亩播种 3000~5000 株。垄间留好排水沟，以便雨季排水，防止魔芋被水浸泡导致病害发生。每间隔 2 垄，在垄沟边种植 2 行玉米、向日葵等高秆农作物。

3. 播种

播种时，在沟内施用充分腐熟的农家肥，盖土 0.02~0.03 m 再播种魔芋，每亩施用农家肥 2~3 t。

4. 追肥

在魔芋散叶前一次性施无机肥，其中添加钾肥，并配合防病农药、杀菌剂一起使用，施肥后进行清沟、培土、除草，封行后，采用喷施叶面肥磷酸二氢钾或其他叶面肥，同时配合防病农药使用。

5. 采收

魔芋倒苗后 30 天，对魔芋块茎选择性采收，大于 300 g 的采收加工出售，小于 300 g 的留在地里，并注意魔芋株间距保持在 0.25~0.40 m，多余的收获贮藏，另寻地块种植或者作为种芋出售。

6. 二季及以后多季处理

第二年及以后多年的春季，每间隔 2 垄种植 2 行高秆农作物（如玉米、向日葵、高粱等），以保证魔芋半阴性生长特性，在魔芋未出苗前对墒面杂草进行一次清理。

7. 其他技术

（1）魔芋出苗后，一次性施无机肥或有机肥，并对垄沟进行清理培土，使沟深达到 30 cm 以上。

（2）及时清除弱株和病株、过密株，使苗间距保持在 0.25~0.40 m，以有利于魔芋通风透气，保持地块魔芋群体结构。清除病株的塘内用生石灰灭菌消毒。

（3）魔芋出苗散叶后，原 50~100 g 的种芋生长膨大成 200 g 以上的母芋，形成母苗并繁殖 50 g 以下的子芋，构成子苗生长的多层立体结构的魔芋群体生态系统。

（4）根据各年魔芋的生长情况进行追肥。挖大留小魔芋可收获的产品有商品芋和种芋：300~500 g、500~1000 g 和 1000 g 以上的 3 种规格为商品，300~200 g、200~150 g、150~100 g、100~50 g、50~10 g 和 10 g 以下的 6 种规格为种芋，经干燥晾晒脱去 20%~30%水分后进行贮藏，留待以后种植或出售。

八、有机魔芋栽培模式

（一）有机魔芋栽培模式特点

（1）有机魔芋在栽培过程中要求种植地远离城镇和工厂，水、土壤环境优良，在栽培中不使用产生残留的化学农药、化学肥料和生长调节剂等。

（2）有机魔芋在栽培过程中对病虫害防治主要采取农业防治、物理防治、生态防治等方法。

（3）有机魔芋在栽培过程中对草害防治采取人工拔除或其他栽培技术防治。

（4）生产的魔芋商品芋品质优良，达到有机食品标准。

（二）有机魔芋栽培模式要点

（1）选种及种芋处理。按种芋精选标准选择无病、无伤、大小适当、形状规范的魔芋作种芋，并采用架藏方法安全贮藏。特别注意种芋在贮藏前后都不要用化学药剂进行处理，在播种前主要通过太阳光紫外线暴晒 2~3 天、种芋表面包裹草木灰、20%生石灰乳进行种芋消毒处理。

（2）种植地选择及消毒处理。要求种植有机魔芋田块周围植被较好、空气及水土未受到污染、土层深厚、土质疏松、有机质含量丰富、前作为禾本科作物，为有效防治魔芋病虫害一定要与禾本科作物轮作，轮作期 2~3 年。拟种植田块在冬前进行翻耕处理，并撒入适量生石灰杀灭土壤中残留的病原菌及地下害虫，播种前再进行深翻，并按每亩施用生石灰 50~100 kg 或三元消毒粉 50~80 kg 或硫酸铜 2 kg，进行土壤消毒处理，且清洁田园后开厢待种。

（3）有机肥料的准备。有机魔芋栽培不能使用化学合成肥料，主要施用充分腐熟的农家肥，其次为腐殖土、添加不含化学合成物质及符合有机食品要求的用于活化土壤养分、改良土壤结构的纯微生物菌剂等。

（4）播种。采用高垄栽培技术适时播种，播种密度因种芋大小而异。播种时基肥量达到总施肥量的90%以上，以农家肥为主，一般每亩施农家肥2500 kg以上，其他腐殖土、微生物菌剂等适量施用即可。

（5）栽培管理。采取人工除草、田间覆盖、开沟排渍、追施液肥（沼液或用蒿子、羊粪、牛粪等与其他鲜活肥嫩植物叶加水沤制而成的液体）等。

（6）病虫防治。魔芋病害主要以软腐病、白绢病等为主，虫害以甘薯天蛾、豆天蛾、斜纹夜蛾等为主。坚持以预防为主、综合防治的方针，对魔芋病害的防治除了采取种芋精选与处理、轮作换茬、土壤消毒处理、健身栽培管理外，还要重点控制"中心病株"，及时剔除移走"中心病株"，且在病穴及其四周撒施三元消毒粉或生石灰，对整个田块选用4-4式波尔多液喷施，每隔7~10天喷1次，连续喷4~5次即可。对虫害主要采取设置频震式杀虫灯、糖浆诱杀、人工捕杀等办法进行防治。

（7）收挖。在霜降前后抢晴收挖，将商品芋与种芋按大、中、小分开放置。

（8）有机魔芋包装、出货、贮藏。商品芋采用竹编或其他环保材料制成的容器盛装，出货时标明产地、时间、批号、数量等信息，对商品芋应及时进行加工处理，对种芋采取架藏方法进行贮藏。

（三）有机魔芋的认证程序

（1）申请。申请者向中心（分中心）提出正式申请，填写申请表及相关资料和交纳申请费。申请者按《有机产品》要求建立质量管理体系、生产过程控制体系、追踪体系。

（2）认证中心核定费用预算和制订初步检查计划。认证中心根据申请者提供的项目情况，估算检查时间，一般需要2次检查：生产过程1次、加工 1 次，并据此估算认证费用和制订初步检查计划。

（3）签订认证检查合同。

（4）初审。

（5）实地检查评估。对申请者的质量管理体系、生产过程控制体系、追踪体系以及产地、生产、加工、运输、贸易等进行实地检查评估，必要时需对土壤、产品进行取样检测。

（6）编写检查报告。

（7）综合审查评估意见。

（8）颁证委员会决议。作出是否颁发有机证书的决定。

（9）颁发证书。认证中心向符合条件的申请者颁发证书；获有条件颁证申请者要按认证中心提出的意见进行改进，作出书面承诺。

（10）有机魔芋标志的使用。根据有机魔芋食品证书和《有机产品认证管理办法》办理有机魔芋标志的使用手续。

第四节　魔芋采收与储藏

一、采收与分级

适时采收魔芋有利于保质保产，加强贮藏管理有利于加工处理和种芋保存，有利于次年植株的生长发育和增产增收。魔芋收获一般在魔芋自然倒苗 2 周后开始，过早或过晚均不好。有些地块实行轮作，往往在地上尚未枯萎就开始采挖，球茎含水量较高，不耐贮藏，造成品质较差。在倒苗 2 周后进行采挖，球茎干物质含量增高，含水量降低，球茎更加成熟，同时根状茎自然脱落，对贮藏和生产优质原料均有利。采收时应选择晴朗天气，日平均气温不低于 5 ℃即可采挖，否则易发生低温冷害，造成腐烂。收获时，边挖边晾晒能减少采挖时的破损。因魔芋球茎皮薄肉脆，极易受伤，甚至造成内部裂痕，而在外表还不易察觉，但最终会因为感染病菌而腐烂。若作为商品芋加工，将影响加工品的品质；若作为种芋进行贮藏，将引起贮藏期间的腐烂，并传染给健康种芋。

采收时可将魔芋球茎按大、中、小分为种芋、商品芋、根状茎，将有病、带伤种芋分开。若是种芋，挖出的球茎应先进行晾晒，降低球茎含水量，然后在干燥通风的环境下进行预贮，形成愈伤组织，提高贮藏的安全性。球茎表面较为干燥、完整无伤的球茎不易遭受病菌侵染，见图3-7。

图3-7 花魔芋分级图

种芋分选指将畸形、主芽损坏、感病及品种不符的球茎剔除。这是魔芋贮藏前的必须工作，也是种芋采收结束后、运输前的一道必须工作程序。种芋分级指将分选出的种芋按种类、种龄及球茎大小进行分类，分选分级后的种芋便于贮藏管理。魔芋球茎在分选剔除商品芋后，余下的为芋鞭。种芋按大小进行分级，一般分为以下4个规格：50 g以下；50～100 g；100～300 g；300～500 g。

二、魔芋球茎的休眠特性

（一）魔芋球茎的休眠类型

根据休眠器官在适宜条件下是否萌发，可将植物休眠分为两大类型，即强迫性休眠和生理性休眠。叶枯黄倒苗后的花魔芋球茎，在适宜的温湿度条件下，经 10 天左右，球茎的顶芽膜质鳞片开始枯裂，出现粉红色的鳞片，顶芽稍有膨大，约半个月后，顶芽膨大停止。解剖发现，顶芽的膨大主要是鳞片细胞的膨大，而顶端分生组织活动很弱，即使给予很适宜的萌芽条件也必须经几个月后，才见明显看见细胞分化和顶芽生长。因此，魔芋球茎休眠属生理性休眠。在自然条件下，魔芋球茎休眠期可达半年左右，当春季气温回升后，其顶芽却不能同时萌发生长，因而影响魔芋的生长期与产量。

（二）魔芋球茎休眠期长度及分期

魔芋球茎休眠的起始时间应从叶自然枯黄倒苗后开始计算，休眠结束的时间目前还缺乏统一的标准，孙远明等以球茎顶芽萌动伸长到超过原萌动前芽长的 30%时作为休眠结束。

1. 影响魔芋休眠期长短的因素

（1）芽的种类。魔芋球茎休眠主要表现在顶芽不能萌发，而顶芽有叶芽和花芽之分，其叶芽球茎和花芽球茎休眠期长短也不相同。在叶自然枯黄倒伏进入休眠期时，其顶花芽分化已完成。第二年春天，花葶及花序即可出土开花，而叶芽要待翌年继续分化，5 月才能萌芽出土。

（2）种。种不相同顶芽萌发时间也相差较大，如花魔芋的花芽球茎在 4 月即萌芽出花，而白魔芋要到 6 月才能萌芽出花，滞后约 2 个月。

（3）球茎贮藏温度。如在 20 ℃适宜萌芽的温度下，花魔芋叶芽球茎休眠期约 105 天，花芽球茎为 45 天左右。而在四川自然温度条件下，花芽球茎的休眠期约 5 个多月，即从 11 月至次年 4 月，花芽球茎的休眠期比叶芽球茎短 1 个多月，即次年 2~3 月结束。

2. 魔芋球茎休眠的分期

根据魔芋球茎顶芽特征、球茎内部代谢变化，在自然条件下魔芋球茎休眠可分为 3 个时期。休眠前、中期为深休眠期，休眠后期为休眠解除期。

（1）休眠前期。从倒苗开始到 12 月中旬左右为止，球茎内部代谢旺盛，完成后熟过程，顶芽生长点活动很弱。

（2）休眠中期。从 12 月下旬到第二年 2 月底，球茎内代谢很弱，顶芽生长点仍不活动。

（3）休眠后期。3 月初至 4 月上旬，气温较低的地区持续到 4 月中下旬，球茎体内代谢加强，顶芽生长点开始分化活跃，产生叶原基，分化叶柄轴；外观多见膜质鳞片枯裂，出现粉红色的顶芽鳞片。此后，叶芽进一步分化，进入萌发阶段。

（三）温度对球茎休眠的影响

植物休眠是低温诱导所致，但魔芋球茎休眠并非低温诱导所致。在气温高的 8~9 月挖取魔芋球器，置于 20 ℃下，其顶芽不能立即萌发，需经几个月解除休眠后才萌发。5~20 ℃时，温度越高，休眠期越短，低温可延长休期。在 20 ℃时，一般在 2 月 20 日左右开始萌发，而在 5 ℃时，到 3 月底也未萌发，温度越低，休眠期越长，由上可知球茎休眠期与积温有一定的关系。尽管贮藏温度、贮藏时间的催芽期不同，但从倒苗到萌发的 0 ℃以上积温相近，特别是 12 ℃和 20 ℃更为接近。在 5 ℃下，随贮藏时间的延长，发芽所需积温呈下降趋势。叶芽萌发的最低温度为 14 ℃，花芽为 9 ℃，叶芽伸长生长的最低温度略低于最低萌发温度。

三、魔芋的休眠机理

作物种子的休眠原因，主要有种皮机械障碍、胚未熟和存在内源发芽抑制物质。魔芋球茎的结构不同于种子，不存在种皮机械障碍和胚未熟等休眠原因，其休眠机理主要与球茎内源物质有关。

（一）魔芋球茎休眠与发芽抑制物质

植物中的抑制物质非常复杂，先后发现有 100 多种，包括有机酸、内酯、醛、酚、生物碱等。孙远明等鉴于休眠魔芋球茎中发芽抑制物质的未知性，首先对休眠球茎中各类成分进行提取分离，用小白菜种子、解除休眠后的魔芋种子和魔芋球茎进行发芽抑制活性试验，其次对活性部分做进一步的分离、纯化与鉴定。

1. 挥发性成分的发芽抑制作用

用水蒸气蒸馏法和石油醚提取法，提取休眠魔芋球茎中挥发性物质，对小白菜种子和魔芋种子进行发芽抑制试验，结果表明，两者差异不显著。鉴于挥发性成分中可能同时存在发芽抑制物与发芽促进物，用提取物的硅胶 GF_{254} 薄层层析带（展开系统为 10∶1 的苯∶乙醇）处理小白菜种子进行发芽试验，结果也无明显的抑制作用。表明挥发性成分与魔芋的发芽相关性较弱或没有相关性。

2. 碱性、酸性、酚类和中性提取物的发芽抑制作用

分别提取魔芋休眠球茎的顶芽、周皮和薄壁组织中的碱性、酸性、酚类和中性4类有机提取物，分别进行小白菜种子发芽抑制试整。结果表明，4类提取物中以酸性提取物对小白菜种子发芽的抑制效应最强，即时发芽指数为对照的25%～43%，其差异达到极显著水平；其他3类提取物的抑制作用很小或没有。休眠球茎不同部位提取物的抑制作用稍有差异，以周皮为高，顶芽次之。另取周皮的4类提取物处理已解除休眠的魔芋种子，15天后对照及碱性、酚类和中性提取物各处理的发芽率均达到95%以上平均芽长为 0.19～0.24 cm；而在酸性提取物的3个处理中，只有0.2 g处理的部分种子发芽，其芽长（0.12 cm）小于对照，其余2个处理均不发芽。

3. 外源脱落酸、阿魏酸及油酸的发芽抑制作用

小白菜种子发芽抑制试验表明，脱落酸的抑制作用最大，1 mg/L 即显示抑制作用，10 mg/L 的抑制率达100%；阿魏酸达到10 mg/L 时才显示抑制作用；油酸无抑制作用。3种有机酸对魔芋球茎顶芽萌发及生长的抑制规律与小白菜相同，以脱落酸的抑制作用最强，阿魏酸次之，油酸没有明显的抑制作用。10 mg/L 的脱落酸即显示较强的抑制作用，处理60天后其芽长（6.5 cm）约为对照（27.1 cm）的1/4；200 mg/L 的脱落酸处理60天后，其芽长仅1.6 cm。阿魏酸的浓度达到400 mg/L 时才有明显的抑制作用。脱落酸和阿魏酸抑制魔芋球茎顶芽萌发及生长的浓度高于小白菜种子，其原因可能与材料因素有关，脱落酸和阿魏酸是休眠的魔芋球茎中的发芽抑制物质，而以脱落酸为主。

（二）魔芋球茎休眠与植物激素的关系

1. 内源脱落酸含量的变化及外源脱落酸对萌发的影响

球茎收获后，顶芽、周皮及薄壁组织中的脱落酸含量均迅速地增加，稍后开始下降，不再回升，到贮藏结束时降至最低。贮藏期含量变化略呈"へ"形曲线，变化幅度较大。例如，收获时球顶芽中的脱落酸含量为150 ng/g，在12 ℃下，到12月2日上升至最高，达326 ng/g，随后下降，到4月25日降至42 ng/g，含量约为12月2日的12.88%；球茎的周皮中含量最高，顶芽其次，薄壁组织中最低，约为周皮的一半。贮藏温度对脱落酸含量影响很大，在5~20 ℃时，温度越高，球茎各部位脱落酸含量的变化速度越快、幅度越大、平均含量越低。在5 ℃、12 ℃和20 ℃下，球茎中脱落酸的平均含量分别为224 ng/g、195 ng/g和163 ng/g。

探究脱落酸处理对已解除休眠魔芋球茎萌发的影响。用不同浓度的脱落酸浸泡已解除休眠的魔芋球茎各1 h，置于20 ℃下催芽，处理后30天观察表明，脱落酸的浓度越大，对顶芽萌发的抑制作用越强。随处理后时间的增长处理间的差异更明显，到处理后60天，5 mg/L、10 mg/L、50 mg/L、100 mg/L和200 mg/L脱落酸处理的，芽长分别为对照的39.9%、24.0%、13.3%、9.2%和5.9%。

2. 内源赤霉素及赤霉素处理对休眠魔芋球茎萌发及发育的影响

（1）贮藏期间魔芋球茎中内源赤霉素含量的变化。赤霉素含量的动态变化基本与脱落酸相反。在收获时球茎各部位赤霉素的含量较高，随后下降，贮藏2个月左右变为最低，并保持一段时间，然后上升。贮藏期间的含量变化略呈"√"曲线，而且变化幅度大。例如，在收获时，顶芽中赤霉素的含量为37.4 ng/g；在12 ℃下，1月25日顶芽中的含量降至6.9 ng/g；而到了4月25日，其含量最高升至91.77 ng/g，是最低时的 13.3 倍。球茎收获时顶芽中的含量最高，周皮其次。其后，顶芽和周皮中的含量相近，并明显高于薄壁组织中的含量。贮藏温度对球茎中赤霉素含量影响很大，在 20 ℃下，赤霉素含量在 12 月下旬降到最低，随后开始回升，到 3 月下旬达最高值，然后开始下降（薄壁组织除外）；而在 5 ℃和 12 ℃下，到元月下旬才降至最低值，5 ℃温度下维持低含量的时间最长，此后，含量一直上升，未出现下降。在 5 ℃、12 ℃和 20 ℃温度下，球茎中赤霉素的平均含量分别为 20.5 ng/g、28.7 ng/g 和 36.0 ng/g。

（2）赤霉素处理对休眠球茎及其发育的影响。用不同浓度的赤霉素浸泡休眠魔芋球茎各 1 h，置于 20 ℃下催芽。切片观察顶芽的分化表明，处理后第 30 天，处理差异显著，赤霉素的浓度越大，对顶芽萌发与生长的促进作用越大。随着处理时间的增长，处理间的差异更加明显。在处理后 60 天，0.5 mg/L 以上赤霉素的处理，其芽长均明显高于对照，0.5 mg/L、1 mg/L、2.5 mg/L 和 10 mg/L 赤霉素各处理的芽长分别为对照的 1.9 倍、2.1 倍、2.4 倍、2.9 倍和 3.1 倍。10 mg/L 赤霉素处理的，顶芽出现叶芽转变为花芽的过程。在处理中，球茎顶端分生组织呈扁平状。而在处理后的催芽过程中，其分生组织进行分裂，向上突起，产生花芽原基，经 1 个多月，形成花芽雏形，可见雌花原基。在处理后 80 天左右，佛焰苞开放。处理后 90 天，2 mg/L、5 mg/L 赤霉素的两个处理中分别有 16.7% 和 36.7% 转变为开花株。

3. 细胞分裂素含量动态及 6-苄基腺嘌呤和激动素处理对花魔芋球茎生长的影响

测定魔芋球茎中细胞分裂素 N^6-（2-异戊烯基）腺嘌呤 $+N^6-$（2-异皮烯基）腺（iP+iPA）和玉米素+玉米素核苷（Z+ZR）的含量，结果表明，iP+iPA 和 Z+ZR 两者总的变化规律相似。在 12 ℃的温度下，顶芽中的 iP+iPA 和 Z+ZR 的含量在收获后的 20 天内略有增加，后有所下降，休眠后期其含量升高 3~5 倍；周皮和薄壁贮藏组织中的含量较低，在休眠后期有所增加。在 20 ℃温度下，细胞分裂素变化加快；而在 5 ℃温度下，变化较慢。

用 10 mg/L、50 mg/L 的 6-苄基腺嘌呤（BA）和激动素（KT）不但对休眠球茎顶芽萌发有促进作用，还能诱导球茎不定芽的形成，以 50 mg/L 效果最明显。并在顶芽萌发的同时，其附近出现 11~22 个粉红色的不定芽，逐渐膨大，约 25 天后，开始萎缩，40 天后全部消失。激动素+赤霉素处理，比激动素处理萌发后的顶芽伸长生长明显加快，处理后 60 天为激动素处理的 3.6 倍，但不定芽的数量没有增加。与赤霉素处理相比，顶芽的伸长生长略快。

10 mg/L 及 50 mg/L 激动素处理已解除休眠魔芋球茎，均能诱导不定芽出现，但顶芽的伸长生长与对照相近。表明激动素对芽的伸长生长无明显作用。

4. 魔芋球茎休眠与植物激素的关系

对某种抑制物是否真能调节种子休眠的考察方法进行分析，结果表明，休眠球茎中脱落酸的含量与休眠进程一致。在球茎收获后的一段时间内，脱落酸含量很高，休眠程度亦深。此后随着休眠向解除方向发展，脱落酸的含量逐渐降低。如休眠解除早，脱落酸含量下降也早，如在 20 ℃温度下球茎于 2 月下旬结束休眠，此时顶芽脱落酸含量下降到 120 ng 以下。而在 12 ℃温度下，球茎于 4 月初休眠才结束顶芽脱落酸含量到 3 月下旬才下降到 120 ng/g。用外源脱落酸处理已解除休眠的球茎，当浓度达到 5 mg/L 以上时，均明显地抑制顶芽的萌发；当脱落酸浓度达到 200 mg/L 时，在处理后 45 天内，顶芽的萌发几乎被完全抑制。外源脱落酸处理的浓度比内源会大得多，其原因可能是魔芋球茎个体大（150 g 左右），表面积小，浸泡处理时，仅极少量的脱落酸渗入球茎内，绝大部分脱落酸留在溶液内而被丢弃。由此认为，脱落酸参与魔芋球茎休眠的控制，起着抑制萌发的作用。

魔芋球茎休眠结束时，顶芽中内源赤霉素的含量高达 40 ng/g 左右，而休眠期中的球茎内源赤霉素的含量仅 6.9 ng/g；在球茎休眠期间，用外源赤霉素处理球茎，当其浓度达到 0.5 mg/L 以上时，均有不同程度促进顶芽萌发的效果，可证明赤霉素在魔芋球茎中起促进萌发的作用。在马铃薯块茎的休眠调节上，学者们倾向于"其休眠受控于发芽抑制物与促进物之间的平衡调节"的观点，当其比例较大时，趋于休眠或维持休眠；当二者比例较小时，趋于解除休眠或萌发。根据魔芋球茎顶芽中脱落酸与赤霉素的含量比值，魔芋球茎的休眠与萌发似乎也符合这一假说。即使在不同贮藏温度下，只要其比值为 3 左右，顶芽即可立即萌发。如在 12 ℃温度下，3 月 25 日顶芽中脱落酸与赤霉素含量比为 3.3；在 20 ℃温度下，2 月 25 日的含量比为 2.9，二者均具有立即萌发的潜力。

魔芋球茎中细胞分裂素（CK）含量变化与赤霉素相似，表现出 iP+iPA 和 Z+ZR 的增加与休眠解除的一致性。外源细胞分裂素类 6-苄基嘌呤和激动素处理休眠球茎均获得促进顶芽萌发和诱导不定芽产生的结果。这说明细胞分裂素可能在魔芋球茎从休眠向萌发转变过程中起着重要作用，但有可能是细胞分裂素先启发，赤霉素紧接着促进其生长。

综上所述，魔芋休眠与萌发的调节与脱落酸、赤霉素、细胞分裂素三类植物激素密切相关。脱落酸具有维持休眠、抑制顶芽萌发的作用，赤霉素的作用则相反，具有促进顶芽萌发与生长的作用；细胞分裂素可能是球茎萌发的启动因子，对芽的伸长生长起促进作用。但是，魔芋休眠是一个复杂的生理现象，其休眠机理研究尚处于初级阶段，有许多现象难以解释，如在球茎收获时，球茎顶芽脱落酸与赤霉素含量比例较低（约4），不但不能萌发，反向深休眠发展；又如，赤霉素处理球茎，虽能促进萌发，但其生长速度比解除休眠后的球茎顶芽的生长速度小，而且在赤霉素浓度较高时，易诱导成花。

四、魔芋休眠的人工调控

（一）延长魔芋球茎休眠抑制顶芽萌发生长的方法

1. 低温贮藏

在 5~20 ℃范围内，温度越低，休眠期越长。在 5 ℃时，球茎内部代谢缓慢，保持高水平脱落酸和低水平赤霉素的时间长，使生理休眠期有所延长。如长期在 5 ℃下贮藏，可使球茎处于强迫休眠状态。贮藏 1 年后，置于适宜条件下仍可迅速萌发生长。

2. 化学处理

（1）脱落酸处理：由于脱落酸是休眠球茎中的发芽抑制物质，对芽的萌发有很强的抑制作用，可用其处理延长球茎的休眠。

（2）乙烯利处理：低浓度的乙烯利对魔芋球茎顶芽萌发生长没有明显的作用，但较高浓度（>1 mL/L）的抑制作用很明显，如 10 mL/L 乙烯利处理魔芋球茎，2 个月内，顶芽几乎没有伸长生长，第三个月才开始伸长生长，但都能生长成为正常的植株，不影响形态。

（3）硫氰酸钾处理：硫氰酸钾不但对球茎顶芽萌发有抑制作用，而且对不定根的产生也有一定的抑制作用。

（二）破除魔芋球茎休眠促进顶芽萌发生长的方法

1. 提高贮藏温度或提早催芽

适当提高贮藏温度，可促进芽的分化和萌发。

2. 植物生长调节剂处理

（1）赤霉素。浓度 0.5~1000 mg/L 的赤霉素，对促进魔芋球茎顶芽萌发生长均有效。赤霉素在 100 mg/L 以内，浓度越高，顶芽伸长越快；0.1 mg/L、0.2 mg/L 处理未显示促进效应；1000 mg/L 处理对顶芽伸长有一定的抑制作用。在赤霉素处理后 70 天，其浓度达到或超过 10 mg/L 的处理，顶芽全部转变为花芽，花序外形正常，但雄蕊败育。1 mg/L 赤霉素处理中也有 1/10 的顶芽被诱导成花；0.1 mg/L、0.2 mg/L、0.5 mg/L 赤霉素的处理中无成花现象。生产上采用赤霉素催芽应特别注意使用浓度与处理时间，浓度不宜超过 1 mg/L，时间不宜超过 1 h。根状茎及切块则不宜采用赤霉素处理。若以研究魔芋资源与遗传为目的则可采用赤霉素处理，但浓度也不宜过高以免影响花的形态。

（2）细胞分裂素。6-苄基嘌呤和激动素对休眠魔芋球茎的顶芽、侧芽及不定芽的萌发均有促进作用，二者强度相当。2 mg/L 以下的浓度对不定芽形成及萌发效果不明显。50 mg/L 效果最明显，处理后 1 个月，平均每个球茎上的不定芽达到 11~22 个。但这些不定芽可能受顶端优势的影响，慢慢萎缩消失。不同浓度激动素与赤霉素共同处理，表现两者的独立作用：既能促进侧芽不定芽萌发（细胞分裂素的作用），又能诱导成花（赤霉素的作用）。6-苄基嘌呤和激动素对促进顶芽伸长作用不大，60 天后，芽长仅比对照高 0.42~0.46 cm，而赤霉素与激动素共同处理的芽长比对照高 3~4 倍。6-苄基嘌呤或激动素处理在生产上有较重要的意义，它不仅能促进休眠球茎顶芽萌发，更有利于扩大繁殖。魔芋一般用球茎繁殖，1 个球基只能繁殖 1 株；若用外源细胞分裂素处理，1 个球茎上可产生许多个不定芽，再按芽区切块，则可繁殖 10 多株甚至 20 多株。

（3）表油菜素内酯处理：表油菜素内酯处理最显著的特点是促进顶芽基部产生不定根，并促进其生长。在处理后 40 天各处理均开始生根，而对照的根还未突起。表油菜素内酯对芽的伸长生长也有一定的作用，其有效浓度范围很宽，除 0.001 mg/L 处理效果稍差外，其他各处理效果基本一致。

（4）精胺处理：用 0~1000 mg/L 精胺溶液浸泡处理休眠魔芋球茎 1 h，于 20 ℃温度下催芽，对球茎顶芽萌发生长及生根均无明显的作用。

（5）硫脲处理：用不同浓度硫脲浸泡处理魔芋球茎 1 h，20 ℃下催芽。1 个月后，各处理的顶芽长度均大于对照，并已萌发不定根，而对照还未萌发或刚开始萌动。随着时间的延长，处理与对照的差异更明显。由于硫脲处理的效果较好，孙远明等于 1990 年在重庆市綦江县（现綦江区）巨龙乡进行了田间试验。硫脲处理的出苗期比用温度催芽早 13 天，比自然贮藏早 24 天，产量达 2426.7 kg/亩，比对照高 14.7%，差异达极显著水平。

（6）有机溶剂处理：用溴乙烷、2-氯乙醇、二氯乙烷、四氯化碳和 Rindite（溴乙烷、二氯乙烷和四氯化碳按 7∶3∶1 混合）5 种有机溶剂均对休眠花魔芋球茎顶芽的萌发和生根有促进作用，其中以溴乙烷、2-氯乙醇和 Rindite 的效果为好。处理后 60 天 0.1~0.2 mL/L 的溴乙烷、2-氯乙醇和 Rindite 各处理的顶芽长为对照芽长的 2.4～3.9 倍。但是，球茎对其中多数试剂敏感，当浓度达到 0.3 mL/L 时，出现坏死现象，顶芽萎缩褐变，丧失生活力。

3. 化学处理对休眠花魔芋球茎几种酶活性的影响

用赤霉素 6-苄基嘌呤、激动素、表油菜素内酯、精胺、硫脲、溴乙烷对休眠花魔芋球茎处理，处理后 5 天，除精胺外，其余 6 种生长调节剂和有机溶剂对球茎中过氧化氢酶活性有所抑制，而对过氧化物酶和多酚氧化物活性有所加强。处理后 15 天，不同处理对酶的抑制或加强作用仍然存在，且 3 种酶的活性都有所增强。

五、魔芋的贮藏

（一）种芋贮藏的条件

魔芋种芋在贮藏期间，其温度、湿度、通风、防病是影响魔芋贮藏的四大因素。

1. 温度

维持鲜球茎休眠期正常生命活动所需的温度为 7～10 ℃，低于此温度其就可能被冻坏。室温高于 15 ℃，不利于种芋休眠，而且种芋会因呼吸作用加强，损失大量养分，高温、高湿又会助长贮藏期发生病害。因此，鲜球茎贮藏期间的最适温度应严格控制。

2. 湿度

鲜球茎休眠期需要保持鲜度，窖内必须有一定湿度，一般贮藏窖内湿度以 70%～80% 为宜。贮藏窖湿度太低，鲜球茎因呼吸作用损失水分过多，芋重大大减轻，品质降低。

3. 通风

鲜球茎休眠期要进行有氧呼吸，如贮藏场所通风不良、氧气不足，球茎就会进行无氧呼吸，将会导致生理性中毒而发生腐烂。因此，贮藏场所不能严密封闭，要做好通风换气工作，贮藏场所要有适当的通风。

4. 防病

随球茎贮藏量的增加，防贮藏期病害是十分重要的。贮藏期常见的病害有软腐病和根腐病。病害的发生率与以上因素关系密切，同时，鲜球茎的质量也是导致产生病害的重要因素。反过来一旦病害发生，蔓延十分迅速，又会影响球茎质量。因此，贮藏前认真好种芋选种工作，才能避免病害的发生。

（二）魔芋种芋贮藏方法

种芋贮藏的方式有室内贮藏和室外贮藏。

1. 室内贮藏

（1）麦草、稻草、玉米秸秆保温贮藏。一般农村在自家瓦房内二楼和顶楼木条或竹条上铺一层小麦草或稻草，然后在小麦草或稻草上堆放 3～4 层魔芋种，魔芋种厚度不高于 25 cm，冬天注意在魔芋种上再覆盖一层厚 10 cm 的小麦或者稻草。

（2）谷壳保温贮藏。选火炕上面的楼板，铺一层谷壳，放一层魔芋种，堆放 5～10 层。

（3）竹筐、竹篮或塑料筐贮藏。在竹筐、竹篮或塑料筐底部放少许干松毛，然后摆一层魔芋放一层干松毛。摆魔芋时芽眼朝上，上层魔芋与下层魔芋芽眼相互错开。装好筐后堆在通风透气处。根据研究建议在贮藏前用草木灰对种芋进行表面处理后再装筐贮藏。草木灰处理后有利于种芋伤口愈合，同时草木灰有干燥和催芽的作用，使种芋提前萌芽。

（4）室内地面堆藏。在冬季温度较高、不太寒冷的地区可直接将魔芋堆放在室内干燥的地面上贮藏。堆放前在地面上铺一层干草或细土以保温，同时避免种芋与硬地面接触而损伤。堆放时顶芽朝上，然后用一层干草或细土覆盖，一般可堆放 3 层种芋。

（5）室内沙藏。在通风保温的室内角落处先消毒，然后在地面铺 5～6 cm 厚的河沙，湿度以手理成团放手能散为宜，一层河沙，一层种芽，芽点朝上，铺设 3 层。此法能保持种芋水分和芽体新鲜，并起到使种芋出苗快、整齐、长势旺盛的作用。

（6）棚上烟熏贮藏。这种贮藏方法简单易行，农户反映较好，适用于农民瓦屋住所的竹机或木棚上贮藏。方法是在室内棚上覆盖一层稻草，然后放上种芋，种芋厚度约 15～20 cm。由于室内经常生火，室内温得到保持，达到贮藏的目的。此法适合在寒冷地区贮藏种芋。

2. 室外贮藏

在冬季无冻害或者冻土层很浅的地方，选地势高、干燥、土壤疏松、排水通畅、背风向阳的地方，在地面或者坑内铺放魔芋种：铺放一层魔芋种球茎，撒上一层疏松干燥泥土。泥土以能掩盖魔芋种而平整即可。然后在泥土上面再放一层球茎。如此重复堆放数层至数十层，最上面再撒上疏松干土。此泥土层的厚度要能保温御寒，所以要足够厚，高寒山区比低热河谷地区厚，山坡地比平坝地厚，当风的地块比不当风的地块厚。

一般来说，表土层厚 15～20 cm，周围挖水沟排水防溃。因为泥土本身就有通风透气的功能，不易发霉，不会发热发酵，只要作业时天气晴朗，泥土干燥，室外贮藏的魔芋种即不会发霉、不会腐烂。其优点是简便易行，不占地点；关键点是做好防水、防渍和防寒工作。

（1）生物多样性贮藏法。指当年不挖收魔芋球茎而让其在地里自然越冬，待魔芋进入倒苗期，在土表撒播苕子、蓝花子等绿肥或者大麦、小麦、蚕豆等小春作物。此贮藏方法的前提：①当年种植的魔芋不发病或者发病很轻。②以芋鞭种植的最好。③地块应有一定坡度。④山巅、风口等受寒风袭扰处，土层冻结较深，不宜采用此方法留种越冬。应用此方法时应注意：①植株自然倒苗后，播绿肥或者小春作物后，立即培土，并用稻草、麦草、玉米叶或者树叶等覆盖，覆盖物越厚越好，一般厚度不低于 10 cm，以起防寒作用。②地块开沟，以利排水防涝。③次年开春后，于魔芋种发芽长根的日期以前拔出播种作物，小心采挖，尽量不要伤及魔芋芽。

（2）就地贮藏法。也称露地越冬保种贮藏法。即采挖季节不起挖，到要种植魔芋的时候，边起挖晾晒边播种。这种贮藏方法保鲜效果好。其方法是：在魔芋自然倒苗后，出现霜冻之前，在植株干枯的洞眼处提土覆盖，然后用作物秸秆、树叶、枯草等物覆盖于地面，起到防寒保温的作用。覆盖物要尽量厚些，不得薄于 15 cm。同时，在贮藏地里要开好围沟和厢沟，做到沟沟相通，并经常清沟排渍，以免地块渍水而造成魔芋种球腐烂。次年春季萌芽长根之前边采收边播种。此法具有省工、省时、简便易行、种芋不易染病、水分正常等优点。

（3）土坑贮藏法。选择背风向阳、土壤干燥的地方挖好坑，坑深1.2 m 左右，长、宽均按贮藏量的多少而定。放魔芋时，先在土坑底层和四周铺放 5~10 cm 厚的干稻草或麦秸，最好是疏松土层，然后将魔芋放入，一层魔芋种一层泥土，堆放好后在魔芋上面再放 5 cm 厚的稻草，稻草上面覆盖 15~20 cm 厚的土层。为防止外面的水流进坑内，其一是要在坑四周开好围沟，其二是坑口的泥土要高于坑四周的地面。

（4）地窖贮藏法。选择地下水位低、排水良好、土质结实的地方挖窖。窖的大小以能装 800~1000 kg 魔芋为宜。地窖挖好后，先用稻草或艾叶加硫黄 50 g 将地窖熏一次，并封窖 2~3 天，然后打开窖门，通风换气几天后再放魔芋。每窖装魔芋不能过满，以地容量的 60%~70% 为宜。魔芋入窖后，要注意经常通风换气，以调节窖内温度、湿度。一般入窖初期要打开窖门通气，严冬季节要紧闭门，但门上方要留一个窗口便于通风。

（三）贮藏期管理

优良的贮藏场所是安全贮藏种芋的基础，但若不配合贮藏期间的管理工作，仍会失败。种芋贮藏期长达半年，在此期间，依贮藏环境条件及球茎生理状态来调控，因此贮藏前期、中期及后期的管理措施也有不同。

1. 前期管理

贮藏初期（11月中旬至12月中旬）球茎呼吸作用旺盛，释放热量大，水分蒸发量大，外界温度尚高，易造成高温、高湿环境，发生软腐病。因此，应注意通风条件，散热降温，并勤于检查剔除腐烂变质球茎，并在周围撒石灰防止蔓延。

2. 中期管理

此期（12 月中旬至次年 2 月下旬）时间较长，球茎呼吸及蒸腾作用减弱，外界温度低，球茎易遭受冷害，应采取以保温防寒为主的管理，保持温度不低于 5 ℃，有条件的可适当加温。

3. 后期管理

2 月下旬以后，立春节令开始，气温逐渐回升，但冷暖多变，这时球茎的休眠期已解除，温度较高能加速萌芽，低温则使芽受冻害，宜控制温度在 10~20 ℃，相对湿度 80% 左右，这种条件可起到催芽的作用，又可防止"老化芽"的形成，应加强检查，去除腐烂变质球茎，周围撒石灰。

4. 贮藏后种芋的特征及处理

3 月以后，球茎的休眠完全解除，芽开始生长，颜色是粉红色。4 月中旬至 5 月下旬，芽长 5~10 cm。在播种以前，需按要求进行再次精选，剔除腐烂病芋。对感染病害较轻但主芽完好的魔芋种，可用锋利薄刀切除伤病部分，用草木灰包裹切面即可。

（1）种芋曝晒处理：对再次精选处理后的种芋放在太阳下曝晒 1~2 天，以达到用紫外线杀菌消毒、促进魔芋主芽萌动、提早出苗的目的。

（2）种芋药剂处理：种芋经曝晒处理后再选用药剂消毒处理。根据近年研究，播种前以药粉粉衣消毒为好。可采用"三元消毒粉"粉衣。具体方法是：将种芋表面均匀裹上一层三元消毒粉即可；也可采用 50% 甲基托布津可湿性粉剂或 50% 多菌灵可湿性粉剂做种芋粉衣消毒，或云南省农科院富源魔芋研究所与云南锦田植保科技公司合作研发的"富芋 2 号"粉衣。

（四）注意事项

种芋分拣时，由于分拣不细心，或数量过大，或贮藏方式不当，难免造成带病芋贮藏，病芋在贮藏期间往往出现病原菌遇温暖潮湿环境而滋生，菌液向四周扩散，感染未带菌种芋，特别是用化肥口袋贮藏、堆藏，此症状尤为突出。另外，一些表面创伤的种芋，由于贮藏前未进行伤口愈合处理，加之长时间不检查，必然发生"毛豆腐"样的色霉变。其处理方法是：①贮藏以前晾晒一定要充分；②勤检查；③注意通风；④注意排水防止渍水；⑤一旦发现染病魔芋，立即拔出病芋，并在其周围撒上生石灰，隔绝病原菌，防止病菌蔓延扩散。

第四章　魔芋病虫害防治

第一节　白绢病

一、病征及病因

白绢病又叫白霉病。主要危害茎、叶柄基部及块茎。菌丝无色透明，空心管状，有隔膜，放射状生长，有分枝，后集结成线状或索状，最后表面形成纽结，形成菌核。菌核初为洁白色，后转淡黄色至黄褐色或茶褐色，表面光滑如油菜籽，多为圆球形。发病部主要在近地面1~2 cm的叶柄基部。叶柄基部及球茎染病后，初呈暗褐色不规则的小型斑，后软化，使叶柄湿腐，植株倒伏，叶片由绿色变黄色。高温、高湿时病部长出一层白色绢丝状霉，后期生圆形菌核（图4-1）。病菌可通过叶柄基部向下蔓延，直接危害地下块茎，引起腐烂。白绢病有时和软腐病同时发生，病部表面产生白色菌丝及褐色菌核，内部组织软腐，多为糊状，有恶臭。

魔芋白绢病菌无性世代为齐整小核菌（*Sclerotium rolfsii* Sacc.）（图4-2）。有性世代为罗氏阿太菌（*Athelia rolfsi*），此菌主要以无性世代完成侵染寄主的过程。发病初期魔芋叶柄基部出现水渍状不规则斑点，逐渐变褐腐烂，随后植株倒伏，病部产生白色绢状菌丝，并形成初为乳白色，后逐渐由浅黄色变为茶褐色至黑褐色的油菜籽状菌核。气候条件是影响白绢病发病的主要因素，夏季高温多雨是田间病害高发期，尤其在雨后强日光照射时极易造成白绢病的大面积暴发，夏末随着气温降低，病害也随之减少。而在土壤黏性强且偏酸性、排水不良、低洼地段和多年连作地

图 4-1　白绢病发病症状

块发病严重，种植抗病性弱的魔芋品种也容易引起白绢病的大面积发生。该菌能危害 62 科 200 多种植物，除危害魔芋外，茄科、豆科、葫芦科等作物都可受害。

　　白绢病的病原菌主要靠菌核及病残组织中的菌丝在土中越冬，翌年萌发后顺着土壤蔓延到邻近植株上；也能通过雨水及中耕等作业传播，从寄主根部或茎基部直接或借伤口侵入寄主组织内。菌核萌发后 17 h，即可侵入植株，2~4 天后病菌分泌大量毒素及分解酶，作用于植株，使植株基部腐烂、倒伏。病菌在田间主要随土壤、流水及病残体传播蔓延。

　　该病发生的温度为 8~40 ℃，尤以 32~33 ℃最为适宜，伴有高湿时发展更快。该病菌较耐酸碱，在 pH 值 1.9~8.4 均可生活，有的在 pH 值 2~10 范围内均可生长，以 pH 值 5~8 生长较好，且寿命长，在室内可存活 10 年，在田间可活 5~6 年。用病残组织喂牲畜，经消化道后，其病菌仍能存活。但怕水，水淹后 3~4 个月便会死亡。

　　白绢病一般在 6 月中下旬开始发生，且常与软腐病同时危害植株。高

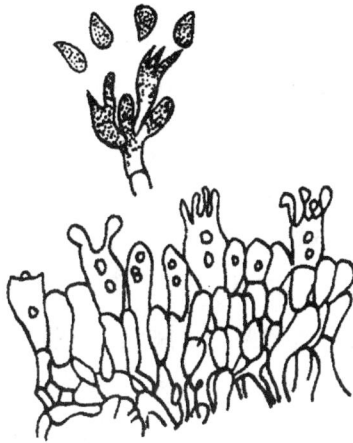

图 4-2 白绢病的病原菌

温、高湿，尤以雨过天晴后易于流行。土壤酸性及中性有利于发病，pH
值低于 3 或高于 8 不易发病。连作地发病重，新地或水旱轮作地发病轻。
轮作 3 年以上的，发病率仅 1%~5%。

二、防治方法

(一) 轮作控害模式

虽然多种间作套作模式对白绢病有一定的防控效果，但连作障碍仍是
魔芋种植业所面临的难题。随着魔芋种植年限的增加，土壤 pH 值显著下
降，魔芋根系吸收能力降低，微生物多样性减少，病原微生物积累，导致
魔芋发病率连年增高。因此，轮作同样是魔芋种植的重要模式。重病地上
魔芋宜与禾本科作物轮作，有条件的可实行水旱轮作。白绢病菌喜氧气，
魔芋收获后深翻土地，把病菌翻埋到土壤下层，可抑制病菌生长。开沟浇
水，不漫灌，不淹水，少施氮肥。目前，生产上多将魔芋与水稻、小麦、
玉米、高粱、油菜等作物实行 3 年以上轮作。魔芋与万寿菊实行年度轮作
对魔芋病害有较好的防控作用。魔芋和羊肚菌的周年轮作新模式可将魔芋
白绢病发病率降低 6.73%，大大提高了经济收益。

(二) 化学防治

(1) 种芋用 0.1%硫酸铜溶液，或 50%代森铵 300~400 倍液，或 50%多菌灵粉剂 500 倍液，或 50%甲基硫菌灵 500 倍液浸种 10 min，捞出用清水冲净，晾干后播种。

(2) 及时拔除病株，烧毁。病穴灌 50%代森铵 400 倍液。或每 667 m² 撒入石灰粉约 15 kg，分 3 次撒完，隔 1 周撒 1 次。每次撒石灰粉不能过多，否则对魔芋生长有一定抑制作用。

(3) 合理施肥，施有机肥要充分腐熟。据报道，200 mg/kg 的亚硝酸盐能阻碍白绢病菌的生长，400 mg/kg 可抑制其生长。在田间增施硝酸钙、硫酸铵或喷施复硝酚钠 6000 倍液，可减轻白绢病的发生。

(4) 发病初期，喷洒 40%多硫悬浮剂 500 倍液，或 50%异菌脲（扑海因）可湿性粉剂 1000 倍液，或 15%三唑酮可湿性粉剂 1000 倍液，或 40%五氯硝基苯 400 倍液，或 50%甲基硫菌灵 500 倍液，7~10 天喷洒 1 次，共喷 2~3 次。也可每平方米用 50%甲基立枯磷（利克菌）可湿性粉剂 0.5 克喷洒地表。或用 50%的三唑酮（粉锈宁）粉剂 5000 倍液，从魔芋叶柄基部灌根。石灰、5%甲基立枯磷（利克菌）和三唑酮（粉锈宁）等杀菌剂能附着在病原菌的菌丝和菌核的表面，使表皮细胞皱缩、破裂，接着内含物外渗，使病菌不能生长和萌发，从而起到防治作用。

(5) 魔芋白绢病的室内防治研究显示，3%广枯灵水剂和 70%甲基硫菌灵可湿性粉剂在浓度大于 500 mg/L 时的抑菌率均达 96%以上，可作为魔芋白绢病的防治药剂。43%戊唑醇悬浮剂、12.5%烯唑醇可湿性粉剂及 24%噻呋酰胺悬浮剂对魔芋白绢病菌均具有很好的抑制作用，其中 43%戊唑醇悬浮剂抑菌效果最为明显，但为更好将药剂应用于魔芋生产之中，需进一步开展大田药效防治试验。目前，我国在魔芋上登记的杀菌剂品种较少，为应对逐年加重的魔芋连作障碍，减少魔芋白绢病的危害，急需加强魔芋高效低毒化学药剂的研发与应用。

(三) 生物防治

推进魔芋病害绿色防控，是贯彻我国绿色发展理念，促进质量兴农、绿色兴农的重要措施。目前，魔芋病害的绿色防控研究主要集中在魔芋栽培模式的优化，高效低毒农药的使用，生防制剂的筛选以及抗病品种的选育等生态、农业、化学和生物防控技术。

目前，专门应用于魔芋白绢病生防菌剂的研究较少，但有关其致病菌齐整小核菌的生防微生物研究内容很多，包括芽孢杆菌、假单胞杆菌、链霉菌及木霉菌在内的多种微生物广泛应用于各种作物白绢病的防治中。有研究显示，芽孢杆菌（*Bacillus* sp.）F-1 和伯克霍尔德氏菌（*Burkholderia* sp.）R-11 可增加植株的系统抗性且对齐整小核菌有较强的拮抗作用，对花生白绢病的防效分别为 77.13% 和 64.78%，显著高于 50%多菌灵可湿性粉剂（35.22%）。根际假单胞菌（*Pseudomonas* sp.）DN18 与水杨酸（salicylic acid，SA）和氧化锌纳米颗粒（ZnONPs）一起包裹在海藻酸微珠中，制成的微囊化假单胞菌比使用自由假单胞菌对白绢病的防效及稳定性更好，且具有良好的植物促生作用，有可观的应用前景。在 10 株放线菌中筛选出对齐整小核菌抑制活性最强、几丁质酶的产酶量最高的纤维素链霉菌（*S. cellulose*）Actino 48，可导致菌丝产生畸形、损伤，显著降低花生白绢病的发生。哈茨木霉（*Trichoderma harzianum*）和棘孢木霉（*T. asperellum*）对齐整小核菌具有高效抑菌效果，能够消解病原菌丝，抑制菌核的生成，有效防治魔芋白绢病。此外，不同种的木霉菌对白绢病的防治作用机制不尽相同，有代谢产物多样性较高、抑菌作用较强的菌株，还有植物促生长作用显著的菌株，可通过组合使用多种菌株实现更好的防病促生效果。以上生防菌剂对白绢病具有较好防效，可以通过进一步试验验证其在魔芋中的应用效果，从而开拓魔芋白绢病的生物防治方法。

在白绢病菌的拮抗微生物抑菌活性物质方面，有研究表明植物内生细菌粪产碱杆菌（*Alcaligenes faecalis*）具有抗真菌化合物的生物合成能力，其发酵滤液（cell-free supernatant，CFS）中存在没食子酸和莽草酸，可通过喷洒 CFS 增加受感染植株苯丙氨酸解氨酶活性及总酚类物质，提高植株抗病性，降低白绢病的危害。苯乙酸为巨大芽孢杆菌（*B. megaterium*）所产生的具有抑菌活性的物质，可通过影响齐整小核菌细胞膜完整性、蛋白合成、能量代谢、损伤细胞结构等方面发挥抑菌作用。黑轮层炭壳 (*Daldinia concentrica*) 的挥发性代谢产物中，反式-2-辛烯醛为高效抑菌物质，能够抑制齐整小核菌的菌丝生长及菌核活性，可作为防控魔芋白绢病的新型化合物。产紫篮状菌 (*Talaromyces pupureogems*) 和亚西岛篮状菌 (*T. assiutensis*) 可产生抑菌活性物质 mitorubrin、mitorubrinol 以及 γ-丁烯内酯，其中 mitorubrin 在浓度为 10 mg/mL 时可完全抑制齐整小核菌的生长，是开发为高效生物杀菌剂的潜力物质。

在抑制齐整小核菌的植物源活性物质研究方面，丁烯基苯酞是在川芎根茎提取物中分离出来的高效抗真菌活性物质，可通过干扰真菌线粒体能量代谢过程抑制齐整小核菌的生长。在 300 mg/L 浓度下丁烯基苯酞对花生白绢病的保护和治疗效果分别达到 52.02% 和 44.88%，与同浓度多抗霉素效果 (54.61%，48.28%) 相当。从中草药丹皮中提取的主要活性成分丹皮酚，对白绢病的抑菌率可达 86.90%。使用含有 3% 的柠檬桉叶提取物和草酸青霉菌 (*Penicillium oxalicum*) 的土壤改良剂，可使被齐整小核菌侵染的辣椒植株死亡率降低 54.00%，与阳性对照相比产量提高 386.00%。藜为全球广泛分布的杂草植物，其叶片的甲醇提取物中存在多种抗真菌成分且对齐整小核菌有抑制能力，可进一步研究分离潜在的抑菌活性物质，制备天然杀菌剂用于白绢病的防控。微藻同样为环保抗真菌剂来源之一，有研究表明斜生栅藻 (*Scenedesmus obliquus*) 和三角褐指藻 (*Phaeodactylum tricornutum*) 的提取物对齐整小核菌具有较好的抑菌效果。此外，罗勒、丁香、白花丹和曼陀罗等植物提取物也已被报道可用于防控由齐整小核菌引起的白绢病害。

第二节　软腐病

一、病征及病因

魔芋软腐病又叫黑腐病，是生产上危害最严重的病害。湖南、湖北、四川、云南等省均有发生，在国外以日本发病最为严重。栽培期及贮藏期均可发病，田间发病率为 20% ~ 30%，严重的全田发生，减产损失达 50% ~ 70%。

软腐病主要危害叶片、叶柄及块茎。该病最明显的特征是组织腐烂和具有恶臭味。在贮藏期或播种期，种芋受侵染，被害块茎初期表皮产生不定形水渍状暗褐色斑纹，逐渐向内扩展，使白色组织变成灰白色甚至黄褐色湿腐状，溢出大量菌液，块茎腐烂。最后，随着土壤水分的降低，块茎变成干腐的海绵状物。受害种芋发芽出苗后，芋尖弯曲，展叶早，刚露土即展叶，叶不完全展开，或叶柄、种芋腐烂；展叶后染病，则叶片向叶柄作拥抱状，株形像一个蘑菇。叶色稍淡，拔起植株，可见种芋腐烂。生长期的症状表现有 3 种：一是块茎发病，植株半边或全部发黄，叶片稍萎蔫。从块茎与叶柄交界处拔断，有部分叶柄呈黑褐色。挖出块茎，表面出现水渍状暗褐色病斑，向内扩展，呈灰色或灰褐色黏液状，使块茎部分或全部腐烂。二是植株发病，基部软腐，最后倒伏，叶片保持绿色。三是叶片发病，初为墨绿色油渍状不规则病斑，边缘不明显，多沿叶脉向两旁叶肉作放射状或浸润状发展，后叶片腐烂，吊在植株上，并有脓状物溢出。以后病害沿叶柄向下扩展直至种芋，整株腐烂。有些病菌沿半边叶柄向下扩展，使主叶柄一侧形成水渍状暗绿色的纵长形条纹。之后，组织进一步软化，条斑随即凹陷成沟状，溢出菌脓，散发臭味，使植株半边腐烂、发黄，俗称"半边疯"（图 4-3）。

软腐病系由细菌胡萝卜软腐欧氏杆菌 [*Erwinia carotovora* subsp. caro-tovora（Jones）Bergey et al.] 引起。但也有报道说系由胡萝卜欧氏杆菌黑胫变种引起。对湖北省崇阳县收集的 10 株菌株，用革兰氏染色法及改良李夫森染色法、CPG 培养基培养法、YS 培养液法及在 KB 培养基上培养后，放在 150 μm 紫外灯下观察，并参照 Dye 和 Schaad 的方法进行各种生理生化反应鉴定等一系列测定，确定魔芋软腐病原细菌属于 *Erwinia carotovora* Var. carotovora Dye。使用气相色谱仪对胡萝卜软腐亚种和黑胫亚种的脂肪酸进行分析，能迅速将二者分开，这将有利于魔芋软腐病菌的快速、准确

图 4-3　软腐病发病症状

鉴定。

　　胡萝卜软腐欧氏杆菌在肉汁琼脂平板上培养 48 h，菌落呈乳酪白色，圆形，大多数直径为 $0.3 \sim 0.6$ μm，中央突起。菌体短杆状，周生鞭毛 $2 \sim 8$ 根（图4-4）。在 20 ℃、25 ℃、30 ℃、35 ℃、40 ℃、45 ℃、50 ℃不同温度下培养 48 h 后，其在 620 nm 处的吸光度分别为 0.236、0.316、0.343、0.186、0.073、0.038、0.036，可见软腐菌生长发育的最适温度为 $25 \sim 30$ ℃，最高温度 40 ℃，最低温度 2 ℃，致死温度 50 ℃经 10 分钟。在 30 ℃接种，未观察到芋块的腐烂症状，可能是由于高温不利于软腐菌的生长以及高温加速芋块表面褐化，抑制病菌侵入所致。在 pH 值 $5.3 \sim 9.2$ 均可生长，其中以 pH 值 $6 \sim 7$ 最适宜。不耐光，不耐干燥，在日光下曝晒 2 h，大部分死亡；在脱离寄主的土中只能存活 15 天左右；通过猪的消化道后则完全死亡。本菌与白菜软腐病属同一菌源，除危害十字花科蔬菜外，还侵染茄科、百合科、伞形花科及菊科蔬菜。在温暖地区无明显的越冬期，在田间周而复始地辗转传播蔓延。在寒冷地区，该病菌主要在田间病株、窖藏种株或土中未腐烂的病残体及害虫体内越冬。通过雨水、灌溉水、带菌肥料和昆虫等传播，例如铜绿金龟子不仅可造成伤口，同时还可传带软腐病菌。此外，笨蝗、粉蝶、芋麻夜蛾及蛞蝓等均可加重病情。蛴螬亦可诱发此病。主要从伤口及气孔入侵，也可从根毛区侵入。潜伏在维管束中或通过维管束传到地上各部位，遇厌气条件后大量繁殖，引起发病，特称潜伏侵染。

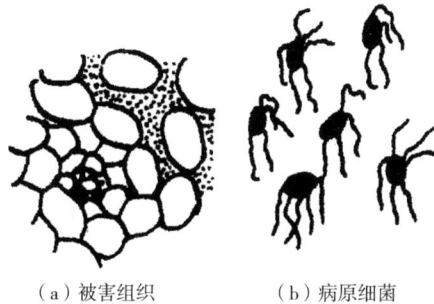

（a）被害组织　　　　　（b）病原细菌

图 4-4　软腐病

该病一般在 6 月中下旬开始发生，8 月上中旬是发病高峰期，9 月中下旬基本停止。田间渍水、土壤湿度大及降雨过多，特别是苗期受水浸渍的田块，容易发病。

二、防治方法

（一）魔芋健康栽培

1. 栽培环境

魔芋为喜阴作物，不耐强光直射，在遮阴率为 50%～70% 的栽培环境下植株光合能力更强，能够有效避免高强度光照对植株的伤害，减少生理性病害的发生。魔芋适宜在微酸性或中性的土壤中生长，但酸性地块易发生病害，因此 pH 值 7.0～7.5 的土壤环境更适宜种植。魔芋喜湿怕涝，应选择在年降水量为 150 cm 左右且排水良好的地区，以利于其更加健壮生长，减少病害发生。

2. 间作控害模式

根据魔芋喜阴喜湿的特性，国内外不同地区因地制宜发展出多种魔芋间作套种模式，主要分为田间作物间作及林下栽培 2 种模式。魔芋玉米间作、魔芋黄秋葵套种及魔芋绿豆间作等田间间作模式可以改善田间小气候，形成物理屏障，减少病害发生。猕猴桃林下套种、核桃板栗林下套种、杨树林下套种和刺槐林下套种魔芋等林下栽培模式模拟了魔芋的原生态环境，可以提高魔芋根际微生物多样性，增加有益菌群丰度，最终降低软腐病的发病率。

3. 轮作控害模式

虽然多种间作套作模式对软腐病有一定的防控效果，但连作障碍仍是魔芋种植业所面临的难题。随着魔芋种植年限的增加，土壤 pH 值显著下降，魔芋根系吸收能力降低，微生物多样性减少，病原微生物积累，导致魔芋发病率连年增高。因此，轮作同样是魔芋种植的重要模式。目前，生产上多将魔芋与水稻、小麦、玉米、高粱、油菜等作物实行 3 年以上轮作。魔芋与玉米轮作可将魔芋软腐病发病高峰期推迟近 1 个月，病害防效提升 59.00%。魔芋与万寿菊实行年度轮作对魔芋病害有较好的防控作用。魔芋和羊肚菌的周年轮作新模式可将魔芋白绢病发病率降低 6.73%，大大提高了经济收益。

4. 杂草防治

杂草与魔芋竞争肥、水和生长空间，在高温且阴雨天气情况下，田间杂草过多还会使空气湿度过大，引起魔芋病害的大量发生，因此杂草防治也是魔芋病害防控的重要部分。覆盖防草是魔芋种植中较为普遍的措施，覆盖银色地膜、黑色地膜及防草席对防控田间杂草、降低发病率以及提高产量均有一定效果。使用加药防草布，不仅可以减少杂草的生物量，还有助于增加土壤微生物丰度，提高土壤中酶的活性，降低魔芋发病率。

（二）化学防治

（1）增施钾肥，每亩用纯氮 15 kg，增施 20 kg 氧化钾，病株率较单一施纯氮减少 48.28%，产量提高 27.5%。高畦栽培，排水防涝。及时清理病株，烧毁。病穴灌注 20%福尔马林液消毒。土壤要疏松，不渍水，不挡风，可减轻病害。

（2）播种前用 20%石灰乳液浸泡 20 min，或用 40%多菌灵胶悬液 1500 倍液加敌敌畏 1000 倍液浸种 30 min，或 200 mg/kg 农用链霉素浸种 4~5 h，晾干后播种；或每千克种芋，用 50%甲基立枯磷（利克菌）可湿性粉剂 0.5~1 g 拌种。土壤处理上，每 667 m² 施用生石灰 50~60 kg，施后耕翻，软腐病病株率为 17.86%，较未处理的田块减轻 28.19%。追肥时不可将肥料直接施于芋根上，以免烧根。雨天或田间露水未干时，不要到田间进行农事操作，以免伤根。及时拔除病株，烧毁或深埋，在病窝处及周围撒上石灰，踩实土壤，以免雨水串流传播。

（3）发病前或发病初期用 72%农用链霉素可溶性粉剂 3000~4000 倍液，或新步霉素 4000 倍液，或 75%敌磺钠（敌克松、地可松）可湿性粉剂 50 g 加水 100~150 L，或 50%代森铵 600~800 倍液，7~10 天喷 1 次，喷洒叶柄周围地面或灌根。也可选用 64%噁霜·锰锌（杀毒矾）500~600 倍液，78%科博 500~600 倍液，4%农抗 120 水剂 500~600 倍液，75%氢氧化铜 900~1000 倍液，每 667 m² 用 50 kg，并掺入磷酸二氢钾 0.1~0.2 kg 喷雾，从叶片展开时起，每 10 天喷 1 次，连喷 3 次以上。

（三）物理防治

（1）种植万源花魔芋、赤诚大芋、榛谷黑、云南花魔芋、重庆花芋、白魔芋等优良品种。实行多品种当家，品种合理搭配、合理布局、定期轮换，避免单一品种大面积种植，利用魔芋品种群体的抗性多样化，提高整体抗（耐）病水平。

（2）实行轮作，特别是水旱轮作效果好。轮作周期一般 3 年。避免大量施用未腐熟的有机肥料，多用草木灰，增施硝酸铵和硫酸铵，可减轻病害。深耕改土，整地时，每 667 m² 施用 100 kg 石灰进行土壤消毒，降低田间病菌数量。

（3）魔芋收获后，去净泥土，晾晒干，拌石灰，或用福尔马林 50~100 倍液和 20% 石灰水浸泡 30 min，风干后贮藏。

（4）金龟子、笨蝗、粉蝶、夜蛾、蛞蝓等害虫，都容易造成伤口，使病原菌侵入，加重病害，要及时防治。

（5）魔芋与玉米间作对魔芋根际微生物群落代谢功能多样性的影响的研究表明，间作能有效控制魔芋软腐病，其中玉米、魔芋之比为 2∶4 的效果为最好，相对防效可达 61.27%。对高海拔区域，魔芋生长前期，在耕地表面铺一层秸秆或杂草，以提高土温，促进出苗，减轻病害。

（四）生物防治

生物防治是利用拮抗微生物及微生物或植物的抑菌活性物质来控制病害的防治措施，具有绿色、安全、不易产生抗药性以及农业成本低等特点，是魔芋病害绿色防控的重要内容。

1. 生防微生物

魔芋软腐病的生防微生物主要分为生防细菌和生防放线菌。其中，运用最为广泛的生防细菌为芽孢杆菌。已有研究显示，贝莱斯芽孢杆菌（*Bacillus velezensis*）BPC16 和 W2-7 对魔芋软腐病防效分别达到 43.01% 和 31.99%，具有一定的开发应用潜力。在模拟田间管理的植株试验中，苏云金芽孢杆菌（*B. thuringiensis*）16-4 的菌悬液与软腐病菌液为 3∶1（体积比）时可达较好防控效果。枯草芽孢杆菌（*B. subtilis*）C12 可有效控制软腐病原菌的侵染，其发酵液的防治效果为链霉素的 2 倍。此外，已报道的解淀粉芽孢杆菌（*B. amyloliquefaciens*）、黏质沙雷氏菌（*Serratia marcescens*）和成团泛生菌（*Pantoea agglomerans*）等生防细菌对魔芋软腐病都有较好的防效。拮抗魔芋软腐病的放线菌研究大多为链霉菌的开发与应用。波卓链霉菌（*Streptomyces bottropensis*）介导制成的生物纳米硒对魔芋软腐病防治具有良好效果，且对魔芋具有促生活性。娄彻氏链霉菌

（*S. rochei*）D74 与钾肥配施，能降低植株发病率，提高连作魔芋产量，有效缓解连作障碍。

2. 微生物抑菌代谢产物

除生防菌剂外，加强微生物抑菌代谢产物的研究，开发出绿色、安全、高效的新型杀菌剂，对魔芋的防病增产也十分重要。

解淀粉芽孢杆菌代谢产物在多个研究中表现出明显的抑制真菌和细菌效果。例如，可抑制真菌孢子萌发，降解菌丝细胞壁，导致菌丝畸形、膨大、扭曲。现有研究已测定出其代谢产物中的糖脂化合物、抗菌蛋白中的 M42 家族肽酶是对胡萝卜软腐果胶杆菌（*P. carotovorum*）的抑菌活性成分，Macrolactin A 是抗菊迪基氏菌（*D. chrysanthemi*）的关键活性物质。贝莱斯芽孢杆菌（*B. velezensis*）024A 可产生的代谢产物包含庆大霉素 C、红霉素、竹桃霉素、格尔德霉素及丝裂霉素等 8 种抗生素，可有效抑制胡萝卜软腐果胶杆菌生长。枯草芽孢杆菌（*B. subtilis*）产生的细胞内酰基高丝氨酸环内酯酶（AiiA 蛋白）可破坏软腐病菌的信号分子，对软腐病菌产生抑制作用。构建了能够产生 AiiA 蛋白的重组酵母（*Pichia pastoris*）GS115，实现了 AiiA 蛋白的高产发酵，是新型杀菌剂开发的关键一步。利用具有高硝酸还原酶（NR）活性的尖孢镰刀菌（*F. oxysporum*）可生物合成银纳米颗粒，能够抑制胡萝卜软腐果胶杆菌生长，100 mg/L 的溶液抑菌圈可达 15.30 mm，具有作为生物防治剂的良好潜力。

3. 植物源抑菌物质

目前，植物源抑菌活性物质对魔芋软腐病菌等许多细菌病害的研究大多数还处于室内筛选阶段。大黄素、血根碱对植物细菌病害有广泛抑菌谱，其中对胡萝卜软腐果胶杆菌具有明显抑制作用，田间防效可达 70.00% 以上，具有较好的开发应用前景。马缨丹叶片的氯仿提取物中包含 5,8-二乙基十二烷、嘧啶-2-酮以及油酸等化合物，对胡萝卜软腐果胶杆菌等多种致病细菌具有良好的抑菌活性，最小抑菌浓度为 64 mg/L，但其主要抑菌活性物质需进一步测定。红豆杉药用历史悠久，已有研究测定了其叶子和树皮提取物的抗菌活性，发现对胡萝卜软腐果胶杆菌和菊迪基氏菌均具有较好抑制作用，该提取物可用作预防性制剂以减轻软腐病的危害。此外，铜钱细辛和小勾儿茶的甲醇提取物，裸芸香石油醚层萃取物以及宽叶苔草的根部浸膏中的植物代谢产物对胡萝卜软腐果胶杆菌均具有良好的抑菌活性。

第三节　病毒病

一、病征及病因

（一）发病症状

病毒病是魔芋生长期间出现的一种病害，常常对魔芋的品质及产量造成严重的影响，降低了农户们的种植收入。全株发病，病株叶片呈花叶或缩小、扭曲、畸形，有的病株叶脉附近出现褪绿色环斑或条斑，出现羽毛状花纹，或叶片扭曲。

魔芋病毒病的症状有花叶、黄化、矮化、矮缩、畸形。

1. 花叶

魔芋上最常见的症状，具体表现为叶片的色泽不均匀，由形状不规则的深绿、浅绿、黄绿或黄色部分相间而形成杂色，不同颜色部分的轮廓很清楚。

2. 黄化

指魔芋整个植株、整个叶片或叶片的一定部位比较均匀地变为黄色。

3. 矮化、矮缩

指魔芋整株生长受到抑制，植株矮小，各部分比例正常。相同大小的种芋种植后，带病的植株比健壮的植株要矮小得多。

4. 畸形

魔芋叶片的畸形表现为叶面高低不平的皱缩、叶片与主脉平行向上卷或下卷的卷叶、卷向与主脉大致垂直的上卷或下卷的叶片。另一种叶片形状的改变表现为叶片变小或变窄、叶片的深裂、叶面组织的发育受到抑制，以至于只剩下叶脉。球茎的畸形主要表现为球茎上形成瘤肿。

（二）传播途径

1. 汁液传染

通常只发生于花叶型病毒。因为此病毒可以通过病、健株的枝叶间相互摩擦或人为接触摩擦发生传毒。在操作其他农事如除草、施肥时若手指或工具沾染汁液也会传播病毒。

2. 介体传染

介体以昆虫为主，特别是蚜虫、叶蝉最为常见，蚜虫传染的病毒病大都引起花叶，少数引起黄化、脉带和叶脉褪经等病状。其次为土壤线虫及真菌等。

3. 无性繁殖材料传染

由于病毒为全株性侵染，一旦感染病毒，寄主植物的各个部位一般都带有病毒。病毒主要在发病母株球茎内存活越冬，通过继续繁殖传到下代魔芋。

4. 土壤传染

魔芋病毒病的发生与土壤有关，经常在一些地块或地块的一定地点发生并逐年扩大，即使改种其他作物，再种魔芋仍可发病。土壤传染可分为无介体土壤传染和有介体土壤传染两种情况。

（三）发病原因

魔芋病毒病中花叶型病在植株 7~8 月前发病较多，且症状表现较为明显，后期症状减轻乃至消失或隐症，其他类型则在整个生长期表现都明显。在当地有翅蚜迁飞高峰期往往是该病传播扩展的盛期，发病重。

由芋花叶病毒（Dasheen mosaic virus，简称 DMV）、番茄斑萎病毒（TSWV）、黄瓜花叶病毒（CMV）单独或复合侵染引起。芋花叶病毒质粒线状，大小 750 nm×13 nm。主要在发病母株球茎内存活越冬，通过分株繁殖传到下一代。也可在田间其他天南星科植物如芋、马蹄莲等寄主上越冬。借汁液和桃蚜、棉蚜、豆蚜等传毒。番茄斑萎病毒还可借蓟马传毒。病征在 6~7 叶前较明显，高温期减轻乃至消失。

二、防治方法

（1）因地制宜选育和换种抗病品种。选无病母株繁殖种芋，并对病株做好标记，确保从无病株上选留种。

（2）加强检查，于当地蚜虫迁飞高峰期及时杀蚜防病，同时挖除病株，以防扩大传染。

（3）农事操作前后宜用肥皂水洗手及洗刷刀具，以防汁液传染。

（4）适时喷施叶面营养剂加黑皂或肥皂（0.05%~0.1%），有助于钝化毒源，促植株生长，减轻发病。

（5）发病初期开始，喷洒 1.5%十二烷基硫酸钠 1000 倍液、菇类蛋白多糖水剂 250 倍液，每 10 天喷 1 次，连喷 2~3 次。

第四节　轮纹斑病

一、病征及病因

魔芋轮纹斑病主要危害叶片。叶片发病多在叶尖或叶缘，初时产生淡褐色小斑点，后逐渐扩展形成病斑。病斑近圆形至不规则形，大小 5~25 mm，黄褐色，病斑上具有明显轮纹，湿度大时病部长出稀疏霉状物，后期病斑上长出许多小黑点，埋生于表皮下。生长后期有些病斑常穿孔，病斑上长出黑色小粒点，埋生在叶表皮下。

由半知菌亚门真菌魔芋壳二孢菌（*Ascochyta amorphophalli*）引起。病菌分生孢子器，初埋生于寄主表皮组织下，成熟后露于表皮上，球形至扁球形，直径 100~200 μm，黑褐色，壁膜质，有孔口，着生在病叶或病组织内，部分外露。分生孢子梗极短，产孢细胞内壁芽生，瓶体式产孢。分生孢子器椭圆形，器壁褐色，直径 56~61 μm；分生孢子无色，双细胞，两端尖，略缢缩，大小为 12.3 μm×1.9 μm。以分生孢子器随病叶遗留在土壤中越冬，成为翌年初侵染源。生长期产生的分生孢子，借风雨传播。该病多发生在生长后期，倒苗前进入发病高峰。湖南地区在 8 月下旬发病，8~9 月流行。魔芋轮纹斑病的病菌喜高温高湿条件，入伏前后发病，进入高温多雨季节病害迅速发展成灾。

二、防治方法

（1）魔芋收获后注意清除病残体，以减少菌源。发现初始病株及时摘除病叶，减少田间菌源。

（2）选地势较高、土质肥沃地块种植。

（3）精细整地，适时种植。注意合理密度，不要过密。

（4）施足腐熟粪肥。氮、磷、钾肥合理配合，切勿偏施、过施氮肥。雨后及时排水，降低田间湿度。

（5）防治药剂。可在发病初期及时喷布 50%多菌灵可湿性粉剂 600 倍液、70%甲基托布津可湿性粉剂 1000 倍液、36%里基硫菌灵悬浮剂 600 倍液、50%速克灵可湿性粉剂 1500 倍液、50%多霉威可湿性粉剂 800 倍液、80%喷克可湿性粉剂 800 倍液。

第五节　炭疽病

一、病征及病因

（一）发病症状

主要危害叶片。初期病斑小、圆形、褐色，扩大后为圆形至不定形褐色大斑。病斑中部淡褐色至灰褐色，边缘深褐色，周围叶面组织褪绿变黄，斑面上生黑色小粒点。病斑多自叶尖、叶缘开始，向下、向内扩展，融合成大斑块。病部易裂，严重时叶片局部或大部分变褐、干枯。

该病由半知菌亚门真菌的刺盘孢 "*Colletotrichum* sp."和盘长孢菌 "*Gloeosporium* sp."引起。两类菌的分生孢子盘均为浅盘状，埋生于寄主表皮下，成熟时突破表皮外露。刺盘孢菌分生孢子盘周生黑褐色刺状刚毛，分生孢子新月形，单孢，无色；长盘孢菌分生孢子盘不长刚毛，分生孢子长椭圆形，两端钝圆，单孢，无色，中央有一透明油点。

两菌均以菌丝体和分生孢子盘在病株上或随病残体遗落土中越冬，翌年产生分生孢子，借雨水溅射传播，引起发病。以后，病部不断产生分生孢子进行再侵染。温暖多湿天气，种植地低洼积水，过度密植，田间湿度大或偏施氮肥、植株长势过旺时，发病重。

（二）发病原因

（1）温暖多湿天气，魔芋植株易发生炭疽病。

（2）土壤贫瘠，地势低洼积水，田间湿度大，魔芋植株易发生炭疽病。

（3）没有采取遮阴措施，使魔芋植株长时间受到阳光直射，易感染炭疽病。

（4）过度密植，株间郁闭，通风透光差，营养竞争激烈，植株瘦弱，易发生炭疽病。

（5）偏施氮肥，植株长势过旺，易感染炭疽病。

二、防治方法

（1）种芋用 1∶1 草木灰细干土或 1∶1 煤灰细干土分层堆放室内或室外高燥处，雨天覆盖塑料薄膜。晴天揭开，使种芋完好。

（2）选择地势高，不积水的壤土或砂壤土种植，做到二犁二耙，深沟高厢或起垄栽植。

（3）精选种芋，摊晒 1~2 天，下种前，将种芋芽向上摆在地上，喷药消毒，可用 50%多菌灵水溶剂 500 倍液，每平方米喷药 150 mL，或 50%甲基托布津 400 倍液按 150~200 mL/m² 用量喷主芽及周围，药水临用时配用。

（4）加强栽培管理：加强管理，合理密植。清沟排渍，降低田间温度。增加植株间通透性。施用酵素菌沤制的堆肥，或充分腐熟的有机肥。采用配方施肥，避免过量施用氮肥，提高抗病力。清洁田园，及时收集病残物带出田外烧毁。发现病株，立即挖出，并在病穴内撒石灰消毒。

（5）发病初始，用50%苯菌灵可湿性粉剂1500倍液、80%炭疽福美可湿性粉剂600倍液、30%碱式硫酸铜悬浮剂400倍液或77%氢氧化铜可湿性微粒剂500倍液喷洒，每10天喷1次，连续喷2~3次，收获前10天停止用药。

第六节　细菌性叶枯病

一、病征及病因

（一）病原及症状

病原属细菌为油菜黄单胞菌魔芋致病变种［*Xanthomonas Campestris pv. amorphophalli*（jindal，Patel et Singh）Dye］，又称 *X. conjac*（Uyeda）Burk. 细菌引起。菌体杆状，多单生，两端钝圆，具1~2根单极生鞭毛。由于魔芋叶片含有较多的葡甘聚糖等黏质物，做病叶直接压片检查时，一般不易看到细菌溢出，但经稀释分离培养后，可得到大量米黄色细菌菌落。适宜生长温度为25~30 ℃，最高温度为30~39 ℃。好氧。该病发生非常普遍，主要危害叶片。初期，叶片上生黑褐色不规则形枯斑，使叶片扭曲；后期，病斑融合成片，叶片干枯，植株倒伏。发病多数从叶片边缘和叶脉两侧开始，逐渐向内或向外扩展。初生病斑直径为2~3 mm，水浸状或出现病健交界不明显的褪绿黄斑，逐步由黄褐色变为黑褐色。发病后期，病斑融合成片，天气潮湿时叶片发软腐烂，茎秆逐渐枯萎；天气干燥时黄褐色的病叶卷曲发脆。也有的叶片黄化发软，整株萎蔫倒伏。主要在土壤中的病残体上越冬，借风雨传播，高温多雨及连作地容易发生。6月中下旬开始发病，9月上中旬为发病高峰。暴风雨常有利于该病发生流行。在病叶的枯斑上还可看到伴生的弱寄生真菌，如 *Phoma*、*Aiternaria* 和 *Phyuosticta* 等属的真菌。

（二）发病规律

病菌主要在土壤中的病残体或贮藏的带菌种球上越冬，侵染发病后病部溢脓，随风雨四处传播。大部分是新区，规划种植的地块近几年种植的都是蔬菜、马铃薯和烤烟，病源主要是种球带菌。由于是新培植的产业，种源不足，需从外地大量调入，加上种价较高，播种时农户舍不得淘汰带菌烂种，成为该病的初传染源。

1. 球茎膨大期是发病的高峰期

7月中旬以后，魔芋生长进入球茎膨大期，地上部分生长旺盛，套种的玉米也迅速生长，叶面积系数增大，通透性变差，随后的8月、9月又正值降雨最集中的月份，阴雨寡照天气增多，细菌性叶枯病开始发生，并逐渐成为魔芋生长中后期的主要病害。特别是遇上连续阴雨或暴风雨，病害蔓延更为迅速。2002年8月调查，发病为 8.9%~25.1%。

2. 病害发生随遮阴物密度增加而加重

根据实际情况，玉米与魔芋套种，将玉米作遮阴物，既可为魔芋创造适宜的环境条件，又可增加粮食产量，达到粮魔双丰收的目的。近年试验证明，玉米的种植密度以 3万~3.3万株/hm² 为宜。但有的农户盲目地加大种植密度，使田间过于荫蔽，不利于魔芋正常生长。据调查，玉米种植密度3万~3.3万株/hm² 的地块发病率为 6.1%~9.9%，4.2万~4.5万株/hm² 的发病率为 16.8%~24.3%。

3. 病害随田间土壤湿度的增大而加重

地势低洼、土质黏重、沟浅墒低、排水不畅、通透不良的地块发病重；缓坡地带、土壤相对疏松、提沟培土及时、雨天不积水的地块发病极轻。

二、防治方法

1. 因地制宜，合理布局

根据魔芋的生物学特性，其适宜种植区的年平均气温为 12~15 ℃，日平均气温大于 10 ℃ 的日数在 200 天以上，高温季节的 7 月和 8 月平均地温<30 ℃，中午最高地温<35 ℃。从最适生态和最佳效益的原则出发，应将种植面积规划在海拔 1000~1500 m 的地区。

2. 实行轮作，坚持土壤消毒

与马铃薯、辣椒、烟草等茄科作物实行两年以上轮作，并选择光照适中、土层深厚、土质疏松、遇雨能排的地块种植，为魔芋的生长发育提供良好的土壤条件。前作收获后及时深翻晒田，结合整地，撒施生石灰 750~1500 kg/hm²，尽量减少土壤中的病菌。

3. 严格选种和药剂浸种

选择魔芋生长健壮、秆清叶秀或发病轻微的地块留种。收挖时挑选单球重 50~100 g 的球茎冬贮备用，加强贮藏期间的管理，防止失水过多或霉烂。下种前精选完好无损、芽眼饱满、球形圆正的球茎作种。精选的健芋晒 1~2 天后，可用 728 农用链霉素 600 倍液浸种 30~60 min，也可用 13% 的魔芋灵 300 倍液浸种 1~2 h，晾干后下种。

4. 科学施肥

以优质农家肥为主，重施底肥，增施磷、钾肥，控制氮肥用量。追肥以优质农家肥和硫酸钾为主，使魔芋稳健生长，增强抗病能力。

5. 根据魔芋对光照的要求，严格控制好遮阴物的种植密度

近几年的试验证明，玉米的种植密度以 3 万~3.3 万株/hm² 为宜。尽量选择湘玉 10 号和海禾等株型紧凑、株高适中、早熟、抗病的品种套种。玉米进入乳熟期后，及时砍除雄花和打掉下部脚叶，改善田间通风透光条件。

6. 加强田间管理

结合中耕追肥，进行 1~2 次清沟培土，使沟底低于种球 5~10 cm，确保排水通畅，降低田间土壤湿度，增加土壤通透性。

7. 勤检查，早预防，及时喷药控制

魔芋进入球茎膨大期后，开始进行预防性喷药，用72%的农用链霉素 600 倍液均匀喷至茎秆和叶片，每隔 7~10 天喷 1 次；发现中心病株及时挖除，集中深埋销毁，并在芋穴撒施生石灰，或用 13%的魔芋灵 1 瓶（200 g）、72%农用链霉素 4 支（3 g 装）兑水 60 kg 后全田喷洒，间隔 7~10 天喷 1 次，连喷 2~3 次。

第七节　干腐病

一、病征及病因

侵染茎、块茎、芋鞭和根。生育期和贮藏期均可受害。生育期多见于 8 月中下旬。发病后羽状复叶和部分叶柄变黄，并常沿叶柄的一边坏死，延伸向下。拔起病株，坏死叶柄一侧的根呈黑褐色，部分根内部变黑腐烂，但无异味。病势扩展，叶柄基部腐烂缢缩，叶片呈黄倒伏。根受害后，根尖变褐枯死；切开根，近基部可见呈褐色，根状茎也呈褐色。块茎贮藏期间，继续侵染，内部变黑腐烂、干缩，用其播种，不发芽或发芽后叶片异常。

由魔芋干腐病菌 ［*Fusarium solani*（Martius）Appel.］ 引起。该病菌属半知菌亚门镰孢霉属病原真菌，菌丝体丝状，无色有分隔。分生孢子有两种类型：大型分生孢子新月形，有 3~5 个分隔；小型分生孢子卵圆形，不分隔或偶有 1 个分隔。在不良环境下产生厚垣孢子（图 4-5）。

病菌以菌丝和分生孢子随种芋和根状茎越冬，或以厚垣孢子在土壤中越冬，通过种芋和土壤传播。一般黏质土比轻砂质土发病多，种植浅的发

（a）病株　　　　　（b）病原菌

图 4-5　魔芋干腐病

病多。中性偏酸和施用未腐熟有机肥的土容易发病。肥料不足、生长弱的植株易感病。

二、防治方法

魔芋干腐病的防治技术：

（1）严格选种，剔除病芋，在装运种芋时避免受伤。

（2）贮藏种芋的地方，严格控制湿度。

（3）与其他科作物轮作，特别是水旱轮作。

（4）有条件的地方可以用氯化钠等进行土壤消毒。

（5）种植时，选择轻砂质土壤地块，施足腐熟的有机肥料，每亩撒施 100 kg 左右石灰，调节酸碱度，并尽量深种。

（6）用 50%甲基托布津 800 倍液或 50%多菌灵 1000 倍液浸种，进行种芋消毒。

（7）下种时，用硫酸铜 800 倍液浇洒在种芋周围土壤，每窝用药液 0.5 kg 左右。

（8）魔芋基本齐苗施第一次药，开扇期施第二次药，发病高峰期施第三次药，药剂可选 50% 速克灵可湿性粉剂 1000 倍液、21.2% 加收热必可湿性粉剂 1000 倍液、50% 施宝灵胶悬剂 1000 倍液或 77% 可杀得可湿性粉剂 2000 倍液加 72% 农霉素可溶性粉剂 2000 倍液进行药液浇灌，每窝用药液 0.35 kg 左右，主要浇洒在魔芋的叶、茎基及周围土壤，此方法可兼治白绢病和软腐病。

第八节　根腐病

一、病征及病因

主要危害魔芋地下块茎和根系。发病部初期为褐色水浸状病斑，随后根系和部分块茎腐烂变黑，地上部分叶片发黄，植株生长矮小，后期叶柄枯萎，整个植株枯死。天气潮湿时，病部以上又长出新的不定根。挖收时可见地下块茎大部分腐烂，未腐烂部分为凹凸不规则的残体，俗称"戏脸壳"，失去商品价值。发病严重时全株枯萎，最后常受细菌侵害而导致软腐。

病原菌有多种，主要由菜豆腐皮镰孢菌［*Fusarium Solani*（Mart.）APP. et WO11enw. f. sp. Phaseli（Burkh.）Snyder et Hansen］引起。该菌属半知菌亚门真菌，菌丝有隔膜，分生孢子分大小两种类型。大型分生孢子无色，纺锤形，有 3~4 个横隔膜，最多 8 个；小型分生孢子椭圆形，有时只 1 个隔膜，无色。厚垣孢子单生或串生，着生于菌丝顶端或节间。生育适温 29~30 ℃，最高温度 35 ℃，最低温度 13 ℃。

病菌主要在病残体、厩肥及土壤中存活多年。除魔芋外，豇豆、菜豆、豌豆均可受害。无寄主时可腐生 10 年以上，土壤中的病残体是翌年的主要初侵染源。主要靠带病肥料、工具、雨水、灌溉流水传播，从伤口侵入。高温、高湿的环境，有利于发病。发病盛期在 8 月。连作地、低洼地、黏土地发病重，新垦地很少发病。

二、防治方法

对于根腐病的防治，要遵循"预防为主，防治结合"的植保方针，根据魔芋的生长特点和病原菌侵染规律，以健身栽培，消灭或降低越冬菌源为基础，积极创造有利于魔芋生长而不利于病害发生的环境条件，适时辅以药剂防治。

（一）轮作

魔芋与其他非根腐病寄主作物如禾本科、豆科等作物轮作，可显著降低病害发生率，有条件的地方可实行水旱轮作效果最佳。

（二）土壤消毒

（1）氯唑灵粉剂对根腐菌引起的根腐病效果很好。将氯唑灵粉剂施于植沟内，每公顷施用氯唑灵粉剂量1~1.520 kg，均匀施于植沟内，与土壤充分混匀后下种播种即可。

（2）栽植前深翻土壤，将表层的魔芋植株病残体及菌核深埋入土壤深层。再用氯化苦（三氯硝基甲烷）进行土壤熏蒸消毒，具有杀菌、灭虫双重作用。

（3）用生石灰∶硫磺∶草木灰=25∶1∶25的比例消毒，每亩施100 kg，可减少病害发生。

（三）种芋消毒

1. 晒种

播种前晴天晒种，利用太阳光中的紫外线达到杀菌的效果。

2. 药剂喷雾消毒

将种芋芽向上摆在地面，用50%多菌灵水溶剂500倍液，每平方米喷药150 mL；或用50%甲基托布津400倍液，按150~200 mL/m² 用量均匀喷在主芽及球茎周围，晾干后播种；将种芋芽向上摆在地面，用1.2%辛菌胺醋酸盐100倍液均匀喷雾主芽周围；或用20%的噻菌铜（或噻森铜）30 g 兑水 15 kg，均匀喷雾在主芽及球茎周围，晾干后播种。药液在临用时配制。

3. 种芋包衣消毒

甲基托布津或多菌灵粉剂做种芋粉衣消毒，用药量为种芋重量的 2%~3%，将石膏或草木灰与药混匀，在清水或药剂喷雾后趁湿裹上粉衣。

（四）加强田间管理

1. 施肥管理

魔芋生产要重施底肥，切忌施过多的氮肥，防止植株徒长；同时，应增施磷、钾肥，增强植株抗病力。

2. 水分管理

播前深翻土地，采用高畦或深沟排水，防止根系浸泡在水中从而影响魔芋根系生长，引起根腐。同时，避免地块长时间干旱，增设滴灌，及时浇水。魔芋喜欢湿润的土壤环境，干旱容易诱发根腐病。

3. 遮阴套种

魔芋喜阴怕晒，高温易造成灼伤，不利于魔芋生长，生产上常采取魔芋与玉米或其他经济林木套种或间种间套种植，以增强植株的抗病力。

（五）防治地下害虫

魔芋的根茎容易受蛴螬等地下害虫为害，从而造成伤口，利于病原菌入侵，引起病害发生。所以，在播种前可以施用 50%辛硫磷乳油 100 倍液 1 kg，拌种 10 kg，晾干后播种。还可将鞘乳状菌和卵孢白僵菌的菌粉施入魔芋地土壤中，每亩用量 600~800 g 来防治魔芋地下害虫。

（六）药剂防治

（1）在发病初期，选用 70%甲基托布津可湿性粉剂 800 倍液喷洒叶柄基部，间隔 7~10 天喷一次，连喷 3 次。

（2）田间发现病株要及时进行药剂灌根。常用的药剂有 50%多菌灵可湿性粉剂 400 倍液、3%甲霜·噁霉灵水剂（广枯灵）800 倍液，或 50%氯溴异氰尿酸 1000 倍液，或 3% 甲霜·噁霉灵水剂（广枯灵）800 倍液等。用药间隔 7~10 天，每 7~10 天灌药 1 次，每株用药量 250 mL，根据病情连续用药 2~3 次。

（七）加强种芋采收及贮藏

（1）选择晴天采收，边挖边晒，待重量减少 20% 左右将种芋按大小分级保存。

（2）分级保存时及时剔除腐烂种芋，并在周围撒消石灰或混合粉消毒。

（3）贮藏前用石灰或 25% 多菌灵或生石灰均匀撒施贮藏室（窖）内，可达到杀菌消毒的作用。贮藏时要分层架藏，保持室内温度 5~10 ℃，同时在晴好的白天定期为贮藏室通风透气。

第九节　日灼病

一、病征及病因

日灼病是由极端强烈的光照引起灼伤，使细胞遭到破坏，导致组织坏死。强烈的光照、持续的高温环境和干旱的土壤是日灼病暴发的主要因素。植株生长不良、失绿、卷缩和焦枯是其发病的主要症状。发病特点则是没有发病中心和无扩散现象。晴热高温极端干旱天气往往造成魔芋大面积严重日灼病，往往带来巨大的损失。

二、防治方法

1. 适当的遮阴

魔芋是一种喜阴、喜温暖、忌高温的作物，适当的遮阴可以给魔芋荫蔽凉爽的小气候。已与玉米、果树套种的，日灼病的发病较轻；而净作的田块，日灼病则相当严重。因此，在低于 1200 m 海拔的地区种植魔芋，最好不要净作，一旦遇到高温干旱天气，而且缺乏灌溉条件的情况下，极易暴发日灼病。

2. 干旱时适当的补水

干旱让魔芋的蒸腾作用无法顺利进行，即魔芋无法通过水分的蒸发来调节自身的温度。当田地干旱有开裂的迹象时应适当补水，补水应该选择在傍晚进行。因为白天浇水会造成高温高湿的环境，会加重魔芋软腐病和白绢病的发生。

3. 合理的追肥

不施氮肥，合理施一些偏磷肥和钾肥的复合肥。也可用 0.5% 的磷酸二氢钾作叶面追肥。

魔芋为半阴性植物，遇到连续高温干燥和强光直射后叶温超过 40 ℃时，细胞受伤死亡，发生白斑，叶片萎蔫，光合作用降低；土壤龟裂，引起断根，也易引起日灼病。

第十节　缺素症

一、病征及病因

魔芋在生长过程中常因缺乏某些微量元素而使叶面褪绿黄化、生长衰弱、早期倒伏等。魔芋常见的缺乏元素有钾、锌、铁、镁、锰。如果魔芋生长的土壤中这些元素含量极少，或含量多而不能吸收利用，都会引起这些元素的缺乏，使得魔芋在生长发育过程中代谢失调，从而影响魔芋产量。

缺钾：叶片尖端边缘出现黑褐色斑点，继而整个叶片前缘呈火烧样，卷曲萎缩，仅叶片前缘基部和中间近叶脉处局部保持绿色，发病后植株生长受到抑制。

缺锌：展叶期叶片展开度小，呈"丫"形，小叶细小，向内卷曲，叶脉从淡黄色到黄白色，中脉和侧脉仅残留部分绿色，后期叶柄干缩，最后全株枯黄倒伏。块茎生长不好，影响产量。缺锌若发生在展叶期之后，则叶片正常开展，绿色健全，但叶片在 8 月以后开始黄化，明显褪绿，9 月以后，中脉和侧脉仅残留部分绿色，似日灼病症状，一般不倒伏。缺锌症状多发生在高温少雨季节。

缺镁：一般在 8 月上中旬发生，一开始魔芋小叶四周黄化，逐步发展到叶身只剩沿主脉部分是绿色的，最后整个全部变黄，很早倒苗，强日光下，黄化部位变白、枯萎倒苗，严重缺镁时球茎减轻，子芋数量明显减少。土壤缺镁，土壤过酸，久雨后暴晴易发生缺镁，轻则减产，重则失收。

缺铁：叶片叶绿素分布不均匀，呈碎白点花纹状，引起枯萎，叶色褪绿变为黄白色，进而呈灰色。

缺锰：无明显症状，叶片有时会变成黄红色，叶片变硬发脆。

二、防治方法

缺素症一般是不易补救的，只有事先增施有机肥，有条件的地方，也可用硫酸镁或硫酸亚铁进行叶面喷雾。对于缺镁的田块，应进行深耕改土，增施有机肥及硫酸镁等含镁肥料。发病期每隔 3~4 天喷 1 次 5%的硫酸镁溶液，共喷 3~4 次。对于缺锌田块，除加强肥水管理以提高地力外，在播种前可增施硫酸锌，发病初期开始用 0.4%硫酸锌喷洒叶面，3~4 天 1 次，共 2~3 次。

（1）对缺镁的田块，应进行深耕改土，增施有机肥及硫酸镁等含镁肥料。发病期每隔 3~4 天喷 1 次 5%硫酸镁溶液，共喷 3~4 次。

（2）对于缺锌田块，除加强肥水管理以提高地力外，在播种前可增施硫酸锌。发病初期开始用 0.4%硫酸锌喷洒叶面，每 3~4 天喷 1 次，共喷 2~3 次。

第十一节　花叶病

一、病征及病因

魔芋在土质黏重、板结、肥水不足、植株瘦小时，叶片上常出现颜色不同、大小不等的斑点，叶缘枯黄，叶片焦卷，或叶片自然穿孔，影响光合作用，降低产量。

叶片表现：魔芋花叶病表现出两类症状。一类是叶片或叶脉出现白色或浅黄色白条点，随时间推移会变成坏死斑；另一类是主要在叶背出现模糊的黄色之字形花叶。

生长影响：田间魔芋病叶表现典型斑驳症，斑驳株比健株产的芋头小很多。生长后期，病株矮缩并褪绿，到成熟期，斑驳花叶症状更加严重。

二、防治方法

（1）药物治疗：发病初期，可喷洒1.5%植病灵1000倍液或抗病毒1号水剂，每10天一次，连续喷2~3次。

（2）品种选择：选择抗病毒的品种，挑选无病母株进行繁殖，对病株进行标记，避免来年再次挑选到病株。

（3）预防蚜虫：在蚜虫高速繁殖期，及时防治，出现病虫的植株要及时拔出，以防扩大传染。

（4）消毒措施：在栽培过程中，对使用的工具以及手进行消毒，可用肥皂水洗手或洗刷刀具，以防病毒传染。

（5）喷施叶面营养剂：在叶片处喷施叶面营养剂以及肥皂，能抑制传染源，促进植株生长，减轻发病程度。

通过以上措施，可以有效预防和控制魔芋花叶病的发生和蔓延。

第十二节 非正常倒苗

一、症状及原因

在正常情况下，魔芋生长后期因温度降低而不适应其生长时发生自然倒苗。但在生长过程中，常因某些人为因素使之提前倒苗死亡，造成损失，这是必须防止的。常见的非正常倒苗有以下几种：

（1）肥害倒苗。追施化肥浓度高、数量大、接触到植株时，容易烧苗，引起倒伏。缺镁、缺锌、缺铜时，也易引起倒苗。

（2）干旱倒苗。盛夏时节，魔芋地上部蒸腾作用强烈，若天旱，土壤缺水，则容易引起萎蔫倒苗。

（3）病害倒苗。因发生黑腐病、软腐病、白绢病等，有时也有害虫如甘薯天蛾、豆天蛾、铜绿金龟子等，使叶柄受到损伤，容易倒苗。

（4）积水倒苗。土壤长期积水，影响根系呼吸，引起烂根，容易倒苗。

（5）冻害倒苗。收获过晚，或收获后贮藏期间管理不当，或春季定植过早、温度低等，都会使块茎受冻，出苗后容易倒苗。

（6）人为损伤。进入田间观察、施药、除虫、除草时，容易损伤叶片、叶柄、根系及茎，导致伤口感染，诱发病害，引起倒苗。

二、防治方法

针对非正常倒苗的不同原因，采取不同措施，防止倒苗。

（一）魔芋非正常倒苗的预防措施

（1）选择适宜的种植地点：选择排水良好的土壤，避免积水。

（2）合理的施肥策略：确保魔芋获得足够的营养，特别是镁和微量元素。

（3）科学的水分管理：避免过度浇水或干旱，保持土壤湿润但不过湿。

（4）防治病虫害：定期检查魔芋植株，及时发现并处理病虫害。

（二）魔芋非正常倒苗后的处理方法

（1）提前采挖：发现魔芋提前倒苗时，尽早采挖可以减少损失。采挖时要选择晴天，切除烂的部分，洗净后去皮、切片晒干或烤干。

（2）处理未完全倒苗的魔芋：对于只有一半倒苗的魔芋，可以挖出后用消毒粉处理土壤，避免病害传播。将健康的魔芋种子种植在其他地块。

第十三节　斜纹夜蛾

一、形态与为害

斜纹夜蛾又叫莲纹夜蛾、莲纹夜盗蛾、斜纹盗蛾，俗称芋虫、花虫。属鳞翅目夜蛾科害虫（图4-6）。该害虫除为害魔芋、芋等天南星科植物外，还大量为害白菜、萝卜等十字花科蔬菜，以及茄科、葫芦科、豆科、葱、韭、菠菜、甘薯等农作物达99科290种以上。幼虫食叶、花及果实。

成虫体长14~20 mm，翅展35~40 mm，头、胸、腹均呈深褐色，胸部背面有白色丛毛。前翅呈灰褐色，斑纹复杂，内横线及外横线呈灰白色，波浪形，中间有白色条纹。在环状纹与肾状纹间，自前翅中央向后缘外方有3条灰白色斜线，故名"斜纹夜蛾"。卵扁半球形，初为黄白色，渐转至绿色，孵化前呈紫黑色。卵粒集结成3~4层的亦块，外覆灰黄色疏松的茸毛。老熟幼虫体长35~47 mm，头部呈黑褐色，胴部体色因寄主和虫口密度不同而异，分别呈土黄色、青黄色、灰褐色或暗绿色。蛹呈赭红色。自北向南，因寒暖不同，1年发生4~9代或以上，广东、广西、福建、台湾等地终年繁殖。长江流域7~8月、黄河流域8~9月大规模发生。成虫在夜间活动，飞翔力强，一次可飞数十米远，飞升高度10 m以上。成虫具趋光性，并对糖、醋、酒液及发酵的胡萝卜、麦芽、豆饼、牛粪等有趋性。卵多产于高大、茂密、浓绿的边际作物上，尤以植株中部叶片背面叶脉分叉处最多。初孵幼虫群集取食，4 龄后进入暴食期；多在傍晚觅食。老熟幼虫在 1~3 cm 表土内做土室化蛹，土壤板结时可在枯叶下化蛹。发育适温为 29~30 ℃，所以各地严重为害期皆在 7~10 月。

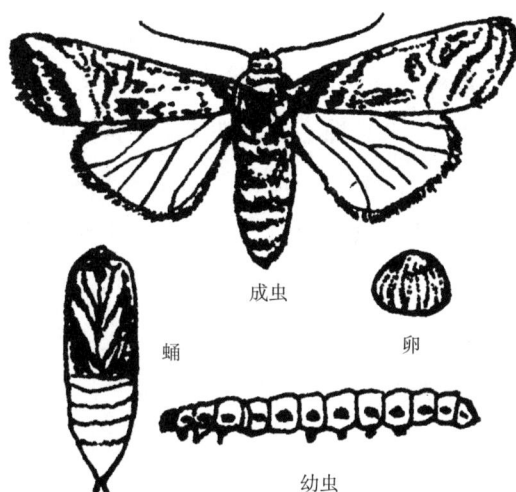

图 4-6　斜纹夜蛾

二、防治方法

（1）利用黑光灯或糖醋液（糖 6 份，醋 3 份，白酒 1 份，水 10 份，90%敌百虫 1 份，调匀；或将泡菜水加适量农药，置盆内）诱杀成虫。

（2）3 龄幼虫为点片发生阶段，可结合田间管理进行挑治。4 龄后幼虫夜出活动，可在傍晚前后用 21%增效氰·马乳油（灭杀毙）6000~8000 倍液、2.5%氯氟氰菊酯（功夫）乳油 5000 倍液、2.5%联苯菊酯（天王星）、20%甲氰菊酯（灭扫利）乳油 3000 倍液、40%氰戊菊酯乳油 4000~6000 倍液、20%菊马乳油 2000 倍液或 4.5%高效顺反氯氰菊酯乳油 3000 倍液，每 10 天喷 1 次，共喷 2~3 次。

第十四节　金龟子

一、形态与为害

铜绿金龟子（*Aomala corpulenta* motsehulsiy），又称老母虫，属无脊椎动物门昆虫纲鞘翅目，为杂食性、暴食性害虫。其幼虫会危害植物地下的根和茎，成虫昼伏夜出，黄昏后取食。主要取食植株嫩叶、新梢和花穗，有时取食老叶，叶片呈不规则的缺口和孔洞；严重时叶肉会被食光，只剩主脉与侧脉，危害果实，特别是幼虫。幼虫（蛴螬）咬食地下块茎，咬伤处呈黑色及凹凸不平状。成虫为椭圆形，有金属光泽。幼虫头部呈黄褐色，胸、腹部呈乳白色或黄白色，虫体弯曲呈"C"字形（图4-7）。成虫具有趋光性和伪死性，对黑光灯趋性很强，受惊扰或摇动树枝时会跌落地上装死。

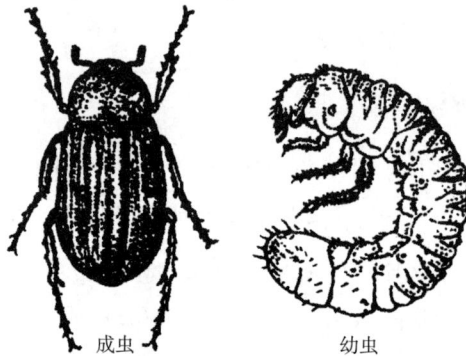

成虫　　　　　幼虫

图4-7　铜绿金龟子

此虫1年产生1代。以幼虫在土中越冬，翌年春季土壤融冻后，越冬幼虫开始活动，取食块茎。后做土室化蛹。6月开始出现成虫。成虫白天潜伏在土中，夜间取食叶片。施用未腐熟厩肥的田块及砂壤土中容易发生。7月下旬至8月上旬为害重。成虫喜欢栖息在潮湿、肥沃土中。

二、防治方法

（一）化学防治

用 50%辛硫磷乳油 0.5 kg 兑水 50 L 或 50%马拉硫磷乳油 0.5 kg 兑水 50 L 拌种芋。7 月中下旬用 25%甲萘威（西维因）可湿性粉剂 400 倍液、90%敌百虫 800 倍液或 50%辛硫磷乳油 1000 倍液，喷洒或灌根。

（二）物理防治

（1）灯光诱控技术。"频振式、电击式"杀虫灯可诱杀豆天蛾、甘薯天蛾、斜纹夜蛾、金龟子等虫害；利用 LED 新光源杀虫灯可以诱杀以斜纹夜蛾、金龟子为代表的几十种鞘翅目和鳞翅目害虫。

（2）色板诱控技术国。多数昆虫具有明显的趋黄绿色的习性，有些特殊类群的昆虫对于蓝紫色具有明显趋向性，可利用害虫对颜色的趋性控制或减免其对农作物产量和质量的影响。

（3）防虫网应用技术。防虫网设施基本可以隔离斜纹夜蛾、蚜虫等害虫。防虫网可以大幅减少农药的使用、缓解害虫对农药的抗性，从而保障生产无农药残留魔芋，该方法简单易行。

（三）生物防控

生物防控是利用生物及其代谢产物或生物产生的活性物质控制病虫害的发生及降低其危害程度。生物防控主要包括以菌治虫、以菌治病等防控措施。

1. 以菌治虫

昆虫极易感染疾病死亡，从病死的虫体上分离获得的病菌，人工繁殖后制成各种剂型的微生物杀虫剂。如用杀螟杆菌或青虫菌稀释 500～700 倍液，施用量 750 kg/hm^2，可以防控豆天蛾。

2. 苏云金杆菌（*Bacillus thuringiensis*，Bt）

防控鳞翅目害虫 Bt 农药剂型主要有可湿性粉剂、乳剂、水分散粒剂 3 种。Bt 对斜纹夜蛾、食心虫等鳞翅目幼虫有很强的杀灭能力。使用过程中要注意用药的时期、喷雾均匀程度、用药量等。由于 Bt 是胃毒剂,因此严禁和杀菌剂混用,与杀虫剂配合使用效果更佳。

3. 昆虫病毒类生物杀虫剂

目前应用较多的昆虫病毒类生物杀虫剂是核型多角体病毒和颗粒体病毒等杆状病毒。徐爱仙应用 300 亿聚异丁烯(PIB)/g 甜菜夜蛾核型多角体病毒水分散粒剂 8000~10000 倍液来防控斜纹夜蛾,在害虫产卵盛期使用,效果显著。该药剂不能与碱性物质混用。

4. 昆虫信息素技术

应用昆虫信息素技术可以预测和预报、防控害虫,以开展有针对性的防控工作。该方法具有成本低、敏感度高、微量、长效的优点,是绿色防控的首选技术。

第十五节　天蛾

一、形态与为害

为害魔芋的天蛾有甘薯天蛾、豆天蛾和芋双线天蛾 3 种(图 4-8)。

图 4-8　幼虫为害状

甘薯天蛾又叫旋花天蛾、虾壳天蛾、猪仔虫、猪八虫等。成虫体大,头部呈暗灰色,胸部背面呈灰褐色,有 2 丛鳞毛构成褐色"八"字纹。腹部背面中央纵线呈暗灰色，各节两侧顺次有白色、红色、黑色横带3条，似虾壳状。前翅稍带茶褐色，翅尖有1条曲折斜走黑褐纹，后翅有4条黑褐色带。卵球形，呈浅黄绿色。老熟幼虫体长约83 mm，体上有许多环状皱纹，第八腹节有1尾角，末端下垂似弧状，体色多变。蛹长约56 mm，呈褐色，腹面色较淡，喙伸出很长，弯曲似鼻状。四川1年发生2~3代，湖北4代。以蛹在地下越冬，翌年5月为第一代成虫羽化盛期。成虫白天潜伏在叶荫处，黄昏出来觅食。交尾产卵，卵多散产于叶背。成虫具趋光性和趋嫩性，飞翔力强，喜食糖蜜。初孵幼虫在叶背取食叶肉，3龄后多沿叶缘取食，造成缺刻，食量大时仅剩叶柄。除为害魔芋外，还为害芋、甘薯、牵牛花等。

豆天蛾又叫大豆天蛾，其幼虫叫豆虫，俗称豆猪虫。我国各省均有，日本、朝鲜、印度等国家也有。魔芋、豆类都可受害。成虫呈黄褐色，体长4~4.5 cm，翅展10~12 cm。前翅狭长，前缘近中央有1个半圆形淡白色斑，后翅中央有1条基部窄、外部宽的赭褐色带。老熟幼虫黄绿色，长9 cm，体表密生黄色小突起。胸足呈黄褐色。腹部两侧各有7条向背后倾斜的黄白色条纹，臀背具尾角1个。蛹呈红褐色，头部口器明显突出，略呈钩状。1年发生1代，以老熟幼虫在土壤中做土室越冬，翌年春移至表土层化蛹。7~8月为幼虫盛发期。成虫飞翔力很强，但趋光性不强。日伏夜出，每蛾产卵350粒左右，单产于叶背。幼虫4龄前白天多藏于叶背，夜间取食。4~5龄期多栖于叶片三裂片的分叉小裂片处，夜间暴食，阴雨天则全天取食，并可转株为害。

芋双线天蛾成虫体长3.2~4 cm，翅展6~7.2 cm。体背呈茶褐色，头胸两侧有灰白色条，肩片中有1条细白纵线，腹部中线为2条靠近的白色线，腹侧呈淡红褐色。前翅呈灰褐色，顶角至后缘有1条白色斜带，其上、下有黑褐色斜带，此外还有5条灰色细线，中室端部有1个小黑点，后翅有1条绿黄色亚缘带。老熟幼虫体长7 cm，呈暗褐色。胸部亚背线有8~9个黄白斑点，腹侧有黑色斜纹及1列黄色圆斑，尾角呈黑色，末端呈白色。1年1代，以蛹在地面越冬。成虫8~9月出现，有趋光性。幼虫6~8

月为害，昼夜取食。

二、防治方法

1. 农业防治

冬春季清除田边地角杂草、枯叶，消灭越冬虫蛹寄主；结合耕地破坏蛹室，把土中越冬蛹暴露于地表或浅土层，随犁拾蛹灭害，可以减少其害；将魔芋与玉米间作，阻碍成虫在魔芋叶片上产卵，可显著减轻受害程度。

2. 人工防治

当发现魔芋叶片被咬伤时，组织人力捕捉幼虫，并用诱蛾灯诱杀。用黑光灯或糖醋液（用有酸甜味的物质，如糖、酒、醋混合液，或酸菜水与酒混合液等，内加敌百虫，置盆内，傍晚挂到地里）诱杀成虫。冬季深翻土地，消灭土中越冬蛹，减少翌年虫源。

3. 药剂防治

在幼虫 3 龄期前喷药杀灭。当幼虫大量发生时，喷施 75～100 kg/亩的 50%马拉硫磷乳油 1000 倍液或 90%晶体敌百虫 700～1000 倍液；也可以用 1.5～2 kg/亩的 5%西维因可湿性粉剂进行喷粉。宜在下午喷杀，效果最好。

第十六节　线虫

一、形态与为害

为害魔芋植株的线虫病主要是根结线虫和根腐线虫。

1. 根结线虫

根结线虫（*Meloidogyne jaznica*）中，主要是爪哇根结线虫，主要以卵在土壤中越冬。寄生在根上，根呈结节状，阻碍养分的吸收和运输；寄生在球茎，产生大结节，表皮粗糙，品质恶化。

2. 根腐线虫

根腐线虫（*Pratylenchus coffeae*）优势种危害魔芋，以咖啡游离根线虫为优势种。线虫侵入根后，使该部分组织腐烂，严重时导致整根腐烂。病害严重时，8 月中旬，叶片萎蔫，9 月中旬提前倒苗，球茎产量显著下降。

二、防治方法

线虫均由种芋和土壤传播，其防治法除绝对剔除带虫种芋和实行轮作外，一般在种植前用杀虫剂进行土壤消毒。常用药剂有 DD 油剂 CD-D 200~300 L/hm^2，D-D92、Telone92、DC 油剂等 150~200 L/hm^2；D-D 与异硫代氰酸甲酯（methyl isothocyanate）混合的褐色油剂是对线虫和病原菌都有效的综合土壤消毒剂，用量为 200~300 L/hm^2。

第五章　魔芋葡甘聚糖

魔芋在亚洲国家作为食物来源和中药成分而被广泛种植数个世纪。魔芋可食用部分主要是其地下块茎，除了存在粗蛋白质、可溶性糖、淀粉和生物碱等成分外，还含有大量的 KGM，某些魔芋品种的 KGM 含量甚至高达 62%。KGM 是一种膳食纤维，能被肠道微生物发酵利用，从而调节肠道菌群和促进肠道免疫，在改善葡萄糖代谢、降血脂、抗炎、预防便秘以及减肥方面表现出不俗的药用价值。此外，KGM 作为一种可食用胶体且具备良好的官能团修饰特性，在食品医药、仿生材料以及化工等领域表现出充足的潜力。魔芋中大量的葡甘聚糖是不含热量、有饱腹感、无味的天然高分子可溶性膳食纤维，能减少和延缓葡萄糖的吸收，抑制脂肪酸的合成，对调节营养不平衡有重要作用，其主要应用于食品工业、医药保健、环保产业等，其特殊属性引起了国内外的高度重视，为魔芋产业提供了广阔的市场空间。

第一节　魔芋化学成分

魔芋块茎中主要含葡甘聚糖（KGM）、淀粉、生物碱、神经酰胺、微量元素、蛋白质及多种氨基酸、维生素等成分，其化学成分种类多样且含量丰富。但目前研究最多的是葡甘聚糖，对其他成分研究应用较少。现对其化学成分提取纯化方法进行概述，以期为魔芋中各个成分的开发利用提供科学依据。

一、葡甘聚糖

魔芋叶片通过光合作用产生蔗糖，再通过植株茎转运到魔芋球茎中，蔗糖在蔗糖合成酶的作用下分解为二磷酸尿苷（uridine diphosphate，UDP）-葡萄糖和果糖，UDP-葡萄糖在 UDP-葡萄糖焦磷酸化酶的作用下进一步转化生成 1-磷酸葡萄糖；果糖在己糖激酶的作用下，转化生成 6-磷酸果糖；6-磷酸果糖在 6-磷酸葡萄糖异构酶的作用下转化生成 1-磷酸葡萄糖。二磷酸腺苷（adenosine diphosphate，ADP）-葡萄糖焦磷酸化酶和二磷酸鸟苷（guanosine diphosphate，GDP）-葡萄糖焦磷酸化酶催化 1-磷酸葡萄糖后，分别产生两种不同的产物 ADP-葡萄糖和 GDP-葡萄糖（也可以进一步转化生成产物 GDP-甘露糖）。ADP-葡萄糖作为葡萄糖供体，在淀粉合成酶的作用下，合成直链淀粉，再经过淀粉分支酶催化，合成淀粉；而 GDP-葡萄糖在类纤维素合成酶 A3（cellulosesynthase-like A3，CSLA3）催化下合成葡甘聚糖（图 5-1）。

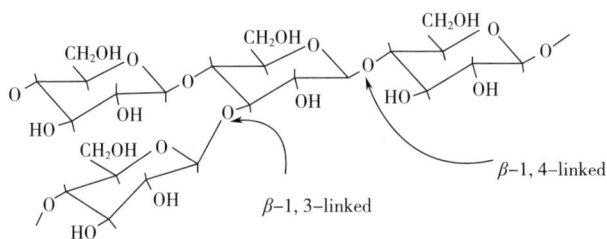

图 5-1 葡甘聚糖结构示意图

与此同时，6-磷酸甘露糖异构酶催化 6-磷酸果糖后，转化生成 6-磷酸甘露糖。随后磷酸甘露糖变位酶催化 6-磷酸甘露糖转化生成 1-磷酸甘露糖，再经过 GDP-甘露糖焦磷酸化酶的催化生成 GDP-甘露糖产物，而GDP-甘露糖在 CSLA3 类纤维素合酶 A3 催化下合成葡甘聚糖，见图 5-2。

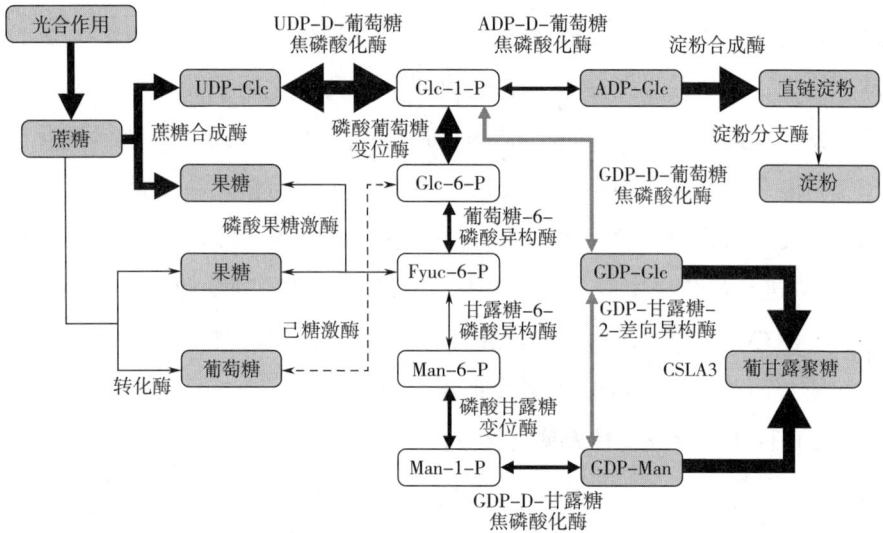

图 5-2　魔芋球茎葡甘聚糖和淀粉生物合成通路

葡甘聚糖（KGM）作为一种天然高分子多糖，其化学结构由 β-1,4 糖苷键连接的 D-葡萄糖和 D-甘露糖单元构成，摩尔比约为 1:1.6。其独特的分子构象赋予其优异的流变学特性，包括剪切稀化行为、高黏弹性和温度依赖性凝胶化能力。研究表明，KGM 的胶凝特性源于分子间氢键网络的形成，当溶液 pH 值调节至碱性条件时，乙酰基团的脱除促进三维网络结构的构建。KGM 具有独特的流变性、增稠性、胶凝性、抗菌性、成膜性、乳化性和悬浮性，在食品、医药、农业、环保工业等方面具有很好的应用价值。KGM 含量是评价魔芋精粉品质的一个重要指标，提取纯化 KGM 已经成了主要研究方向。

在提取工艺方面，传统水提法（35 ℃水浴浸提 8~12 h）存在提取效率低（65%~75%）、耗时长等缺陷。基于超声辅助提取（ultrasound-assisted extraction，UAE）的技术革新显示，探头式超声（频率 20 kHz，功率 400 W）较水浴式超声（频率 40 kHz）能产生更显著的机械效应：空化作用产生的局部高温（约 5000 K）和高压（50 MPa）可有效破坏魔芋细胞壁结构，使 KGM 溶出率提升至 89.3%。傅里叶变换红外光谱（FT-IR）分析表明，超声处理未引起 KGM 特征吸收峰（890 cm^{-1} 处的 β-构型特征峰）的结构改变。

纯化工艺优化研究显示，改良的乙醇—丙酮梯度沉淀法（体积比 3∶1）可有效去除脂类物质（正己烷脱脂率 98.2%）和蛋白质残留［碱性蛋白酶水解结合谢瓦格（Sevag）法除蛋白效率达 94.5%］。脱色工艺中，0.5% 活性炭处理 30 min 可使溶液透光率提升至 92.4%［《魔芋精粉》（GB/T 18104—2000）］。纯化产物经冷冻干燥后，KGM 纯度达（90.8±0.7）%（质量分数），显著高于市售魔芋精粉（75%~85%）。

干燥工艺对比研究表明，微波真空干燥（功率 800 W，真空度 0.08 MPa）较传统热风干燥可缩短干燥时间 78%，产物呈现多孔蜂窝状结构（孔隙率增加 42%），但 KGM 溶液表观黏度下降 12%~15%（剪切速率 10 s^{-1}），推测与分子链的部分降解相关。该发现为 KGM 在缓释制剂和食品质构改良领域的应用提供了理论依据。

从魔芋精粉出发，经过脱脂、脱蛋白、脱色、离心、沉淀等步骤纯化得到具有良好水溶性的魔芋葡甘聚糖，并用红外光谱分析了产物的结构特点。研究表明，微波真空干燥能显著缩短干燥时间，提高魔芋脱水产物的孔隙率，对 KGM 溶液的黏度有一定的影响。

二、淀粉

过去，魔芋飞粉作为魔芋精粉加工生产过程中的下脚料，仅作为低价饲料处理，利用率极低。但魔芋飞粉淀粉含量在 40% 左右，具有很高的利用价值。近年来，利用中性蛋白酶酶解魔芋飞粉中的淀粉的最佳工艺条件为选用底物质量分数 2.5%，酶用量 818.3 U/g 底物，并在温度 44.1 ℃、pH 值 7.1 的环境下，酶解 120 min，制得淀粉纯度达 90.09%，其中直链淀粉含量 18.20%，支链淀粉含量 81.80%。对魔芋淀粉的透明度、老化度、可溶率和膨胀度、直链淀粉和支链淀粉含量、冻融稳定性等理化性质进行研究，为魔芋淀粉进一步开发利用提供理论依据。

三、蛋白质及多种氨基酸

魔芋飞粉的粗蛋白含量为 5%~10%，含有氨基酸 6%~8%。不同种类的魔芋含有的氨基酸有所不同，但主要体现在含量不同而不是种类不同。魔芋中一般都含有 16 种氨基酸（有 7 种必需氨基酸：赖氨酸、苯丙氨酸、蛋氨酸、苏氨酸、亮氨酸、异亮氨酸及缬氨酸）。采用碱溶酸沉法提取魔芋飞粉蛋白的研究结果表明，魔芋飞粉蛋白最优提取条件为提取温度 40 ℃，提取液 pH 值 10.0，提取时间 40 min，料液比 1∶30，提取液酸沉 pH 值 3.6，过滤干燥得魔芋飞粉蛋白提取率为 36.59%，蛋白纯度为 74.73%。对共生发酵魔芋加工下脚料发酵乳中的生物活性肽进行分离纯化，从魔芋飞粉中氨基酸组成发现，其支链氨基酸（如缬氨酸、亮氨酸等）含量较多，而芳香族氨基酸（如苯丙氨酸、酪氨酸）含量较少，表明魔芋飞粉是一种生产高值寡肽的优良天然资源。

四、生物碱

生物碱具有特殊生理活性，是一类存在于植物体内的碱性含氮的有机化合物。可以利用其特殊性质，提高魔芋飞粉产品的附加值和综合利用率。采用酸性醇回流法提取魔芋飞粉中的总生物碱，提取的总生物碱含量可达 0.47%。孙天玮试验表明，加工下脚料中生物碱的提取最佳工艺条件为料液比 1∶15，提取温度 50 ℃，乙醇体积分数 70%，提取液 pH 值 1.0，提取时间 3 h，在此工艺条件下，生物碱提取率可达 89% 以上。

五、神经酰胺

神经酰胺是神经鞘脂类的基本构成单位之一，是一种细胞激活剂，参与细胞分化等多种生理及病理过程。采用超声波浸提法从魔芋中提取的最佳工艺为温度 60 ℃，时间 30 min，提取溶剂 95%乙醇，料液比 1∶4，神经酰胺粗提物的最高提取率可达 2.89%。采用索氏提取法，以乙醇（95%）为溶剂从魔芋飞粉中提取神经酰胺类物质，进而用硅胶柱层析分离 2 次，再经过 2 次重结晶纯化，测定魔芋粉中神经酰胺类物质含量为 0.026%（g/g），其含量相对较高，进一步揭示了魔芋飞粉的应用价值。

六、微量元素

微量元素对许多生物分子的活性起着关键的调控作用，因此对魔芋飞粉中微量元素的测定具有重要意义。运用微波消解—原子吸收分光光度法测定了魔芋粉中铜、铁、锰、锌的含量，回收率在 95.2%~106.4%，相对标准偏差为 1.0%~3.9%。用火焰原子吸收光谱法和硝酸-高氯酸（HNO_3-$HCLO_4$）混酸消解的方法，试验中的金属元素铬、镉、铅、铜和锌的加标回收率在 95.0%~99.0%，相对平均偏差为 0.12%~0.44%。利用电感耦合等离子体质谱（inductively coupled plasma-mass spectrometry，ICP-MS）测定魔芋中的微量元素，表明微量元素来源于其生长的土壤，不同地方土壤中的微量元素种类含量不一样，导致魔芋中的微量元素种类含量也不一样。

七、挥发性成分

魔芋粉具有一种特殊的腥臭味，会令人感到不愉快甚至恶心，所以去除这种腥臭味就成了主要研究目的，利用 XAD-4 树脂吸附、水蒸气蒸馏等方法提取，采用化学法和气质联用仪分离鉴定，研究结果显示，挥发性成分包括二甲胺、樟脑、氧化芳樟醇、苯酚、二苯胺、壬醛、对二甲苯等 20 多种物质，其中三甲胺对魔芋粉臭味贡献最大。

八、其他成分

魔芋粉还含有其他成分，如单宁、黄酮及纤维素等。单宁作为抗营养因子，能够促进对营养成分的吸收利用。黄酮作为天然抗氧化剂，可应用于保健品及化妆品的开发。纤维素作为肠道润滑剂，对医疗方面的应用有重大意义。由于这些成分含量相对较少，提取纯化的方法还在进一步研究。

第二节　魔芋葡甘聚糖的结构与性质

魔芋葡甘聚糖是一种优良的膳食纤维，具有不被吸收、自身不含热量、容易有饱腹感、能减少和延缓葡萄糖的吸收等优点。随着现代化水平的提高，人们越来越青睐绿色无公害产品，魔芋葡甘聚糖的需求量也因此越来越大，应用范围越来越广。魔芋葡甘聚糖特殊的单糖组成和分子结构决定其具有特殊的理化性质。

一、魔芋葡甘聚糖的结构

目前，多糖的结构研究集中在其初级结构，主要研究多糖的单糖组成及连接顺序、分子量分布、单糖残基的成环类型和构型、单糖残基的 α-或 β-异头构型以及支链组成及其连接位点。此外，连接在多糖碳骨架上的取代基团如乙酰基、硫酸酯基、乙酰基、氨基及其取代位点，也共同构成多糖的初级结构。对多糖结构的解析主要通过化学分析和仪器分析，通常两种方法结合分析才能实现对多糖结构的全面解析。完全酸水解与高效阴离子色谱相结合能够对单糖组成进行分析；甲基化分析结合气相色谱与质谱联用技术可用于鉴定糖环、糖残基的连接方式；部分酸水解与核磁共振技术联用能够鉴定异头碳构型、官能团分布、糖残基的连接顺序。

魔芋葡甘聚糖是一种非离子型水溶性高分子多糖，分子式为 $(C_6H_{10}O_5)_n$，由 d-甘露糖和 d-葡萄糖通过 β-1,4 糖苷键连接，以摩尔比为 1.6∶1 或 1.4∶1 与乙酰基组成。在主链甘露糖的 C3 位置，通过 β-1,3 糖苷键连有支链结构，其中每 32 个糖残基上结合有 3 个支链，长度为 3~4 个残基，且平均每 19 个糖残基上以酯的方式结合 1 个乙酰基。天然 KGM 有 α 型（非晶型）和 β 型（结晶型）两种结构。KGM 聚集态不含高度有序的结构，X 射线衍射结果显示 KGM 主要呈无定形结构，为分子链形成的松散聚集，仅有少数结晶，退火纤维状 KGM 的 X 射线衍射图上显示出伸展的双螺旋形结构。在水溶液条件下，KGM 的主链构象为双螺旋结构，其中 O-3-O-5′ 与 O-6 旋转位置形成分子内氢键，每个晶胞含有 4 条呈反平行分布的 KGM 分子链和 8 个水分子。乙酰基是葡甘聚糖分子结构的特殊存在，它不仅影响葡甘聚糖的亲水性，还影响葡甘聚糖的胶凝性质。在碱性条件下，去除乙酰基可促进葡甘聚糖形成不可逆凝胶。测定葡甘聚糖含量的主要方法有苯酚比色法、气相色谱法、费林滴定法和 3,5-二硝基水杨酸比色法（DNS 比色法）等。其中，3,5-二硝基水杨酸比色法相对简单、成本低，是葡甘聚糖含量测定的理想方法。葡甘聚糖被广泛应用于食品行业，以及化妆品、生物制药等领域。总的来说，我国魔芋资源丰富，魔芋中的葡甘聚糖极具开发利用价值，深入研究葡甘聚糖的理化性质对实际应用具有指导意义。为全面了解葡甘聚糖，本节对魔芋葡甘聚糖的理化性质进行了综述。

二、魔芋葡甘聚糖的性质

（一）水溶性和保水性

魔芋葡甘聚糖分子中含有大量的羰基、羟基等亲水基团，可以通过分子偶极、氢键、诱导偶极、瞬时偶极等作用力与大量的水分结合，形成巨大分子并且难以自由移动。魔芋葡甘聚糖溶液为非牛顿流体溶胶，保水量是其自身重量的几十倍甚至上百倍。但是，在将葡甘聚糖溶于水的过程中，由于水分子的扩散迁移速率远大于葡甘聚糖分子的扩散迁移速率，葡甘聚糖颗粒膨胀，颗粒容易相互黏结成块状。如果不加热，在一定时间内水溶性较差。

魔芋葡甘聚糖易溶于水，可吸收相当于自身体积 80~100 倍的水。当魔芋葡甘聚糖的质量分数达 7% 以上时，通过偏光显微镜及圆二色谱可观测到液晶现象而此时其流体行为仍为假塑性流体。通过广角衍射显示，其挤压纤维保持相当程度的方向性，意味着可作为纤维或膜的材料。差示扫描量热联用分析（DSC）显示，魔芋葡甘聚糖和水发生了明显的相互作用，该条件下的凝胶为不可逆凝胶；当魔芋葡甘聚糖溶胶脱水后，在一定条件下可形成有黏着力的膜。

（二）增稠性

魔芋葡甘聚糖由于分子量大，与水的结合能力强，在水溶液中具有很高的黏度。1%的魔芋精粉黏度可以达到每秒几十到几百帕斯卡，具有良好的增稠效果。研究表明，在相同浓度下，葡甘聚糖溶胶的黏度远高于阿拉伯胶、卡拉胶、黄原胶等增稠剂。葡甘聚糖没有电荷，是一种非离子多糖，在食物体系中受盐的影响较小。此外，葡甘聚糖与其他增稠剂混合时，表现出良好的协同增稠效果。因此，在食品中应用葡甘聚糖可以减少增稠剂的使用量，节约生产成本。

（三）凝胶性

葡甘聚糖溶液可以在剪切作用下变稀，降低黏度，具有一定的流动性，静止后，流动性变小，形成凝胶。葡甘聚糖在不同的条件下可以形成热稳定（热不可逆）凝胶和热不稳定（热可逆）凝胶。葡甘聚糖与卡拉胶、黄原胶等具有较强的凝胶协同作用；与卡拉胶混合时，葡甘聚糖比例越大，凝胶韧性越强；反之，凝胶越脆。魔芋葡甘聚糖在上述条件下形成的是热可逆凝胶。但在碱性条件下加热，凝胶则是热不可逆的。如在氢氧化钠（NaOH）、氢氧化钾（KOH）、碳酸钠（Na_2CO_3）、碳酸钾（K_2CO_3）等存在时，在加热的环境中，葡甘聚糖上的乙酰基团会脱落，形成稳定的凝胶状态，即使在 100 ℃循环加热的条件下，其凝胶强度也基本不变。较高浓度的魔芋葡甘聚糖溶胶加热冷却后也能形成一定强度的凝胶。魔芋葡甘聚糖凝胶的热固特性是魔芋葡甘聚糖可以热成型的基础。魔芋葡甘聚糖凝胶进行透析除碱后仍可保持凝胶结构。

（四）成膜性

葡甘聚糖溶胶可以在碱性环境下加热脱水，然后经过适当处理，形成具有良好成膜性能的食用膜材料。该膜在冷水、热水和酸性溶液中稳定，可在食品工业中制作食品调味品和食品工业中的包装材料，以及用于果蔬涂膜保鲜。在医药方面，经过适当改性后，可作为微胶囊用于药物的靶向输送。此外，加入保湿剂可以改变膜的机械性能。随着保湿剂用量的增加，膜的强度减小，柔软度增大。加入亲水性物质，可提高膜的通透性；加入疏水物质，会降低膜的透水性。

（五）衍生性

由于葡甘聚糖具有独特的主体长链结构，其主链和支链上有许多羟基和可置换的活性基团。为了有效提高原有的稳定性和黏度，改善悬浮性或成膜性，提高其溶解度，可采用不同的化学方法进行各种酯化、醚化、甲基化等衍生物反应和水解反应。葡甘聚糖酰基化改性利用其分子链上的羟基，在一定条件下与酰基碳链（碳原子数为 2～12）反应生成新的酰基化产物，是一种酯化改性。酰基化改性后葡甘聚糖是热塑性的，其热性能和力学性可以通过酰基结构来调节。

第三节 魔芋葡甘聚糖的测定

葡甘聚糖含量的测定方法主要有3,5-二硝基水杨酸比色法、气相色谱法、费林滴定法、苯酚比色法等，其中费林滴定法是经典的国标法，但操作太繁杂；苯酚比色法测定中试剂不稳定，并且苯酚毒性较大；气相色谱法测定需要使用气相色谱仪，使用受到限制。而3,5-二硝基水杨酸比色法操作较简便、测定成本低，所以是魔芋葡甘聚糖测定中理想的方法。本节采用3,5-二硝基水杨酸法测定本土魔芋精粉中葡甘聚糖的含量，为魔芋精粉的品质控制提供依据。

一、魔芋葡甘聚糖的提取纯化

天然植物多糖大多存在于植物的细胞壁和细胞骨架内，因此多糖的提取需要先将原料尽可能粉碎，再用极性溶剂进行提取。魔芋块茎虽然富含KGM，但也存在蛋白质、淀粉、可溶性糖以及脂类物质等，这通常对KGM

的提取分离带来阻碍。因此，需要用严格的步骤去控制除 KGM 之外的杂质能被有效分离。首先，针对脂类物质或者脂溶性色素能够被醇类或醚类等有机试剂除去的特点而进行脱脂处理，再对醇不溶物中的多糖作进一步提取。多糖通常与胞内其他成分紧密连接，因此需要用水、稀盐、稀酸、稀碱或者乙二胺四乙酸（ethylene diamine tetraacetic acid，EDTA）溶液等极性溶剂提取多糖。随着对多糖研究的不断深入，微波和超声等辅助提取手段也被广泛运用。然而，提取得到的多糖仍然是粗提物，需要进一步对其中的蛋白质、多肽、水溶性色素、单糖和低聚糖等杂质进行分离。三氯乙酸法、Sevag 法以及酶法是常见的蛋白质脱除方法，由于多糖往往和蛋白质连接紧密，这些方法或多或少都会对多糖本身结构和功能特性产生一定的破坏。水溶性色素通常可以利用金属络合物法、离子交换法、氧化法 [过氧化氢（H_2O_2，双氧水）] 和吸附法（硅藻土和活性炭）等进行脱除。单糖和低聚糖只需经过简单的透析步骤就可以除去。一般而言，纯化后的 KGM 或多或少会含有蛋白和色素等杂质，完全纯化的 KGM 目前在技术上还难以实现。具体提取纯化方法如下：

（1）将魔芋精粉以 80% 乙醇沸腾回流 15 min（1 g 原料用乙醇 15 mL），趁热过滤，滤液减压回收乙醇；滤渣依次用 95% 乙醇、丙酮、乙醚洗涤，滤纸带滤渣自然挥干后，收集滤渣。

（2）将前述滤渣以纯化水配置成 0.1% 的溶液，摇匀放置过夜使滤渣充分水化、溶散，中速磁力搅拌 30 min 后，1500 r/min 离心 15 min，收集上清液，加入 2 倍量冷丙酮沉淀，边加边快速搅拌，过滤，滤液减压回收丙酮；滤纸带滤渣置烘箱中低温烘干后，收集滤渣。

（3）上述滤渣分散在 80 ℃ 热纯化水中，使之完全溶解，溶液 6000 r/min 离心 90 min，收集上清液；加入 2 倍量 95% 乙醇沉淀，边加边快速搅拌，过滤，滤液减压回收乙醇；滤渣依次用 95% 乙醇、丙酮洗涤，滤纸带滤渣置烘箱中低温烘干后，收集滤渣，研磨成粉、装袋密封，保存在干燥器中备用。

多糖纯化方法的选择对其结构、理化性质乃至生物活性都有很大的影响，采用温和条件、低极性溶剂处理有利于保持其水溶性、流变性、凝胶性等理化性质，也有利于保持分子结构。另外，纯化方法也对产品回收率和纯度有较大影响。文献已报道的乙醇沉淀法均采用水溶性的胶体纯化处理，干燥后较难恢复成颗粒状，黏度有所降低。若不采用水溶胶，则很难打开分子链，里面的杂质很难被去除，得不到高纯度的 KGM。

二、魔芋葡甘聚糖的含量测定方法

目前，KGM 含量测定方法有斐林试剂滴定法、重量法、DNS 比色—分光光度法、旋转黏度法和高效液相色谱法等。DNS 比色—分光光度法是测定 KGM 含量较为理想的方法之一，该方法简单、准确且重复性好。

采用酸水解—DNS 显色法结合紫外分光光度法测定魔芋精粉和纯化后的魔芋精粉中 KGM 的含量。精密称定魔芋精粉 0.1012 g 和 KGM 0.1032 g，置于 100 mL 烧杯中，各加入 6 mol/L 氯化氢（HCl）溶液 10 mL 和蒸馏水 15 mL，混匀，在沸水中密封水解 30 min 后冷却，各加入酚酞指示剂 2 滴，用 10%NaOH 溶液中和至溶液呈微红色，过滤并定容至 100 mL，作为供试品和对照品溶液。

量取供试品和对照品溶液各 1.0 mL，加入 25 mL 比色管中，加水使各比色管中液体的总体积为 2.5 mL，再分别精密加入 DNS 试剂 3.0 mL，混匀，于 100 ℃沸水浴中煮沸 10 min 后冷却至室温，加水至刻度，摇匀，用相应的试剂作空白，于 KGM 的最大吸收波长 490 nm 处测定其吸光度值，计算 KGM 含量。

（一）显色时间

精密量取供试品溶液各 1.0 mL，分别加入 9 支比色管中，再分别加入 3.0 mL DNS，在沸水浴上水解 2 min、4 min、6 min、8 min、9 min、10 min、11 min、12 min、14 min，490 nm 处测定其吸光度值。结果表明，DNS 与还原糖反应的显色时间在 9 min 后吸光度值变化不大，综合考虑选择 10 min 为显色时间。

(二) 水解温度

精密量取供试品溶液各 1.0 mL，分别加入 5 支比色管中，再分别加入 3.0 mL DNS，在 30 ℃、50 ℃、70 ℃、90 ℃、100 ℃ 的水浴中显色 10 min，490 nm 处测定其吸光度值。结果表明，DNS 与还原糖反应的显色温度在 90 ℃ 和沸水浴时吸光度值都较高且相差不大，综合考虑选择沸水浴为反应温度。

(三) DNS 添加量

精密量取供试品溶液各 1.0 mL，加入 9 支比色管中，各加入 0.5 mL、1 mL、1.5 mL、2 mL、2.5 mL、3 mL、3.5 mL、4 mL、5 mL 的 DNS，在沸水浴上显色 10 min，490 nm 处测定其吸光度值。结果表明，DNS 添加量为 3 mL 时显色反应完全。

(四) KGM 水解酸度

精密量取供试品溶液各 1.0 mL，分别加入 6 支比色管，各加入 2 mol/L、4 mol/L、6 mol/L、7 mol/L、8 mol/L、10 mol/L 的溶液 10 mL，沸水浴中显色 10 min，490 nm 处测定其吸光度值。结果表明，HCl 的浓度为 6 mol/L 时魔芋中 KGM 可水解完全。

(五) KGM 水解时间

精密量取供试品溶液 1.0 mL，分别加入 6 支比色管，再加入 6 mol/L 的 HCl 溶液 10 mL。分别在沸水浴中水解 15 min、20 min、30 min、45 min、60 min、90 min，在 490 nm 处测定吸光度值。结果表明，沸水浴中水解 30 min 时 KGM 即可完全水解。

三、KGM 含量的测定

精密量取魔芋精粉和纯化后的 KGM 精品样品溶液 0.8 mL 于比色管中，其余操作按优化后的酸解—DNS 显色方法操作，测定吸光度值，每个样品平行测定 5 次。依照下式计算样品中 KGM 的含量：

$$KGM \text{ 含量 } (\%) = (a \times c \times 100)/W \times 100$$

式中：$a=0.9$，为单糖折算成 KGM 的换算系数；c 为平均吸光度值对应的 KGM 毫克数；W 为魔芋精粉或 KGM 精品的样重，单位 mg；100 为稀释倍数。

第四节　魔芋葡甘聚糖改性及其应用

一、魔芋葡甘聚糖的改性

KGM 溶于水易形成凝胶，溶解度低，稳定性和流动性较差，为改善其性能，可采用物理和化学等方法对其进行改性处理。物理方法主要是从 KGM 纯化、物理共混以及借助超声、微波对其降解等方面进行改性。KGM 的化学改性是在多糖结构中引入或去除某些官能团，从而改变其物理性质和化学性质。KGM 分子结构中有大量的羟基和乙酰基，因此，可通过脱乙酰、醚化、酯化、交联和接枝共聚等化学方法对其改性。

（一）化学改性

1. 酯化改性

KGM 分子链中富含羟基，在适当条件下 KGM 糖环上 C2、C3 和 C6 位的羟基能够与酸或者酸酐发生酯化反应并生成相应的酯。不同的修饰基团赋予酯化处理后 KGM 不同的特性。乙酸、磷酸以及没食子酸等对 KGM 进行酯化反应，可获得不同取代程度的 KGM，其分子内和分子间的强氢键作用减弱，分子内脱水现象得到有效改善。酯化后 KGM 耐剪切、耐酸碱的性能显著提高，具有良好的黏度稳定性、更高的溶解度以及优异的抗张强度和柔韧特性。以 KGM 为原料，经乙酸和三氟乙酸酐处理，制备得到魔芋葡甘聚糖乙酸酯（glucomannan acetate，GMAc）。采用差示扫描量热法和热重分析法分析其热力学性能，结果发现 GMAc 的分解温度高于 KGM，且随取代度（degree of substitution，DS）的增加而升高。拉伸试验表明，GMAc 在低 DS 时具有更高的拉伸强度和断裂伸长率。

在生物催化条件下，KGM 能够与某些脂溶性脂肪酸发生酯化反应，脂肪酸的疏水部分结合到 KGM 中并具有两亲特性，这是改善 KGM 在油基配方和乳状液中溶解度的隐藏方法。在弱碱性条件下用微波法促进 KGM 和辛烯基琥珀酸酐（octenyl succinic anhydride，OSA）间的酯化反应，OSA 基团被接枝到 KGM 分子上。对产物的乳化性进行评价，KGOS 是一种具有良好亲水性和亲油性的新型高分子表面活性剂。

2. 接枝改性

KGM 是多羟基醛酮的高分子聚合物，分子链上富含"—OH"和"—CH$_3$CO—"基团，通过借助引发剂可以将不饱和烯烃单体接枝到 KGM 聚合物的主链功能基上，得到的 KGM 接枝共聚物兼具 KGM 和不饱和烯烃原料的优良特性，大幅提高了性能，扩大了应用范围。不同的接枝单体、接枝率和接枝效率，可得到不同性能的产品。

通过羧甲基化 KGM（CKGM）与聚乙二醇（polyethylene glycol，PEG）接枝成接枝共聚物（CKGM-g-PEG），再与 α-环糊精混合并发生自组装，可以对葡萄糖氧化酶（glucose oxidation enzyme，GOX）进行包封。随着 PEG 取代量的增加和浓度的增加，自组装产物以空心纳米球微球的形式出现，粒径范围为 340 nm ~ 1.2 μm，GOX 从微球中的漏出率低至 2%，而葡萄糖底物很容易穿透微球而被封装的 GOX 氧化。包埋大大提高了 GOX 的耐热性、扩大了最佳酶活性的 pH 值范围和提高其耐贮性。KGM 与丙烯酰胺（acrylamide，AM）、丙烯酸（acrylic acid，AA）和烯丙基聚氧乙烯醚（allyl polyoxyethylene ether，APEG）通过自由基共聚法制备得到 KGM-g-AM-g-AA-g-APEG。生物降解试验表明，该接枝共聚物具有良好的生物降解性能，4 周降解质量达到 60%。与部分水解聚丙烯酰胺相比，共聚物具有更高的耐盐性、抗剪切能力、耐温性和良好的黏弹性。通过岩心驱油试验得到共聚物的阻流系数和残余阻流系数，表明共聚物具有控制流动性的能力和提高采收率的驱油效果。

3. 醚化改性

KGM 分子链中有很多羟基，在碱的作用下，可以与某些化合物发生醚化反应。醚化后的多糖往往具有较高的稳定性、黏结性和较高的黏度，从而广泛应用于保鲜、增稠和絮凝等方面。选择不同的醚化剂会赋予 KGM 不同的改性结构，从而形成独特的理化性质。

KGM 上的羟基在碱性条件下容易与一氯乙酸发生醚化反应，发生羧甲基化改性。CKGM 是最常用的改性 KGM 之一，羧基甲基的引入降低了 KGM 分子间的氢键相互作用，增加了其疏水性，从而导致了水吸附量的降低。原子力显微镜分析表明，改性增加了 KGM 分子的折叠，可能使其与水分子的相互作用减弱。有研究表明，CKGM 的添加提高了纸张的密度指标以及纸张的耐折性，由于静电相互作用，CKGM 增强了纸纤维之间的结合力。然而，过量的 CKGM 会引起电荷排斥，削弱了纸张结构。

4. 交联改性

KGM 由于羟基的存在可以与含有其他官能团的化合物发生反应，主要通过酯键或醚键而连接，生成交联 KGM。能够与 KGM 发生交联反应的化合物都可以统称为 KGM 的交联剂，通过改变交联剂的种类、用量以及工艺条件，可以得到不同性能的交联 KGM 产物。原始 KGM 是水溶性的，与水接触后迅速溶解，在热水中受热时，颗粒吸水溶胀，氢键作用强度会减弱，黏度上升。交联 KGM 能够抑制颗粒的溶胀，改善 KGM 的耐水性、机械强度以及酸碱稳定性等。

KGM 通过硼酸盐交联进行改性，流变学分析表明，交联极大地减缓了网络动力学，同时增加了网络连接性。在制备 KGM 纳米纤维过程中，KGM 残基中的相邻二羟基首先被高碘酸盐部分氧化得到二醛多糖，然后将静电纺丝技术制备得到的二醛 KGM 纳米纤维与己二酸二肼形成交联，在 KGM 分子链间形成二腙交联剂。由于席夫碱交联反应活性高，所制得的交联 KGM 纳米纤维具有较高的耐水性和优异的力学性能。在氧化石墨烯存在下，KGM 与氧化钙交联形成水凝胶。扫描电镜分析表明，与氧化石墨烯混合的水凝胶相比，氧化石墨烯和 KGM 的水凝胶结构更为致密，表面更为粗糙。交联 KGM 水凝胶可用于去除废水中的染料。氧化石墨烯的掺入大大提高了水凝胶对染料的吸附能力，水凝胶对两种染料的吸附行为均符合准二级吸附曲线。

5. 氧化改性

KGM 氧化改性的原理为 KGM 分子链在氧化剂作用下发生解聚或者断裂，引进羧基和羰基。采用不同的氧化剂和氧化工艺能够制得不同功能的氧化 KGM（OKGM），常采用的氧化剂主要有 H_2O_2、高碘酸钠和次氯酸钠等。其中，过氧化氢是一种弱氧化剂，它使聚合物断裂链或将聚合物中的羟基氧化成羧基。用四甲基哌啶氧化物（TEMPO）对 KGM 进行氧化并制备得到 OKGM 聚合物制成的凝胶微球，其中 OKGM 的羧基基团通过铁离子（Fe^{3+}）交联，在凝胶中可以加入功能成分。通过模拟阳光照射，微球降解，从而释放封装的包埋物。因此，OKGM 微球的独特特性使其有可能应用于光控生物相容性递送系统。

6. 化学降解

酸水解是切断多糖分子链的一种修饰手段，酸水解对切断 KGM 中的 α-1,4 或 α-1,6 糖苷键没有选择性，天然聚合物常用的酸水解试剂有盐酸、硫酸和硝酸。采用酸水解法制备溶解度更高的 KGM，分析其体外抑制免疫球蛋白 E（IgE）产生及卵清蛋白免疫诱导的血浆 IgE 水平的有效分子片段。结果显示，KGM 酸水解的最佳片段为 10～500 kDa，其在体内和体外均可抑制 IgE 的产生。

（二）物理改性

1. 物理共混

与化学交联相比，物理共混不依赖共价修饰，而是通过共混物间氢键或静电吸引来相互作用。KGM 物理共混的方法相对简单，主要是通过形成溶液共混物或乳液共混物，进而改善 KGM 的某一方面性能，或者引入某种特殊的性能，从而扩大其应用范围。利用 KGM 与黄原胶（xanthan gum，XG）混合形成的协同水凝胶，可以增强花青素在不同 pH 值下的热稳定性。在 KGM/XG 水凝胶中，热诱导的花青素降解和凝胶网络的重构同时发生。将不同浓度的二氢杨梅素（dihydromyricetin，DMY）加入 KGM/结冷胶（gellan gum，GG）基质中，制备了 KGM/GG-DMY 活性复合膜。FT-IR 和扫描电镜结果表明，分散在 KGM/GG 基体中的 DMY 通过氢键与基体相互作用，所制备的薄膜具有良好的耐高温性、耐水性、阻挡紫外光能力和缓释性能。其中，DMY 的掺入显著提高了抗氧化和抗菌活性，KGM/GG-DMY 复合薄膜在食品包装领域具有广阔的应用前景。

2. 物理降解

物理降解主要有热降解、辐射降解、超声降解和微波降解等。超声降解多糖是通过声波空化诱导的，由空化产生的强烈应力和剪切能使多糖链发生不可逆的链断裂，随机链断裂或中点链断裂。研究超声波功率对 KGM 分子量和流变性能的影响，KGM 特征黏度在超声过程中逐渐下降，且与聚合物随机断链的降解动力学第一反应过程非常吻合。超声处理还导致 KGM 团聚体粒径显著减小，存储模量和损耗模量降低，但其初级结构无明显变化。对 KGM 进行微波降解时发现，随着加热时间的增加，魔芋的重量——平均摩尔质量会降低，这证实了解聚作用的存在。此外，加热 30 s 似乎只会温和地解聚魔芋链，而延长 45 s 则会产生显著影响。

（三）酶法改性

目前，对 KGM 的酶法改性主要通过特异性酶对其进行降解。β-甘露聚糖酶是一种水解酶，能够随机切割 KGM 主链上的 β-1,4 甘露糖苷键，从而释放不同长度的线性和支链葡甘露寡糖。用纯化的链霉菌胞外甘露聚糖酶水解 KGM，得到四种同时含有葡萄糖和甘露糖残基的低聚糖，并根据寡糖的结构，研究 β-甘露聚糖酶对 KGM 的作用方式。对其结果分析发现，KGM 不能产生任何葡萄糖残基位于还原末端的葡甘露寡糖，β-甘露聚糖酶表现出很高的底物特异性。

二、魔芋葡甘聚糖的生物活性

（一）改善便秘和减肥作用

正常人很容易便秘，排泄物长期在肠道内积聚产生毒素，引起多种疾病，甚至引发癌症。KGM 能抑制小肠对水的吸收，使水吸收到肠壁，软化粪便，发挥通便作用。此外，KGM 对乳酸菌增殖的促进作用及其在结肠中的发酵，可以改善肠道失调，有助于缓解便秘。

单纯性肥胖通常与遗传或生活方式等因素有关，对其治疗一般选择以行为和饮食为主的治疗方式。KGM 在胃肠道环境内不能被机体正常消化吸收，不能提供热量。此外，KGM 的吸水溶胀特性，导致进食后内容物的黏度增加，延缓胃的排空速度，减缓肠道运输时间，增强机体饱腹感。另外，KGM 在胃肠道表面形成一层凝胶，降低了食物在小肠的吸收速率，降低了餐后血糖和胰岛素激增的影响。

（二）调节肠道菌群

人体肠道环境中的细菌数以万亿计，这些细菌构成丰富多样的肠道菌群，拟杆菌门和厚壁菌门在其中占据优势地位。肠道微生物的组成受诸多因素影响，如饮食行为、精神状态、药物以及宿主遗传等。肠道菌群通过提供非人类基因组编码的酶以及产生的发酵终产物，参与到机体的新陈代谢及免疫调节，进而对宿主产生影响。

多糖能够被肠道微生物降解得到低聚糖或单糖，进一步被肠道菌群酵解产生 SCFAs 等物质。KGM 作为一种益生元能够被结肠内的细菌特异性降解，发酵终产物除了提供能量外，还作为前体物参与营养物质的合成。此外，KGM 及其发酵产物也能通过反馈调节促进肠道环境中有益菌群的定殖，抑制肠道中致病菌的增殖，改善肠道菌群结构。有机酸的产生能够显著降低肠道 pH 值，可有效抑制大肠杆菌等有害菌的增殖。拟杆菌能够产生 β-甘露聚糖酶而对 KGM 特异性降解，这一行为有助于其在结肠环境中的生长繁殖。

（三）降血糖和改善糖尿病代谢

糖尿病是一种慢性代谢综合征，主要表现为血糖代谢紊乱，容易引起高血糖、高脂血症和高血压，造成各种组织、器官和神经的慢性损伤和功能障碍。2 型糖尿病的直接诱因是胰岛素抵抗或分泌不足，导致血糖升高和相关并发症的发生。与具有一定副作用的降糖药物相比，以 KGM 为代表的膳食纤维由于其具有生物安全性、可食用性以及成本低廉而 2 型糖尿病的治疗中受到越来越广泛的关注。KGM 溶于水后易发生溶胀，其独特的流变特性能够在体内促进胃的蠕动，延缓胃的排空速度，并产生饱腹感。KGM 在胃肠道内不能被消化酶降解，通过提供体积和增加消化时间，可以减缓葡萄糖的摄入，降低血糖和胰岛素水平。其他的研究也证实，KGM 经肠道微生物发酵后产生的短链脂肪酸（short-chain fatty acids，SCFAs）可以作为信号分子，激活各种代谢途径，例如激活肝脏和肌肉组织中腺嘌呤核糖核苷酸活化的蛋白激酶，触发参与胆固醇、脂质和葡萄糖代谢关键因子的激活，进而调控体内血糖、脂肪等代谢。

（四）降血脂

血脂是以甘油三酯为代表的中性脂肪和以胆固醇为代表的类脂的总称，血脂含量可以反映人体脂类代谢的情况。高血脂容易引起动脉粥样硬化，大量脂类物质蛋白通过氧化作用酸败并黏附在血管壁上，形成血管硬化。长期的高血脂会引发脂肪肝，导致肝功能损伤，同时还易引发冠心病、高血糖和高血压等并发症。体内代谢中血糖和血脂密切相关，血糖的调节能够影响血脂的转化和吸收，因此 KGM 对 2 型糖尿病的治疗一定程度上也能缓解高脂血症。有研究证实，低聚合度的 KGM 能够结合胆汁酸并被机体清除，促进胆固醇向胆汁酸转化，进而降低机体低密度脂蛋白胆固醇含量。KGM 的摄入不仅能通过产生 SCFAs 的途径去调节脂质水平，还能在肠道表面形成一层凝胶，减少脂肪和胆固醇的吸收。Vuksan 等在研究不同黏度的膳食纤维对降低人体的胆固醇的影响时发现，低密度脂蛋白的减少和膳食纤维表观黏度呈正相关，并推测高黏度膳食纤维形成的凝胶能够抑制小肠对营养的吸收速度，结合结肠细菌发酵对 KGM 的发酵影响，最终协同降低机体胆固醇浓度。此外，KGM 作为自由基清除剂可以提高机体抗氧化能力，促进胰腺损伤的修复，调节脂肪细胞肥大。

（五）抗炎活性和促进肠道免疫健康

KGM 是一种良好的膳食纤维，容易在胃肠道内形成凝胶，促进肠道蠕动、改善肠道功能以及调节肠道菌群。KGM 在结肠内的发酵产物 SCFAs，能够调节免疫细胞的趋化性，通过释放细胞因子和活性氧而具有抗炎作用。研究表明，丁酸不仅为结肠上皮细胞提供能量，还可以抑制肠道炎症因子，调节免疫细胞的生长和凋亡，促进肠道黏膜及其功能的正常恢复。此外，KGM 富含甘露糖残基，肠道微生物在代谢过程中会降解并释放出部分甘露糖单体，而甘露糖单体通过甘露糖受体途径具有体内免疫调节能力，能够抑制某些细菌的感染，促进伤口愈合，具有很好的体内抗炎效果。

三、魔芋葡甘聚糖在食品工业中的应用

魔芋葡甘聚糖在食品工业中的应用相当广泛，如在肉制品、水果蔬菜制品、面制品和糖果制品等食品中都可得到应用，魔芋葡甘聚糖在食品中可用作稳定剂、悬浮剂、增稠剂、胶凝剂、乳化剂、成膜剂、品质改良剂等，其中作为胶凝剂、稳定剂、增稠剂用途较广。魔芋葡甘聚糖常见的持水性、保水性体现于作为稳定剂、增稠剂的使用过程中，其赋形性、悬浮性特别体现于作为胶凝剂的使用过程中。

（一）魔芋葡甘聚糖在食品中的结构功能

1. 增稠作用

魔芋葡甘聚糖溶于水后，能形成高黏度的水溶液，并具有剪切复稀的性质，且黏度不受电解质的影响，pH 值在 3.5~8.5 基本稳定，因而在饮料及乳制品加工中，可以提供稳定的结构，增加口感的真实度，使固相的大颗粒更均匀地悬浮、稳定于液相之中。由于饮料等产品对口感要求较高，因而对魔芋葡甘聚糖的规格要求也较高，需先综合比较产品的粒度和黏度等性能指标再加以应用。

2. 胶凝作用

在有其他胶凝剂配合的情况下，能形成结构稳定的胶凝体，并且随着其用量的增加，产品的柔韧性得到提高，在碱性条件下，能形成热不可逆

的胶凝体，在酸性条件下，形成热可逆的胶凝体，在果冻、软糖及凝固型果酱类产品中已获得广泛的应用。在产品的溶解性与黏度的关系及透明度、柔韧性的控制方面，不同规格的魔芋葡甘聚糖产生的差异也十分明显。

3. 持水和保水作用

在肉制品、面制品及软糖等产品中，持水性及保水性的指标对其产品质量影响较大。现有的保水剂类产品虽已充分考虑了磷酸盐类产品在保水方面的作用，但到目前为止，魔芋葡甘聚糖在保水方面的功能仍未得到充分开发和应用。事实上，大分子量的魔芋葡甘聚糖有着十分卓越的持水能力。

4. 健康作用

魔芋葡甘聚糖是一种高黏度的可溶性膳食纤维，能提供天然、优质、可溶性膳食纤维含量，即使作为食品添加剂少量使用，仍能提供人体一定量的优质膳食纤维，帮助人体获得更合理的膳食营养结构，减少现代"成人病"的发生。

替代脂肪、糖，魔芋葡甘聚糖吸水膨胀倍数高，在产品中能形成独特而稳定的持水型网络状结构，可有效地降低肉制品、乳制品及冰激凌中脂肪的含量、糖含量，不论对希望生产低脂、低糖（低奶、低油）的生产商，还是追求消费该类产品的消费者来说，都大有好处。

（二）魔芋葡甘聚糖在食品中的应用概述

1. 在凝冻食品方面的用途

魔芋葡甘聚糖和卡拉胶（carrageenan，CAR）结构相似，极其接近，在溶解过程中容易融合。凡能使 CAR 凝冻的盐类，都能使魔芋葡甘聚糖与其发挥出奇特的凝冻增效作用，这是其他胶类（包括以往常用的 XG）都无法相比的。这样不仅改善了凝冻食品的感观指标，而且大大提高了凝冻食品的内在质量。调整魔芋葡甘聚糖的规格和使用量可以生产出韧脆型、韧型、高韧型、韧脆糯型、透明和高透明的果冻、水果罐头冻、可吸冻、凉粉、冰粉、布丁、龟苓膏、杏仁豆腐等市场上几乎所有的凝冻食品。

魔芋葡甘聚糖在碱性盐类，特别是碱性钙盐的作用下，脱去分子上乙酰基，能生成热不逆的食用胶，这一特性是目前所发现的其他食用胶类都不具备的。这在凝胶食品方面，具有极大的应用价值，利用魔芋葡甘聚糖这一特性可以生产各种魔芋豆腐、粉丝、粉片、魔芋丁和仿生海产品、仿生水果等市场上所需的绝大部分凝胶食品。这些凝胶食品有的可以直接食用，有的炒、煎、炸、炖后食用，有的可以作为其他食物的中间品。

2. 在凝胶食品火腿肠和肉糜制品方面的用途

使用魔芋葡甘聚糖后，可以使产品保水性强，防止油汁析出，使产品弹性强，切片性强，韧脆适中，嫩滑爽口。

3. 在稳定悬浮食品方面的用途

魔芋葡甘聚糖分子量大，水合能力强，具有良好的增稠性。黏度在 15000~20000 mPa·s，最高可达 40000 mPa·s，是目前所发现和已投入工业化生产和应用的黏度最高的天然植物性食用胶类。用它配制的悬浮稳定剂，使用量小，稳定性强，很少受 pH 值和糖含量的影响，运输安全，无论是饮料、果汁、银耳片，甚至是八宝粥使用本品后都会有适量稠厚的真实口感，都会看到固形物稳定地悬浮于液体中。

4. 在冷饮食品方面用途

传统冰激凌产品以乳固形物和乳脂肪为主体，加以白砂糖、香料、动物胶、鸡蛋等，经冻结而成。其中的动物胶起到稳定剂的作用，加入目的是防止冰晶生成，促进冰激凌组织细腻滑润，提高膨化率，增强冰激凌抗融性等。但实际效果并没有完全达到，几十年来先后又有果胶，海藻酸钠，羧甲基纤维素（carboxymethyl cellulose, CMC），淀粉，CAR，XG 和藻酸丙二醇酯投入使用。但效果始终满足不了市场对冰激凌质量的要求。从魔芋葡甘聚糖（KGM）分子结构来分析：它具有其他食用胶类不具备的高膨胀性（约体积的 100 倍），高黏度（一般在 20000 mPa·s 以上）和黏度热稳定性（在 95 ℃的高温度下 60 min，黏度仅降低 30%），把它投入冰激凌生产后，经一年多的实践，达到了预期的效果，口感细腻滑润，无冰晶感。抗融性高，赋型性强，在-15 ℃下贮存 3 个月，未发现有冰晶产生。

5. 在软糖食品方面的用途

软糖是一种水分含量高、柔软、有弹性和韧性的糖果。有的黏糯，有的较脆，有透明的也有半透明的和不透明的。为了改变这一传统单一的局面，我们把胶粒线条长，交织度牢固，网隙孔空大，能吸附填充物多的较适合软糖弹性、韧性要求的魔芋葡甘聚糖作为软糖的胶体骨架，投入软糖生产中，经过近一年的实践，生产出的软糖，透明性高，富有弹韧性，柔软适中，利口，在常温下能长时间贮存，不返砂、不融化、不粘纸，完全达到设计的要求。

6. 在面制品方面的用途

面包和蛋糕是食品市场上的常见商品，因营养丰富、口感松软而受到人们喜爱。但普通面包、蛋糕保水性差，容易发干掉渣，不耐贮藏，直接影响产品的品质、风味及货架期。把魔芋精粉糊化成糊，添加于各种配料中，可使面包、蛋糕保水性高，强性、韧性增强，体积增大，食用时不发干，不掉渣，口感松软，货架期得到延长，使面包、蛋糕的品质显著提高。在制作面条时利用魔芋粉的胶凝性和保水性；在制作魔芋面制食品时，将魔芋粉按一定比例添加于面条中，可增加面条韧性、弹性，使其不断条。

7. 其他休闲食品方面的用途

（1）在巧克力食品中，可增加巧克力的黏度、防止油析、降低巧克力成品的热敏感性，提高应对气候变化的稳定性。

（2）在膨化粒状食品中可以作黏结剂、赋型剂、增强剂。

（3）在甜饼和果酱食品中，可以提高其黏结性和成团性。

四、魔芋葡甘聚糖在其他工业方面的用途

（一）在钻探工业方面的应用

几年前中南矿冶学院研制出的无固相冲洗液就是利用魔芋葡甘聚糖加

入氢氧化钠（NaOH）和硼砂（$Na_2B_4O_7H_2O$）使之胶联而成的。该液具有失水量低，黏度可调，抗盐、抗钙性能强，以及理化性能稳定等特点。5000 m 深层下钻试验表明，该液能顺利通过不同程度的复杂地质层，且机械钻速、钻头寿命均有提高。经国家冶金工业局鉴定：认为把"魔芋葡甘聚糖无固相冲洗液"用于地质岩心钻探的钻孔洗液取得了很好的护壁作用。该液是一种创新，具有国内先进水平，可用于岩心钻进，特别是金刚石钻进等多种复杂地层钻探的理想冲洗液和压裂剂，可替代进口胍胶。目前国内外用魔芋葡甘聚糖研制的石油和天然气钻探已陆续用于实践。20世纪80年代后期美国政府已批准科研人员将魔芋葡甘聚糖制剂用于石油和天然气钻探。

（二）在纺织印染工业方面的用途

主要是利用魔芋葡甘聚糖的衍生物——魔芋葡甘聚糖磷酸酯。经试验证明魔芋葡甘聚糖磷酸酯的成糊率、流变性、保水性均高于目前的印花糊料——海藻酸钠。由其代替海藻酸钠，经过近一年活性染料直接印花结果如下：印制效果良好、印花轮廓清晰、得色均匀、给色量高、无痕，无渗化、脱色、堵网等问题，糊料洗脱性高。无疑魔芋葡甘聚糖磷酸酯代替海藻酸钠有可观的经济效益和社会效益。

（三）在造纸工业方面的用途

利用魔芋葡甘聚糖的黏结性研制高强度的纸张；利用其增白性研制高级打印纸；利用其吸水性研制各种具有强吸水性能的专用纸。

（四）在建筑工业方面的用途

主要利用魔芋葡甘聚糖衍生物的黏着性、固着性、增色性和稳定性，可生产出耐久性强，抗腐蚀和多种色彩的新型高级涂料。日本用魔芋葡甘聚糖制剂制作成的胶合板黏胶剂，与常用的小麦淀粉黏胶剂、树脂黏胶剂、无机粉末黏胶剂、氯化铵黏胶剂作比较，发现魔芋葡甘聚糖衍生物制剂制成黏胶剂其整糊黏度、假黏着性以及Ⅱ类耐水强度（kg/cm^2）均优于常用的黏胶剂。

（五）在强力堵封行业方面的应用

在航运、架桥、化工生产等各项特殊泄漏中，利用魔芋葡甘聚糖的吸水性和膨胀系数大等特性，魔芋粉制剂可迅速将泄漏部位填封。

正因为魔芋葡甘聚糖的优良特性和广泛的用途，人们对它的需求日益增加。魔芋产品在国内外市场的畅销，有力地促进了我国魔芋生产的发展，种植魔芋的经济效益显著提高，已成为魔芋产区农民发家致富奔小康的重要途径。魔芋产业的发展带动和促进了魔芋产区国民经济的发展，在我国已成为一个新兴的产业，并不断发展壮大。

（六）微胶囊壁材/靶向载体

药物递送系统通过控制药物释放速率，将药物靶向释放到目标器官，以此保证药物具备更高效持久的生物利用效果，并用于治疗特定疾病或失调。KGM 因为具有良好的生物相容性、生物降解性以及来源方便等优点，是一种潜力巨大的药物载体材料。此外，KGM 具有良好的溶胀能力和特异性酶降解性，对药物的控制释放具有重要意义。在目前的报道中，以 KGM 为载体的底物可以是生物活性分子、疫苗、营养补充剂、益生菌、酶和抗结核药物。根据药物的特点和 KGM 的化学结构，基于 KGM 制备的药物传输体系有三种控制药物释放的方法，包括 pH 值依赖性、时间依赖性和结肠特异性给药。

KGM 易溶于水形成凝胶，通过调节配合物的溶胀率和孔隙率，可以控制药物释放速率。Liu 等用氧化 KGM/木薯淀粉和蔗糖酯制备了新型缓释基质片。硒的掺入显著降低了片剂的溶胀率和孔隙率，延缓了药物的释放速度。然而，KGM 与药物的弱相互作用容易导致所载物质在释放过程中迅速解体，从而导致药物的快速释放。因此，化学交联、接枝共聚、酯化和羧甲基化等其他方法被广泛用来提高生物聚合物载体的控释性能和机械性能。通过羧基甲基化可以引入羧基阴离子，KGM 通过静电吸引和氢键与阳离子聚合物结合，导致分子链聚集卷曲，形成多孔网络结构。进一步将药物加载到复合物内部的孔洞中，随着取代度的增加，羧甲基 KGM 形成的网络结构更加致密，增强了药物释放时的空间位阻。合成一种新型的水凝胶体系，由 KGM 与丙烯酸共聚，并由双偶氮苯交联。通过改变聚合物的交联密度，可以调节凝胶的溶胀度和酸碱度敏感性。由于氢键相互作用和静电相互作用的结合，使网络结构膨胀，不仅取决于 KGM 的凝胶能力，还受 pH 值的影响。随着 pH 值的增加，聚合物的离子基团发生游离，导致静电斥力增加。

尽管酸碱度敏感的给药系统为结肠特异性给药提供了可能，但由于胃肠道环境的 pH 值变化较大，因此缺乏足够的位点特异性。此外，患者胃排空时间和肠道运输时间的差异，时间控制释放系统导致结肠可用性较差。基于此，以 KGM 为载体药物传送系统能够被结肠微生物特异性降解，这为结肠靶向治疗提供了新的可能性。基于羧甲基化的 KGM 构建一种结肠靶向给药系统，羧甲基化降低了 KGM 的分子量和黏弹性，增加了 KGM 的热稳定性和水溶性。该系统的一个显著特性是不能被消化道中的消化酶水解，但可以被结肠微生物产生的 β-甘露聚糖酶特异性降解。

（七）食品包装材料

在过去的几十年里，生物聚合物材料由于具有优异的环境友好性、生物可降解性以及易制备的特点，一直是新型活性食品包装材料和医用生物材料领域的研究热点。KGM 因其可再生性、生物可降解性、生物相容性和良好的成膜能力等优良性能而被广泛应用于可食用薄膜的制备。此外，KGM 与其他材料的混合赋予基于 KGM 制备的食品包装材料更高的热稳定性和表面疏水性，优异的低气体透过率和拉伸强度。

KGM 分子含有丰富的羟基，分子间容易发生氢键相互作用，形成密集复杂的网络结构，最终延长水分子的运动路径，阻碍水在共混膜中的迁移。此外，薄膜表面致密的网状结构和极性基团的减少限制了水接触角。这两种效应的结合降低了 KGM 的水蒸气渗透性，这已被许多研究证实。由于 KGM 与共混物间具有良好的生物相容性，它们之间的界面作用和氢键相互作用可以使反应物在 KGM 中均匀分散，减少复杂的自由体积，避免形成致密结构，同时也赋予可食用膜良好的机械性能。在 KGM 基体中加入聚多巴胺功能化的微晶纤维素（polydopamine-functionalized microcrystalline cellulose，PFMC），制备了 KGM/PFMC 薄膜。红外光谱分析表明，KGM 与 PFMC 之间形成了更多的氢键。与纯 KGM 膜相比，KGM/PFMC 膜的力学性能和热性能有了很大的提高。PFMC 与 KGM 基体的界面相互作用使其具有较好的抗断裂性能。此外，KGM 良好的溶胀特性可用于缓释抗菌活性物，实现长期抗菌。用微流纺丝技术将 PVP 和表没食子儿茶素没食子酸酯（epigallocatechin gallate，EGCG）结合到 KGM 中制备得到新型薄膜。KGM 与 PVP 的交联相互作用可以为 EGCG 提供一个耐高压高温的稳定环境，保证其抗菌活性。同时，KGM/PVP/EGCG 的逐渐膨胀过程也推动 EGCG 的释放。

（八）伤口敷料

仿造人体皮肤而制备的伤口敷料可以吸收伤口渗出物，保持局部适宜的环境，允许气体交换，避免伤口被微生物入侵，促进伤口表面组织细胞的愈合。KGM 由于其良好的生物相容性、低细胞毒性、简单的加工和优异的屏障性能，成为开发创面敷料的理想材料。KGM 作为一种亲水多糖，依靠丰富的羟基和羧基与水形成稳定的氢键，从而获得高弹性以适应皮肤变形。此外，KGM 具有极强的溶胀能力，可以吸收大量创面渗出物，为创面提供了一个适宜的环境。除其优异的物理性能外，KGM 还具有加速创面收缩和上皮覆盖，增强整体愈合过程的能力。其可能的机制是通过细胞特异性受体刺激成纤维细胞的代谢活动，促进成纤维细胞和角质形成细胞的迁移。通过阻断甘露糖受体发现对刺激成纤维细胞没有明显影响，而刀豆蛋白 A 对其有抑制作用，这表明细胞表面的甘露糖受体并没有介导 KGM 对成纤维细胞增殖的刺激，可能存在其他潜在的途径。在此基础上，进一步推测，刺激或抑制成纤维细胞和角质形成细胞活力的生物学效应可能是凝集素受体与细胞和凝胶之间动态相互作用的结果。

（九）乳化剂

一般认为絮凝、沉淀、相反转、奥斯瓦尔德熟化和乳化作用等会破坏乳状液的稳定性。通过添加各种稳定剂可以增加连续相的黏度，以控制连续相的流变性，或者控制两相的界面特性，可以延长乳液的稳定性。研究证实乙酰基的存在可以使 KGM 具有两亲特性，通过形成多糖—蛋白双层界面或吸附在油滴表面来显著提高乳剂界面的稳定性。另外，含有大量羟基的 KGM 分子在水相中通过氢键形成网络结构，空间位阻限制了油滴的流动性，使水相中黏度大大增加，从而增加最终乳状液的黏度，最终促进乳状液的稳定性。KGM 能显著减小脂肪滴体积，提高姜黄素乳剂的热稳定性。推测 KGM 参与了阻止脂肪酸释放和保护胶束颗粒中姜黄素的作用，主要是 KGM 的加入增加了水相的黏度，阻碍了胰腺酶的发挥。

（十）其他应用

除了上述应用外，KGM 及其衍生物也常用作生物吸附剂、金属阻蚀剂以及鱼饲料等。KGM 衍生物的羟基和亲核官能团对金属离子具有很强的吸附能力，可以通过离子交换、亲和作用和配位反应吸附金属离子。此外，由于 KGM 具有优异的水溶性和成膜性，可以覆盖裸露的基材形成防水层，增强了腐蚀过程中的电荷转移阻力，延缓了金属表面发生的腐蚀过程。近年来，许多研究表明在鱼饲料中添加氧化 KGM，能显著调节鱼类肠道菌群，影响肠道微生物种类丰富度，提高后肠总形态吸收表面积和超微结构水平，促进鱼类生长。

第六章　魔芋初加工

第一节　芋片加工的目的与要求

一、芋片加工的目的

魔芋鲜球茎含水量很高，一般含水率在 80%~85%。微生物从外界摄取营养物质并向外界排泄代谢产物时，都需要水分作为溶剂或媒介质；植物体内的许多生理活动和酶促反应都是在以水为介质的环境中进行。因此，鲜芋很容易变质、腐败、不耐贮存。魔芋鲜球茎体积大，质地脆嫩，运输中容易因搬运、震动、摩擦、碰撞而损伤。所以，魔芋收获以后，应及时进行粗加工，一般是加工成芋片、芋角或魔芋粉，使其含水量降至 15%以下，由于水分缺乏，微生物生命活动和植物体内的许多生理活动受到抑制，不易产生腐败，可以较长时间贮存。大量脱水后，芋片体积缩小，质地变硬，有利于包装和运输。

二、芋片加工的基本要求

魔芋粗加工后的产品干芋片、干芋角，有的直接作为商品上市，有的作为制造精粉的原料。魔芋粗加工质量的高低，直接影响其在市场上的定位，也影响进一步加工所得精粉的质量，因此应该达到合理的质量要求。干芋片（角）应达到的加工要求如下。含水率在 15%以下。色泽直接影响其产品价值，一般外贸部门是根据色泽分等论价的，白色为一等品，灰白色为二等品，灰黑色为三等品。等级不同，差价很大，含硫量（以二氧化硫计）不大于 2 g/kg。一般要求无泥沙、毛发等杂物，保持芋片清洁干净。

三、芋片加工的基本流程

魔芋初加工就是利用简陋器具或成套机械设备将采收的鲜魔芋球茎按工艺技术要求，用人工或机械方法加工成含水量≤15%的干魔芋片（条）和魔芋粗粉产品。干魔芋片（条）加工的一般工艺流程如图 6-1 所示。

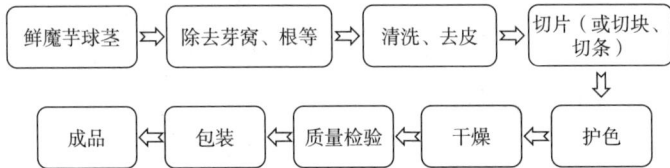

图 6-1　干魔芋片（条）加工的一般工艺流程

（一）除去芽窝、根等

目前，这一工序还未实现机械化，主要通过专用刀具手工挖去芽窝的皮。如果芽窝挖不净则造成后续精粉有黑点。

（二）清洗、去皮

球茎表面附有泥沙等杂物，应清洗干净。水洗后的块茎表面带有自由水，不利去皮，需把表面的水分沥干后去皮，魔芋表面为周皮，不含葡甘聚糖，应去掉。传统的方法是用锋利的竹片、瓷片或不锈钢刀手工刮削。人工清洗效率低，劳动强度大。现在已采用机械化清洗、去皮，生产效率高，但由于鲜芋球茎形状不规则，往往造成凸出的部分去皮过度，凹陷的部分去皮不够，加之在滚动过程中用水淋洗时间长，部分葡甘聚糖溶出，清洗、去皮的损失有时高达 15%。人工去皮生产效率相对要低些，但损耗率较低，一般为 7%，且可省去水洗环节，芋皮和泥沙一次去净。因此，应选用合适的机型，确定合理的机械工作参数，或机械结合人工清洗，以减少损失和提高清洗与去皮质量。

（三）切片（或切块、切条）

清洗去皮后的鲜芋应及时切成大小均匀的片或条，以便进行干燥。机械化芋片加工中，为便于干燥，一般是将鲜芋切成 5~10 mm 厚的芋片。也可以切成 2.5 cm 宽、3~4 mm 厚的条。

魔芋球茎上部水分含量高，组织细嫩，下部质地细密，切块会造成质量不均匀。应先把球茎切成 1.5 cm 厚的芋片，再将芋片切成 2 cm 宽的芋条，然后将芋条切成 6 个方平面或三角平面体，边长 2.5 cm 左右的芋块。无论芋角还是芋片都要求大小均匀一致，便于干燥。

由于魔芋块茎中含有单宁色素，块茎切块时，表面积增大，与氧接触面增加，释放多酚氧化酶，刀口处有变色现象。为防止变色，切片需立刻转入下一道工序进行护色处理，切片要用不锈钢刀。

（四）护色

球茎在去皮、切片后很容易变色，因此切片以后应立即进行护色处理。魔芋的护色主要采取高温钝化酶配合熏二氧化硫进行。熏二氧化硫时注意量的控制，以最少的二氧化硫而达到护色目的为好。

（五）干燥

干燥是在自然条件或人工控制条件下利用热能除去鲜芋片中水分的工艺过程。自然干燥是利用太阳热能和风进行干燥，不用燃料，不需要特殊设备，生产成本低。但这种方法受气候的直接影响，干燥过程缓慢，难以稳定生产出品质优良的产品。人工干燥一般在室内进行，采用专门的设备，不受气候的限制，操作可以控制，干燥时间短，能显著提高干芋片的质量，缺点是设备投资较多，生产成本较高。干燥是决定干芋片质量和影响加工成本最关键的工序。

（六）质量检验

可用仪器精确测定干芋含水率，也可凭经验进行判断，还可以采用试样比较法，与已知准确含水率的样品比较。色泽可以凭感观判定，并结合干芋片的清洁程度进行分级。芋片的质量应符合以下要求：

（1）从外观上看：色白，芋角洁白、有光泽，内外一致。一般白色为上等品，灰白色为次等品，灰黑色为等外品。芋角的等级划分，芋角（片）根据色泽分为四等，即白色为一等品，灰白色为二等品，灰黑色为三等品，焦黄、中心部黑（夹心）为等外品。

（2）身干，含水量不超过15%；含硫量（以二氧化硫计）≤2 g/kg；手触粗糙，有刺痛感。

（3）无皮，无泥沙，无杂物，无霉变。

（七）包装

经检验后的干芋片，为防止受潮和污染，一般应进行包装。

第二节　清洗去皮与切片

一、魔芋清洗去皮

魔芋清洗和去皮现已基本实现了机械化一体式方法，一般都是在一台设备上操作完成，常用于魔芋清洗去皮的设备有以下几种。

（一）螺旋式清洗去皮机

如图6-2所示，螺旋式清洗去皮机主要由水槽、漏泥网、螺旋升运器、传动系统和水泵组成。物料倒入水槽后进入螺旋升运器中，一面被提升，一面靠水流和物料之间的冲洗搓擦去除表面的泥沙。为提高洗涤效果，螺旋叶片上往往固定有毛刷。洗净后的魔芋球茎由于已被提升到一定的高度，正好进入下一道破碎工序。这种机械生产效率高，应用十分普遍，但可能造成较多的物料损失。

（二）滚筒式清洗去皮机

如图6-3所示，常用的连续式旋转滚筒式清洗去皮机的主要工作部件为可以转动的滚筒，筒体安装时具有3°～5°的倾斜角，长度一般为2～2.5 m，直径600~800 mm，筒体内壁有螺旋导板或其他波状凸起物。鲜

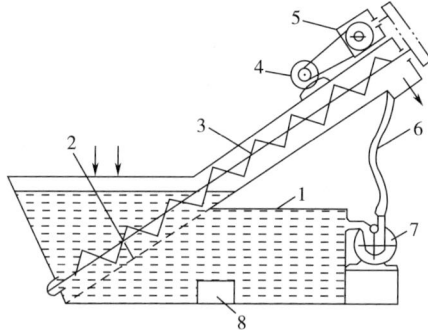

图 6-2　螺旋式清洗去皮机结构示意图

1—水槽　2—漏泥网　3—螺旋升运器　4—电动机　5—减速器　6—水管　7—水泵　8—排泥口

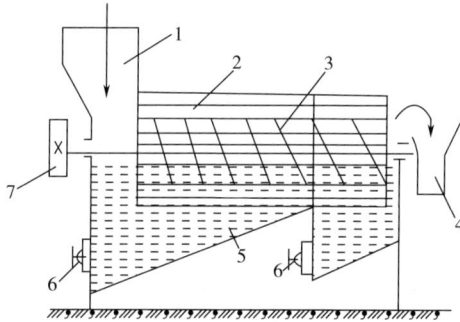

图 6-3　滚筒式清洗机结构示意图

1—加料口　2—滚筒　3—螺旋导板　4—出料口　5—水槽　6—排污口　7—皮带轮

芋从一端装入滚筒。滚筒起动后，鲜芋便在筒内翻滚，鲜芋与鲜芋之间、鲜芋与筒壁间互相摩擦，经过一定时间，鲜芋自动从另一端排出。滚筒可放在水槽中使用或与喷水咀配合使用。鲜芋在行进中受到摩擦和水流的冲击而完成清洗与去皮。滚筒由圆钢焊成栅格形式，以便污泥、土块能从栅格的缝隙排入水槽，最后从排污口排至机外。这种设备结构简单，生产率较高，其工作能力和效果取决于滚筒转速、滚筒内表面粗糙度或波状凸起的数量以及物料在机内经过的时间。

（三） 刷式清洗去皮机

采用旋转的刷子作为主要工作部件。鲜芋装入机内后，被旋转的刷子带动而翻滚，靠刷洗和摩擦作用完成清洗与去皮。清洗去皮的时间由刷子的运动来控制。这种设备效果较好，生产率高，刷子由纤维、橡胶、塑料等材料制成，一般使用寿命较短，需常更换。

（四） 组合式清洗去皮机

较常用的有旋转滚筒与旋转刷子组合使用，这种组合构成的机械可以提高工作能力和生产率。

二、魔芋切片

机械化芋片加工中，为便于干燥均匀并确保品质稳定性，通常将鲜芋经滚筒清洗去皮、高压喷淋后，采用自动化切片设备加工成 5~10 mm 厚度的芋片。目前主流的芋片切片设备可分为以下四类。

（一） 离心式切片机

主要工作部件有可转动的叶轮和筒体等。在筒体内壁装有固定刀片。鲜芋进入机内后，旋转的叶轮拨动鲜芋回转。保持适当的回转速度，鲜芋产生的离心力远大于自身的重量，因而可以紧贴于筒体内壁上，并被叶轮拨动相对于筒体内表面移动，当通过固定刀片时，即被切成所需厚度芋片，目前该设备集成可编程逻辑控制器（PLC）控制系统，可编程调节切片厚度（调节精度 0.1 mm）。这种机械结构简单，生产率高，但可能产生较高的物料破损率。

（二） 盘刀式切片机

盘刀式切片机主要工作部件有可转动的刀盘、送料系统、物料夹压系统和机壳等。刀盘装于转轴上，有喂料口，对称安装两把切刀。鲜芋由输送带传送，在上、下喂料辊的夹持下，送入喂料口时被转动刀切断成片。切片的形式有刃口为直线形的和刃口为曲线形的两种。直线刃切刀容易制造；曲线刃切刀制造较难但可减少切割阻力。动刀片和定刀片的安装位置对机器工作能力有重要影响。动刀的工作面与定刀侧面的垂直线保持 1.5°~3°的倾角，这样安装可以防止以一定速度送料的物料顶住动刀的工作面，从而防止堵塞和动力消耗增加。这种机械切割质量较高，生产率高，刀片拆装方便，得到广泛应用。

（三）往复式切片机

往复式切片机主要工作部件为可作往复直线运动的刀片、料斗等。鲜芋堆放于料斗内，利用自身的重力压在刀片上。靠刀片往复运动完成切片。这种机械切片尺寸均匀，对不同大小的魔芋适应性强，允许使用切削刃长的刀片，易与干燥设备匹配，应用于芋片加工生产线上效果良好。该切片机最关键的部件是刀片。薄且锋利的刀片，加工消耗的动力小，可使物料的损伤最小，在新切表面上有一些小孔隙出现，有利于水分蒸发。刀片应使用不锈钢制造，并经热处理达到较高硬度，以保证良好的耐磨性。使用过程中，当刀刃磨损到一定厚度时，应磨刃，使刃口锐利。

该切片机存在的问题是切片厚度有时不均匀。要在切片厚度的均匀上下功夫，一是采取向下斜切方向并保持料斗原料高度稳定；二是改进切刀质量。

（四）超声波辅助切片系统

超声波辅助切片系统核心工作部件包括高频超声波发生器、压电陶瓷换能器及特制刀片组件。鲜芋经预处理后通过振动喂料装置均匀输送至切割工位，刀片在 20~40 kHz 超声波频率驱动下产生纵向振动（振幅 50~100 μm 可调），利用高频微幅振动产生的"空化效应"降低切削阻力。

超声波辅助切片组织损伤率≤3%（传统机械切割的 1/5），切片表面形成微米级蜂窝状孔隙（孔径 5~20 μm），干燥速率提升 40%。厚度变异系数≤5%，特别适用于高黏性（淀粉含量≥18%）芋种。

超声波辅助切片系统中高频振动导致刀片疲劳寿命缩短（约 800 h 需更换），可通过有限元仿真优化刀片谐振模态；芋片表面微结构对干燥工艺提出新要求，需匹配梯度变温干燥程序（建议 50 ℃ → 65 ℃ → 45 ℃ 三阶段控制）；设备初期投资成本较高（为传统设备的 3~5 倍），可通过模块化设计降低维护成本。

第三节　芋片干燥技术

鲜魔芋球茎含水分 80%～90%、碳水化合物 10%～14%、蛋白质 2%~4%、灰分 0.7%。因此，必须及时进行人工干燥后才能较长时间贮藏、运输和进一步加工。但是由于鲜魔芋含水量高，而且葡甘聚糖亲水性特别强，不易干燥，鲜魔芋又特别容易褐变，其初加工比其他的农副产品更困难。鲜魔芋干燥过程既要使鲜魔芋脱水干燥，又要控制魔芋的褐变，使魔芋干色白。

一、干燥原理

干燥是利用热能除去物料中的水分。按传热方式分有：对流干燥、传导干燥、辐射干燥、介电加热干燥、真空干燥、微波干燥等。芋片加工中对流干燥使用最广，其干燥原理是：在对流干燥中，通常是以热空气为干燥介质。物料的水分蒸发依靠两种作用，干燥介质将热能传给湿物料，湿物料表面首先吸热，使表面水分子挣脱其他分子的阻碍而蒸发，此即外扩散作用。与此同时，物料表面水分蒸发，造成物料内部和表面之间的水分含量差别，即物料内部水分高于表面水分，因此内部水分以气态或液态的形式向表面扩散，此即内扩散作用。

干燥进行的必要条件是物料表面的水汽压强必须大于干燥介质中水汽的分压，两者的压差是水分蒸发的推动力，压差愈大，干燥速率愈快，所以干燥介质应及时将蒸发的水汽带走，以保持一定的蒸发推动力。若压差为零，则无净的水汽传递，干燥过程即终止。由此可见，干燥是传热和传质相结合的过程，干燥速率同时由传热速率和传质速率所支配。

对于鲜芋片的干燥，保持外扩散作用和内扩散作用的相称是非常重要的。如果水分的外扩散作用远远超过内扩散作用，芋片表面会因过度干燥而形成硬壳，阻碍水分的继续蒸发，延长干燥时间，并降低干片品质。因此，干燥时要控制好温度，使水分的内、外扩散速率能适当配合，以保证能得到优质干芋片。

干燥过程一般分为两个阶段。

（一）恒速干燥阶段

该阶段物料含水量按直线规律下降，干燥速率保持恒定，即基本上不随时间而变。在这一阶段内，由于物料的表面非常湿润，物料温度不再升高，维持在湿球温度，干燥介质向物料提供的热量全部用于水分的蒸发。在这一阶段中，要求湿物料的内扩散速率与外扩散速率相适应，使物料表面始终维持湿润状态。一般此阶段蒸发的水分为非结合水，水分的蒸发速度受外扩散控制，即取决于物料外部的干燥条件。

（二）降速干燥阶段

随湿物料含水量降低，非结合水大为减少，内扩散速率小于外扩散速率，因此湿物料表面逐渐变干，水分的内扩散对于干燥过程起控制作用。随着湿物料内部含水量的减少，水分由物料内部向表面传递的速率慢慢下降，即内扩散速率下降，因此干燥速率愈来愈低。因湿物料逐渐变干，温度也不断上升。在这一阶段中，干燥介质所提供的热量，一部分用于水蒸发，一部分则对物料加热，使物料温度升高。干燥过程受内扩散作用控制，干燥速率的大小主要取决于物料本身的结构、形状和体积，而与外部的干燥条件关系不大。两个干燥阶段之间的交点称为临界点，与该点对应的物料含水量称为临界含水量。恒速干燥和降速干燥阶段是以临界含水量来区分。如临界含水量较大就会较早转入降速干燥阶段，则在相同的干燥任务下所需的干燥时间也较长。

干燥末期，当物料表面和内部的水分达到平衡状态时，物料的温度与干燥介质的干球温度相等，水分停止蒸发，干燥进程即告结束。

二、魔芋干燥过程

鲜魔芋中含有大量水分，由于魔芋品种、产地、采收季节不同，其含水量有差异，一般白魔芋含水量 80%～85%，花芋含水量达 90%。按水与干物质的结合状态，可分为以下 3 种形式。

（1）机械结合水或游离水。机械结合水包括毛细管中的水分和附着在魔芋表面的水分，水与干物质的结合比较松散，流动性高，干燥过程中容易蒸发排除。

（2）物理化学结合水。不按正常定量比与物质结合的水分称为物理化学结合水，可进一步分为吸附结合水和胶体结合水。

①吸附结合水。吸附在物料胶体微粒内外表面力场范围的水分就是吸附结合水。和胶体微粒结合的第一层水分子吸附最牢固，随着水分子层的增加，吸附力逐渐减弱，干燥过程中要消耗大量的热量才有可能将它们除掉。

②胶体结合水（又称束缚水）。胶体溶液凝结成胶体微粒时以胶体微粒为骨干形成体内保留的水分。另外，在多孔体内溶液的浓度较它表面外围高时，在渗透作用下保持水分，称为渗透结合水，实际上是胶体正常借渗透压保持一定水分，所以这两种结合水称为结构结合水。

（3）化学结合水。按定量比牢固地与物质结合的水分，称为化学结合水分。化学结合水分是结合最稳定的水分，只有通过化学方法才能将其分开，干燥过程中无法将其排除。

魔芋干燥加工中蒸发掉的水分，主要是机械结合水分和部分渗透结合水分。魔芋干燥过程分为两个时期：

（1）等率干燥期。其特点是：这时的物质，其内部含有充分的水分，等率干燥期一直进行到自由水表面消失为止，尔后水分移出的速率随之减小。

（2）减率干燥期。实际上农产品的干燥主要发生在减率干燥期。其特点是：魔芋从洗涤到干燥中经历一段初期的等率干燥后，很快转入减率干燥期。减率干燥分为两个步骤：水分从物质内部转移至表面，水分从物质表面蒸发至大气中。

将清洗、去皮、切片处理后的鲜芋片均匀地铺放在干燥器内，当芋片与热空气接触时立刻加热，芋片表面的水分子受热，吸收热量，由液态变为气态蒸发，此过程称为水分的外扩散。由于外扩散的进行，芋片表面水分逐渐减少，此时芋片的水分由内部向外部转移。由于热气流不断地给芋片加热，首先是芋片不稳定的机械结合水和游离水分被蒸发并随热气流排出，含水量也随时间而降低。此阶段芋片温度稳定，单位时间蒸发的水分量一致，干燥速度均匀。在这个阶段向物料提供的热量全部耗于水分蒸发，芋片温度不再上升。若芋片层薄，它的水分将以液体状态转移，片内各部位温度和液体蒸发温度相等；若片层较厚，部分水分也会在物料内部蒸发，此时物料表面温度等于湿球温度，而它的中心温度低于湿球温度。

当大部分机械结合水和游离水排出后，开始蒸发结合水分时，芋片温度逐渐升高，含水量的减少趋于缓慢，单位时间内蒸发的水分逐渐减少，干燥过程进入降率阶段，此时芋片的水分称为第一临界水分。随着干燥时间的延长，当芋片脱水到一定程度时，表面和内部水分达到平衡状态，热气流的温度与芋片温度相等，此时水分蒸发停止，当芋片水分达到平衡水分时干燥终止。

三、影响芋片干燥的因素

（一）干燥介质的温度

芋片干燥介质一般是使用热空气。热空气的温度影响干燥速率，还影响干芋片的品质和色泽。热空气温度愈高，与芋片的温度差愈大，热量向芋片传递的速率愈快，水分的蒸发就愈快，即干燥速度随温度升高而提高。干燥时温度过低和过高干芋片中葡甘聚糖含量均较低；空气温度在70 ℃左右时，干芋片中葡甘聚糖含量最高。原因是温度过低时干燥速率低，干燥时间长，酶活性不能很快被抑制，因而消耗部分糖和有机物质，使葡甘聚糖损失率提高；而干燥温度过高时，引起糖分焦化，同样会使干芋片中葡甘聚糖含量下降。

低温区干燥时，干芋片色泽很差；随温度升高，色泽逐渐好转；当热空气温度达到80 ℃时，色泽达到最佳状态，随后呈下降趋势。其原因是低温干燥时，干燥时间长，酶的活性不能很快被抑制，使酶促褐变和非酶褐变作用时间延长，加之一定的风速作用给芋片提供了丰富的氧，加速了褐变作用进程，使得色泽较差。随热空气温度提高，酶活性下降，褐变反应受抑制，色泽较好。但如热空气温度过高（超过80℃），葡甘聚糖焦化和淀粉氧化反应增强，色泽会变差。

由上述可知，温度对干燥过程和干燥产品质量有重大影响，是干燥操作中需要控制的最重要参数。在单风温干燥实验中测得，以维持81℃的风温为好。多数实际应用的干燥机中，采用多风温干燥，干燥初期风温100~120℃，干燥后期60~90℃。

（二）干燥介质（热空气）湿度

实际使用的干燥介质热空气是空气和水蒸气的混合物。在一定体积的空气内含有的水气量称为绝对湿度。同体积同温度的空气在达到饱和时所需的水气量称为饱和湿度，此水分量即是空气所能含的最大量水分。只有不饱和的空气才能作为干燥介质。空气的绝对湿度与饱和湿度相差愈大，干燥能力愈强，干燥速率愈大。

（三）热空气流速与流向

提升热空气流速能及时将物料表面附近的饱和湿空气带走，以防止物料内水分的进一步蒸发被阻碍，同时，因物料表面接触的热空气量增加而显著加速物料中水分的蒸发。所以，热空气流速增加，干燥速率加快。但是，热空气流速如过大，会降低热能利用率，增加燃料消耗。

（四）鲜芋片的表面积

随着芋片厚度减小，干燥速率提高。因为，切片愈薄，热量向芋片中心传速和水分从物料中心向外移动的距离愈小，芋片和热空气相互接触的表面积增加，因而加速水分的蒸发。片厚7~8 mm时，葡甘聚糖含量最高，随芋片厚度增加，葡甘聚糖含量下降。因为切片越厚，干燥时间越长，糖分及有机物的损失越多，因而葡甘聚糖含量下降。鲜芋片厚度影响干芋片色泽，厚度增加色泽变差。干燥过程和干燥产品质量受多项工艺参数的影响，应综合考虑产品质量、生产效率和节能。据研究，芋片干燥优化工艺参数为：风温81℃，风速1.4 m/s，片厚5 mm。这些参数对实际生产有一定参考价值。实际生产情况更加复杂和多样，根据实际生产的具体情况，探索出一套优化的适用的工艺参数，是实际操作中需解决的关键问题。

四、干燥设备

在分散的小量生产中，常采用简易的烘烤设备。在批量生产中，已广泛使用多种性能良好的干燥设备。

（一）传统烘烤设备

该设备是最简单的烘烤设备，是利用一般的灶，加上铁架、竹篾垫，将鲜芋片（或条）均匀地铺在炕上进行烘烤。燃料多用焦煤、无烟煤。这些烘烤设备的优点是，构造很简单，易制造，设备费用低，操作简单，至今仍得到芋农与个体户较广泛地使用。但该设备存在严重缺点，靠辐射传热，静态干燥，芋片干燥时间很长（烘烤一批要40~45 h），干燥很不均匀，酶的钝化处理（熏硫）难于控制。干燥所得的干芋片质量差，黑片较多，含硫量易超标，浪费资源，劳动强度也过大。四川绵阳安州区传统土法烘烤具有较强的代表性。

目前我国农村有的用比较简单的设备烘烤芋干，例如，利用烤烟房或烤灶进行烘烤。这种方法的具体操作是，灶内用木炭或煤作为热源，在其上放上竹垫子，火堆离垫子的高度为40~50 cm，垫上不重叠地放置经漂白的切片，火力均匀，使灶四周干燥收缩，温度降至50~60℃慢烤，到5~6成干时，可以重叠烘烤，温度在30~40℃，烘干的成品为白色，水分含量合格，烤烟烘烤时，要求与上述一样。

（1）燃料条件：无烟煤是烘炕的必须热源，理想的无烟煤应是燃烧时起绿色火苗、能结块、火温高而持久。若燃烧时不能结块，可用黄泥浆拌和。拌和黄泥浆仍不能使之结块的煤不能使用。若无无烟煤资源，煤的性能又不能确定，不要盲目建灶。

（2）建灶及附件：根据生产量决定建灶，每天生产升吨干芋条约需建30洞灶。根据房屋大小而设计烘灶布局，理想的烘炕应背靠背建立，即烘笆相隔相连，可以保持温度，节约能量，也便于上炕翻动芋条，上煤、出煤渣畅通。不具备此条件，可借助用一方墙壁建灶以节约建筑材料。图6-4为四川绵阳安州区土灶结构示意图。

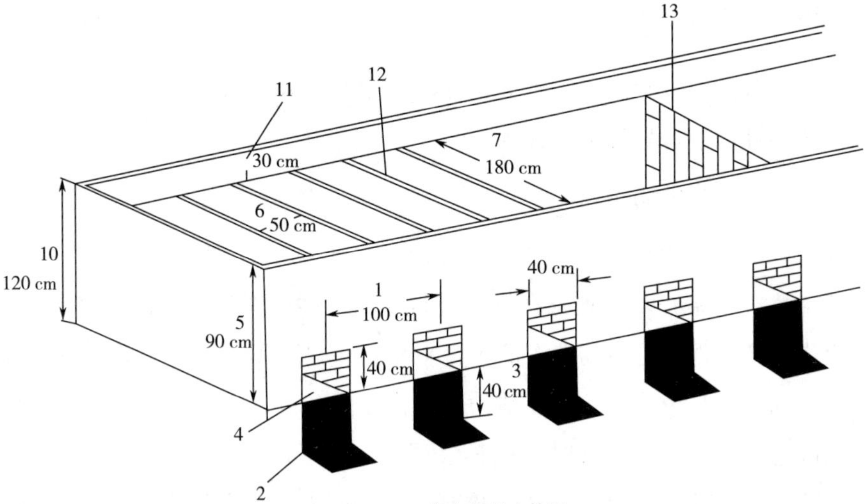

（a）烘灶主体图

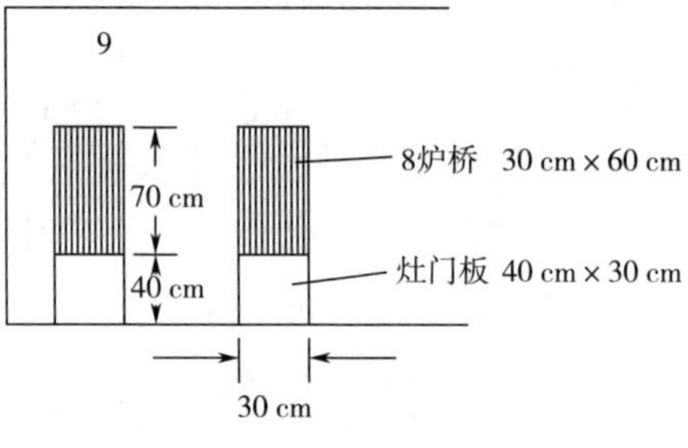

（b）灶堂内平面图

图6-4　四川绵阳安州区土灶结构示意图

1—灶距　2—炉灰洞　3—炉灰洞底距　4—灶门；灶门板（过火板）

5—灶底堂及炉桥距烘笆　6—承重抬杠间距　7—灶宽　8—炉桥　9—灶内堂平面图

10—灶背高　11—护栏围边高30 cm　12—抬笆杠（使用承重强的钢管）　13—隔火墙

建灶按示意图标注的规格，关键部位说明如下：

①隔火墙。4~5洞灶应制隔墙，即把多个洞灶隔为组，可使温度相对稳定；生产量少时，可以逐组烧灶相适应，又可选择一组灶作复炕之用。

②安装炉桥。由过火板至底外高而内低，保持5~7 cm的高差才能拉火，使火力更大。

③挡火板。每洞灶必须吊过火板（废锅盖、废铁皮），距灶笆40 cm，既可避免火苗直接烧坏烘笆，又可使温度均匀。

④炕笆杠。用废旧角钢、钢管或大抬杠，结实牢固、平整。

⑤炕笆。用竹编制，只去竹节或薄薄的篾黄，编制严密（减少漏碎末），结实，能承受人的重量，表面光滑；灶建多宽编多宽（180~200 cm），尽量减少接头。

⑥竹箩。用于装洗尽皮的鲜芋及切好的芋条，数量根据生产量确定，规格：底部50 cm×50 cm，口面60 cm×60 cm，高60 cm。

（3）烘烤步骤。

①高温固色。鲜芋条上炕（即将芋条上到炕笆上），应先上料在炉火上方以"压火"，后上周边。此时灶膛内的温度应掌握在80~100 ℃。芋条内有大量自由水的存在，高温使鲜芋条内部水分向表层的内扩散和表面水分向空气的外扩散保持平衡，自由水借助毛细管道渗透作用而自由移动，源源不断地扩散到表层、蒸发到空气中。高温烘炕掌握在5~6 h，以芋条表面干燥、结膜为准。温度过高、时间过长，会使芋条表面发黄或焦糊，温度过低、时间过短，又会造成"夹心"和颜色暗淡。所以，这道工序是决定芋条色白、不夹心、在光线照射下半透明的关键，掌握不好火温和时间，烘成黑色后是不能改变和补救的。

②中温排湿。烘炕中表现为中后期水分的缓慢减少，表面结膜的芋条由于自由水的减少，内扩散减弱，应把火温降到60~80 ℃，减少外扩散，重新使内外扩散平衡，否则，水分子扩散速度大于内扩散，芋条表层得不到足够的内层水分补充而收缩结壳。这样内层水分更无法蒸发出来，出现外干内稀的现象。在此期间，要翻烘2~3次，中间的芋条要翻到两边，两边的要翻到中间，边角处要仔细翻到；由于火力向四周分散，边壁回射热

源，因此，靠壁方温度相对高些，翻烘时中部应薄点儿，至壁逐渐增厚。中温期火过大会造成"皮焦骨头生"的现象。过低又会造成"煮豆豉"现象，使芋条变乌变黑，中温的时间掌握在 18 h 左右，标准是芋条失水 70%~80%，基本干了，即可下炕。下炕后的芋条集中堆放 2~3 天，使芋条内部的水分重新均匀分布，堆放过久不复炕，芋条会发生霉变。

③低温复炕。经过 2~3 天的堆放，芋条中心、周边及表面的水分平衡，干湿一致，集中用一组灶进行复炕，厚度可 30~40 cm，上面用麻袋掩盖，火温掌握在 30~40 ℃，时间需 24~48 h，直至全干。全干的标准是绝对含水（化合水）14%以内，常规的检验方法是翻动芋条有清脆的响声，无软条，无糖心，质地坚硬，捣碎能成粉末。

此项工序是烘炕的最后一道工序，必须低温长时间慢烘，火温高了会使芋条"老火"变成黄色甚至焦黑，严重影响品质，大幅度降低商品价值，使此前的工作毁于一旦。为提高芋片质量，提高生产率，降低劳动强度，我国已研制出多种性能良好的干燥设备投入使用。

（二）隧道式干燥设备

如图 6-5 所示，这种设备有一较长的隧道，其长度决定于物料干燥所需的时间及干燥介质的流速和所容许的阻力，一般长度为 20~40 m。隧道常用砖砌成，并采用保温绝热措施，两端设置有能开启和严密封闭的门，并有干燥介质的入口和废气出口。鲜芋片均匀铺在盘内，盘放在小车上，小车装满芋片后由机械驱动进入隧道，到达出口端时即完成干燥过程。小车与隧道侧壁和顶之间的间隙应尽量取小值，一般为 70~80 mm，否则热空气就可能大量地从物料旁边穿过而不能充分利用。根据芋片和热空气运行方向，可将这种干燥设备分为以下三种形式。

1. 顺流式干燥

装芋片的小车前进的方向与热空气方向一致，芋片与热空气从同一端进入隧道，又一同从另一端出隧道。芋片初入隧道，遇到高温低湿的热空气，水分蒸发很快，使热空气温度迅速下降而湿度增加，致使在隧道后段干燥效率明显下降，延长干燥时间，有时不能将水分减至要求的标准。

2. 逆流式干燥

装芋片的小车前进的方向与热空气流动方向相反，芋片从热空气出口端进入，遇到的是低温高湿的热空气，而在出口端遇到的是高温低湿的热空气。因为，热空气接触的是已近干燥的芋片，降温增湿慢，干燥效率较高，如操作不当，可能引起芋片温度过高，进而影响品质。

3. 混合式干燥（又称对流干燥）

是将隧道分为两段，一段为顺流式，一段为逆流式，热空气分别从两端进入隧道，吹向中间，通过芋片后湿热空气从中部集中排出。芋片先进入顺流段隧道，高温低湿的热空气吹向芋片而使水分蒸发较快，待水分大部蒸发后，进入逆流段隧道，越往前走温度越高且湿度越低，能保持较高的干燥速率，易达到要求的含水量，产品质量好。隧道式干燥设备制造比较容易，操作简便，适用范围广，干燥产品质量好，得到广泛应用，因属人工装卸物料，伴随进料和出料，隧道门开闭次数较多，造成劳动条件较差，自动化程度较低，从而导致生产率的提高受到限制。

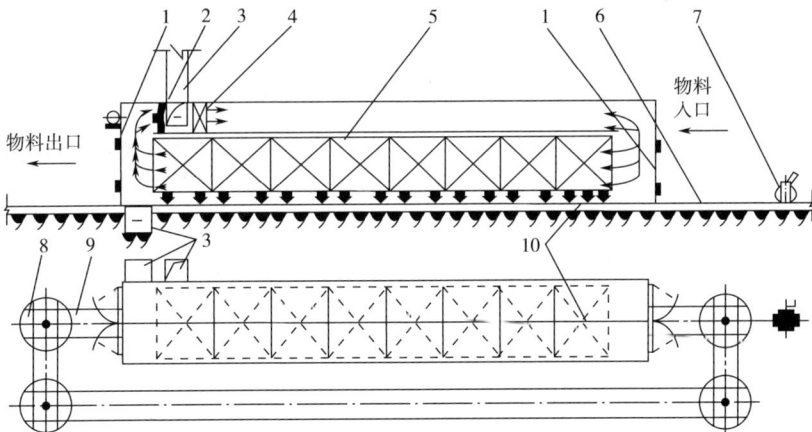

图 6-5　双列隧道式干燥器示意图

1—门　2—鼓风机　3—废气出口　4—预热器　5—小车

6—钢索　7—绞车　8—转车盘　9—回车道　10—滑车

（三）振动流化床干燥设备

在这种干燥设备中，将物料铺放在分布板上，热空气由下部通入床层，随着气流速度加大到某种程度，物料在床层内产生沸腾状态，称为流化床干燥。在流化床干燥过程中，物料悬浮于热空气中，与热空气接触面积大，热效率高，干燥速率快且均匀，已获得广泛应用，但当物料湿度大，又具有一定黏性时，不易形成沸腾状态，其优点就得不到发挥。而采用振动流化床，则可使有黏性的物料沸腾。在振动流化床干燥设备中，工作床层依靠机体两侧的激振电机产生机械振动，使物料能沿床层跳跃前进，并可在较小气流速度下使物料沸腾。调整振动参数可以改变物料在机内的停留时间。在实际的芋片干燥中，振动流化床设备常与其他干燥设备配合使用。但因鲜芋片湿度大、有黏性，导致沸腾效果不够好。

（四）网带式干燥设备

这种干燥设备（图6-6）有一长方形箱体，多由金属构件组成，外部设有保温层。箱体大小取决于生产率，箱体内装有多层金属网带。金属网带一般用直径1 mm的不锈钢丝或镀锌钢丝编织而成，各层网带分别跨绕于两个滚筒上，在驱动滚筒的带动下沿水平方向运行，相邻层网带的运行方向相反。先将芋片投入顶层网带入口端，均匀铺在网上，并随网缓慢移动，当运行到网带的末端后，均匀撒落在第二层上。与此类似，第二层网带上的芋片又撒落在第三层网带上，逐层往下撒落，经最下层网带到箱体物料出口排出已完成干燥的芋片。

热空气通入机内，以垂直方向向上或向下穿过芋片层进行干燥，称为穿流式干燥。热空气在芋片层上方水平流动进行干燥，称为水平气流式干燥。网带可让气流以穿流的方式干燥，热空气由下而上（或由上而下）穿过网带，与芋片充分接触，因而热效率高。在网带式干燥机中，芋片随网带水平运动，又逐层往下撒落，每块芋片都经过干燥空间的不同部位，且有基本相同的干燥时间，因此干燥的均匀性较高。网带式干燥机能连续生产，自动化程度较高，网带运行速度可调，操作灵活，有较广的工艺适应性。干燥过程在完全密封闭的条件下进行，劳动条件好，应用于芋片干燥时，效果良好，能获得质量高的干芋片，是符合芋片干燥要求的好机型。但其缺点是运行噪声较大，网带易破损。

生产中，还有用振动流化床干燥设备与网带式干燥设备配合使用。第一阶段干燥使用振动流化床干燥设备，并在此阶段用二氧化硫进行控制褐变的处理，处理 3～5 min，再干燥 8～10 min，热空气温度控制在 110～120 ℃。第二阶段干燥采用网带式干燥设备，温度控制在 80 ℃左右，干燥时间 2～3 h。

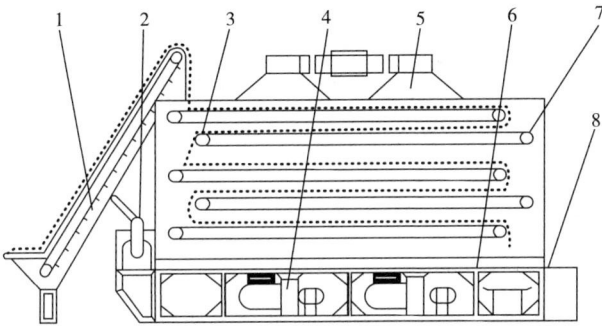

图 6-6　网带式烘干机示意图

1—输送装置　2—变速装置　3—干燥室　4—下风道
5—排湿口　6—机架　7—网带装置　8—接料斗

（五）厢式干燥设备

厢式干燥设备又称室式干燥设备，一般小型的称为烘箱，大型的称为烘房。厢式干燥设备为常压间歇操作的典型设备，可用于干燥多种不同形态的物料。这种干燥设备的基本结构如图 6-7 所示，它是由推车、盘架、温度控制器、风机和若干长方形的浅盘所组成。被干燥的物料放在浅盘中，一般物料层厚度为 30～50 mm。新鲜空气由风机吸入，经加热装置加热后沿挡板均匀地进入各层挡板之间，在物料上方掠过从而起到干燥作用；部分废潮气经排出管排出，余下的循环使用，以提高热利用率。废潮

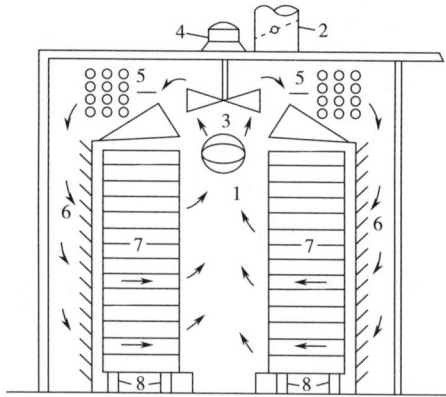

图 6-7　厢式干燥设备结构示意图

1—空气入口　2—空气出口　3—温控器　4—风机

5—加热器　6—挡板　7—盘架　8—移动轮

气循环量可以用吸入口及排出口的挡板进行调节。空气的速度由物料（魔芋片）的厚度决定，应使物料不被气流带走为宜，一般为 4~8 m/s。这种干燥设备的浅盘放在可移动小车的盘架上，使物料的装卸都能在厢外进行，不占用干燥时间，且劳动条件较好。

　　厢式干燥设备的优点是构造简单，设备投资少，适应性较强。缺点是装卸物料的劳动强度大，设备的利用率低，热利用率及产品质量不易均匀。它适用于小规模多品种、要求干燥条件变动大及干燥时间长等场合的干燥操作，特别适合山区农民作干燥多种农副产品使用。

第四节　魔芋无硫干燥技术

　　随着魔芋市场的扩大，特别是国外食品市场份额的增加，国外对魔芋的食品安全性的要求越来越高，其中对二氧化硫的反映尤其敏感，加之近 3 年各地在酝酿搞有机魔芋，虽可由鲜芋直接制成有机食品，但考虑到运输成本与腐烂等因素的影响，也必须过无硫干燥这一关。因此，魔芋的无硫干燥技术是很重要的技术发展方向。目前，无硫干燥方法主要有以下6种。

一、快速高温杀酶法

可选用 MDG 高效强力快速干燥设备，将鲜芋捣碎，不添加二氧化硫，经 100 ℃以上的高温大约 2 min 的时间快速干燥，获得魔芋毛粉，再经精粉机和研磨机加工为有机魔芋粉。该法的缺点是魔芋粉色泽发暗，颜色偏灰黑色，不及普通魔芋粉有光泽，若选用白魔芋或赤城大芋等不易褐变的材料，产品色泽和颜色会好些。

二、低温冷冻干燥法

通过低温（0 ℃以下）冷冻负压干燥，魔芋几乎不变褐变，颜色能够保持住刚切开的白色。但由于该法使用魔芋物料未经过逐渐收缩变小的形状，葡甘露聚糖不能形成精粉颗粒，干片一经粉碎即成粉末状，需由特别分离器分离，或干脆不分离，直接做成无硫全粉魔芋食品。

三、选择不易褐变品种普通干燥法

选用普通的网袋式干燥设备，如不使用二氧化硫熏蒸，芋片颜色发黑，商品性太差，但选用白魔芋或赤城大芋品种作原料加工，不使用二氧化硫，其片色泽仍可达灰白色，经精粉机再加工仍可生产出市场可接受的无硫魔芋粉。

四、常温快速失水干燥法

重庆里茂农产品开发有限公司研制出了魔芋常温快速失水干燥法，即取鲜魔芋洗净、去皮、切片（或丁）后，按魔芋：植物淀粉（或纤维素或半纤维素）＝1：(0.3~10) 加入，在室温下进行拌和、混合粉碎、烘干，然后用魔芋精粉机进行粉碎、研磨、分离，制得产品。该加工方法简单方便，成本低，对环境无污染，所加工的产品不含硫成分、符合国家食品标准、食用安全无害，所制得的产品具有较强的市场竞争能力。

五、添加无害物抑制褐变干燥法

在魔芋切片后经适量添加抗坏血酸或柠檬酸等溶液浸泡后可抑制魔芋片褐变，烘烤出色白且无有害物质的魔芋干片，再经精粉机和研磨机加工即可生产出无硫魔芋粉。

六、惰性气体保护下微波加热抑制褐变

惰性气体保护下微波加热抑制褐变具有如下特点：

（一）加热速度快、干燥效率高、干燥质量高

微波加热是一种辐射加热，微波与物料直接发生作用，使其里外同时被加热，无须通过对流或传导来传递热量，所以加热速度快，干燥效率高且品质好。

（二）真空状态下干燥，温度可控，可以避免魔芋中葡甘聚糖的"糊化"

由于魔芋和魔芋精粉中水分去除难度较大，采用现行的魔芋精粉加工技术对魔芋或魔芋精粉干燥时，都要经过长时间>100 ℃高温处理，而当干燥温度>85 ℃，并持续一定时间后，其表面会产生结壳、变色、变质，这称为"糊化"。葡甘聚糖"糊化"后，其膨胀系数，表观黏度等质量均将大幅降低。而在真空状态下干燥，水的沸点将显著降低，例如，在0.073大气压（7.37 kPa）下，水的沸点只有40 ℃。

（三）真空状态下干燥，可以避免魔芋发生褐变

现有的研究表明魔芋的褐变主要是由加工前期的酶促褐变而引起的，而发生酶促褐变的条件是多酚类物质、多酚氧化酶和氧气三者同时存在，缺一不可，真空状态下干燥，去除了氧气，因此可以非常有效地避免魔芋发生褐变。专利号：02113421.9（专利名称：魔芋微波杀酶干燥的加工方法）提供了一种魔芋微波杀酶干燥的加工方法，其特征在于：取鲜魔芋洗

净、去皮、切片后，用频率为 915～2450 MHz 微波将鲜魔芋片杀酶3~5 min，然后烘干，再转入魔芋精粉机内进行粉碎、研磨、分离，即得无硫魔芋精粉。笔者的实验表明按此方法加工魔芋，即使褐变不明显的魔芋，在加工过程中也会发生大面积的褐变。其主要原因是未考虑氧气对褐变反应的影响。

（四）微波真空干燥后湿法加工的顺序能明显降低酒精的用量

例如，干燥至原先质量的 50%，可使酒精用量减少为原来的 50%；干燥至原先质量的 30%，可使酒精用量减少为原来的三分之一。同时由于采用的是微波加热的方式，加热均匀，不会产生表面结壳的现象，为快速粉碎提供了条件。

第五节　魔芋的褐变机理与护色技术

一、魔芋的褐变机理

（一）魔芋的酶促褐变机理

魔芋的酶促褐变是指其组织中的酚类物质在氧的参与和多酚氧化（polyphenol oxidase，PPO）的催化下，被氧化成醌类，在氧大量侵入的情况下氧化还原作用失去平衡，产生大量醌并逐渐积累，醌再进一步氧化聚合，形成色素或黑色素，从而导致组织变色。酶促褐变的发生需三个条件，即适当的酚类底物、多酚氧化酶和氧。

不同果蔬褐变所涉及底物不同，底物主要有绿原酸、儿茶素、表没食子儿茶素没食子酸酯、邻苯二酚、阿魏酸等。Tono 等（1974）从花芋球茎中分离得到了一种含酚环的含氮衍生物，即 3,4-二羟基苯乙胺（多巴胺），它能在魔芋多酚氧化酶的作用下氧化。因多巴胺含有很易被多酚氧化酶催化的两个羟基，所以猜测其可能为褐变底物之一。不同魔芋品种固有的褐变底物含量不同，所以它们的褐变强度也不同，如花魔芋的活力始终强于白魔芋，整个储藏过程中，白魔芋的褐变强度弱于花魔芋。所以，可以选育优良的品种来控制褐变的强弱程度。

多酚氧化酶是导致魔芋酶促褐变的主要酶类。研究表明，魔芋中多酚氧化酶活力约为 250 U/g，酚类物质含量为 1500 mg/kg，远远高于一般果蔬中的多酚氧化酶活力（约 70 U/g）和酚类物质含量（约 200 mg/kg）。因此，魔芋是极易由多酚氧化酶引起酶促褐变的果蔬。多酚氧化酶广泛存在于魔芋球茎中，以铜为辅基，必须以氧为受体，是一种末端氧化酶。魔芋从采收到 11 月下旬，多酚氧化酶处于上升趋势；从 12 月上旬到中下旬，多酚氧化酶活力基本处于下降趋势；之后魔芋多酚氧化酶活力又处于上升趋势。这种现象可能跟魔芋储藏期的生理活动有关。魔芋球茎在储藏期的生理过程大致分为 4 个阶段，即后熟期、休眠期、休眠解除期和芽伸长期。从采收到 12 月上旬是魔芋的后熟期，球茎含水量高，且伤口呼吸作用及蒸发作用较强，内部代谢旺盛，各类酶的活性较强因此多酚氧化酶的活力上升。12 月上旬到中旬或下旬的魔芋逐渐进入休眠期，球茎呼吸作用减弱，球茎内部生理代谢不旺盛，因此多酚氧化酶活力处于下降趋势。12 月中下旬之后是魔芋的休眠解除期，此期间呼吸作用仍很弱但多酚氧化酶的活性随着休眠的解除略有上升。通常在次年 2 月下旬至 3 月或更晚（受温度影响），呼吸作用急剧增强，内部代谢非常活跃，养分开始大量分解转化以支持芽萌发。淀粉酶、蔗糖酶等水解酶活性显著升高，多酚氧化酶活性也呈现持续上升趋势，可能达到较高水平。此阶段标志储藏结束和生长开始，需严防发芽消耗和病害。

在整个储藏过程中，白魔芋和花魔芋的多酚氧化酶活力变化趋势基本一致，但白魔芋的多酚氧化酶活力始终弱于花魔芋多酚氧化酶活力。有关白魔芋和花魔芋中多酚氧化酶的电泳分析发现，引起两种魔芋褐变的酶是同一种酶，且白魔芋的酶量明显多于花魔芋的酶量。但是，花魔芋的褐变程度远高于白魔芋，说明魔芋的褐变跟所含的酶量不呈正相关，而与酶活力呈正相关。这一研究结果说明，抑制魔芋加工过程中的褐变应主要控制多酚氧化酶的活性。

　　影响多酚氧化酶活性强弱的因素有温度、水分、pH 值、抑制剂等。温度对多酚氧化酶有钝化作用，组织中或溶液中的多酚氧化酶在 70~90 ℃下短时间的热处理足以使其失活。热处理包括热水处理、热蒸汽处理、热空气处理等。采用瞬时高温处理原料，可使多酚氧化酶及其他的酶类全部失活，达到控制酶促褐变的目的是使用最广泛的控制酶促褐变。加热处理必须严格控制时间，要求在最短的时间达到既能控制酶活性又不影响魔芋原有风味的效果，如果热处理不彻底，会破坏细胞的结构，但未钝化酶类，反而会强化酶和底物的接触而促进褐变。热处理也会导致水溶性无机盐和维生素损失，因此热处理可使用柠檬酸和抗坏血酸溶液，效果更加理想。

　　大多数情况下多酚氧化酶的最适 pH 值为 4~7，一般情况下 pH 值低于 3 时多酚氧化酶已明显无活性。因此，在魔芋加工过程中常用柠檬酸、苹果酸、磷酸及抗坏血酸等防止酶促褐变，其中，柠檬酸对酶促褐变有双重抑制作用，既可降低 pH 值，又可螯合多酚氧化酶的铜辅基，但作为褐变抑制剂，单独使用的效果不大，通常与其他褐变抑制剂搭配使用，效果更佳。

　　多酚氧化酶是以铜为辅基的金属蛋白，因此许多金属合剂，在这类抑制剂中如一氧化碳、铜锌灵、2-疏基苯并噻唑、二丙醇或叠氮化合物对其都具有抑制作用，食品加工中有实际价值的是抗坏血酸、柠檬酸和植酸等。与促反应产物作用的抑制剂有醌还原剂和醌整合剂。实际生产中常用的醌还原剂有抗坏血酸、二氧化硫、偏重亚硫酸盐等。二氧化硫及亚硫酸盐溶液在偏酸性条件（pH 值=6）下对酚酶抑制效果最好，可通过抑制酶的活性来抑制酶促褐变，亚硫酸盐是较强的还原剂，也可抑制酪氨酸转变为 3,4-二羟基苯丙氨酸，此法的优点除使用方便、效力可靠、成本低外，还有利于保存维生素。但是它易腐蚀铁壁，破坏维生素 B，浓度较高时有碍于人体健康。因此，生产中常将二氧化硫和（或）亚酸盐跟其他的抑制剂结合使用，以降低使用量。常用的醌整合剂有半胱氨酸和胱甘肽，L-半胱氨酸是食品中固有的营养成分，是一种安全的试剂，控制褐变效果好，很有潜力成为焦亚硫酸钠的替代品；L-半胱氨酸对多酚氧化酶具有钝化作用，作为醌整合剂，与醌作用生成稳定的无色化合物来抑制褐变。

多酚氧化酶和过氧化物酶在水分活度降至 0.85 以下时失活。在正常情况下，虽然魔芋水分活度高，但细胞内的酶与多酚氧化酶区域化分布，所以不产褐变。在进行干燥加工时，虽然酚酶脱水凝集导致变性，酚酶活性降低，但由于细胞膜结构损伤，膜透性增大，细胞内物质外泄，增加了酶与底物接触的机会，因此，虽然酚酶活性低，但褐变程度很高。鉴于此，在加工过程中应迅速降低水分活度，在酚酶与底物接触之前钝化酶活性，如在魔芋加工过程中提高风速，风速越快褐变越慢，这是因为风速的提高可加快魔芋的干燥速率，导致水分散发加快，干燥时间和芋片氧化褐变时间缩短，从而可获得色泽较好的产品。与此同时，芋片的厚度也对色泽带来影响，芋片越薄，干燥速度越快，色泽越好。多酚氧化酶只有在氧气存在的情况下才能与底物反应，因此加工过程中可以采取隔离氧气的办法来控制底物氧化。隔离的办法有浸泡、真空、充二氧化碳等。因魔芋葡甘聚糖易溶胀，所以长时间浸泡不适宜魔芋加工。通常采用一定浓度的乙醇浸泡。真空干燥的产品中葡甘聚糖不能形成晶体粒子，且加工设备成本高，所以一般不用。

除了以上的理化控制法，也可采用生物控制法，例如，使用天然添加剂，如蛋白酶（主要是无花果蛋白酶、木瓜蛋白酶和菠萝蛋白酶）、小分子多肽、乳酸菌的代谢产物等，抑制酶促褐变。由于多酚氧化酶是由核基因编码的一种重要的末端氧化酶，随着分子生物学领域不断取得关键性的技术突破，迄今，已成功克隆出马铃薯、葡萄、番茄、甘薯、苹果、双胞蘑菇、草莓、茶树、梨、香蕉、莲藕菠菜、紫竹、蝴蝶兰等十多种园艺作物的多酚氧化酶基因。通过基因工程技术手段，如利用反义技术，反向表达多酚氧化酶基因等，可以实现对酶促褐变的有效控制。

张洁（2014）采用同源克隆的方法，从花魔芋叶片中克隆得到多酚化酶基因的保守编码区序列，并采用 cDNA 末端快速克隆技术（rapid-amplifcation of cDNA ends，RACE）从花魔芋叶片中克隆得到多酚氧化酶基因全长，通过分析魔芋基因的序列信息及其遗传背景发现，魔芋蛋白分子质量约为 55 kDa，编码蛋白属于酪氨酸酶基因家族蛋白，具有多酚氧化酶蛋白典型的特征。魔芋中第 91~108、250~261 位氨基酸残基分别为 CuA 和 CuB 结合区，高度保守的 CuA 和 CuB 结合区富含 His 残基；魔芋蛋白是亲水蛋白质，无信号肽。该蛋白质含有 15 个 α-螺旋结构，5 个 β-折叠结构；花魔芋蛋白与禾本科植物（玉米、小麦、大麦）最先聚为一类，亲缘关系最近。利用反义表达载体成功转化马铃薯和苹果，可有效防止马铃薯的褐化和苹果的组培褐化问题。魔芋基因全长序列的克隆成功，为后续通过反义抑制和超量表达等转基因方法来调节魔芋多酚氧化酶基因的表达奠定了基础，有望在魔芋的抗褐变育种中取得重大突破。

（二）魔芋的非酶促褐变机理

魔芋储藏或加工过程中常发生与酶无关的褐变作用，称为非酶褐变。非酶褐变一般包括焦糖化反应、羰氨反应、抗坏血酸氧化反应。糖类在没有氨基化合物参与的情况下，加热到熔点（150~200 ℃）以上，生成黏稠状深褐色物质的过程称为焦糖化反应。魔芋加工过程中的温度一般不能达到焦糖化反应温度，所以一般不考虑焦糖化反应引起的褐变。由抗坏血酸氧化引起的食品褐变称为抗坏血酸氧化褐变。抗坏血酸氧化褐变在很大程度上依赖于 pH 值和抗坏血酸的浓度。如果利用抗坏血酸抑制酶促褐变，非酶褐变的羰氨反应时抗坏血酸过量，那么剩余的抗坏血酸会引起抗坏血酸氧化褐变，所以要控制好抗坏血酸的量，不能过多。

羰氨反应是指氨基（—NH$_2$）与羰基（— C =O）经缩合、聚合生成黑色素的反应，此反应在氨基和羰基共存的条件下发生。其中氨基包含游离氨基酸、肽、蛋白质胺类；而羰基包含醛、酮或糖分解和脂肪氧化等生成的羰基化合物。据报道，魔芋球茎中含有羰氨反应的底物有约 3% 的还原糖（可溶性糖有葡萄糖、甘露糖、果糖和蔗糖），约 5% 的粗蛋白和十几种氨基酸。魔芋干燥过程中，具备发生羰氨反应的温度和水分条件，所以魔芋初加工中羰氨反应引起的褐变也较严重。

最容易发生羰氨反应的物质为游离还原糖和游离氨基酸，由于大部分含羰基可溶性糖存在于含葡甘聚糖的异细胞内，故采用干法加工难以除去；而氨基酸是魔芋的营养成分，因而很难通过控制游离还原糖和游离氨基酸含量来抑制非酶褐变。薄晓菲等（2007）探讨了乙醇浸提控制魔芋精粉非酶褐变的工艺。非酶褐变及乙醇处理对白魔芋和花魔芋精粉的白度和变黄指数的影响如表 6-1 所示。白魔芋精粉和花魔芋精粉在 105 ℃下加热 4 h 后均会发生褐变，花魔芋精粉的非酶褐变程度要高于白魔芋精粉；当两种魔芋精粉经 50%乙醇在 35 ℃下浸提 3 h 后，其白度均有增加，变黄指数均有减小，非酶褐变程度都显著降低，基本不再褐变；乙醇处理的魔芋精粉再加热后，白魔芋精粉和花魔芋精粉的白度降低，变黄指数增大，说明加热后发生非酶褐变，但较直接加热后的颜色要浅，由此说明乙醇浸提把引起非酶褐变的成分提取得比较充分。

表 6-1　非酶褐变及乙醇处理对白魔芋和花魔芋精粉白度和变黄指数的影响

处理方式	白度		变黄指数	
	白魔芋	花魔芋	白魔芋	花魔芋
原料	30.93	26.85	17.80	27.32
非酶褐变	18.15	7.36	56.51	88.47
乙醇处理	32.20	32.68	7.33	8.58
乙醇处理后加热	30.82	28.05	10.14	18.43

由于羰氨反应的底物多为游离还原糖和游离氨基酸，产物为酚类物质，作者进一步对两种魔芋精粉加热褐变前后的游离还原糖、游离氨基酸和酚类物质的变化进行了解析。结果表明：非酶褐变前后，白魔芋和花魔芋精粉中的游离还原糖和游离氨基酸总量均有所减少，酚类物质含量增加，说明可能发生了氨反应。经乙醇处理后，游离还原糖、游离氨基酸和酚类物质均有显著降低，说明乙醇处理后可以脱除引起非酶褐变的成分。

通过分析非酶褐变前后魔芋精粉乙醇浸提液中游离还原糖组成发现，非酶褐变前后白魔芋精粉乙醇浸提液中还原糖只有葡萄糖，花魔芋精粉乙醇浸提液中还原糖的种类有阿拉伯糖和葡萄糖，但两种魔芋精粉褐变后都只有葡萄糖的含量减少，说明葡萄糖是参与魔芋精粉加热褐变的主要还原糖。白魔芋精粉和花魔芋精粉中均有 16 种游离氨基酸，白魔芋精粉中各种氨基酸含量变化最大的是丝氨酸，其次为谷氨酸、苏氨酸和天门冬氨酸；花魔芋精粉中氨基酸含量变化最大的是丝氨酸，其次为丙氨酸、精氨酸、谷氨酸、亮氨酸、苏氨酸、天门冬氨酸和赖氨酸。通过进一步模拟葡萄糖和氨基酸的羰氨反应发现，褐变强度最大的是赖氨酸，其次是组氨酸，而其他氨基酸褐变现象不明显。虽然两种魔芋在非酶褐变前后，其赖氨酸和组氨酸的含量变化不大，但这两种氨基酸与葡萄糖发生羰氨反应所产生的颜色变化较大，是引起褐变的主要氨基酸。利用气相色谱—质谱法分析赖氨酸和组氨酸与葡萄糖的羰氨反应产物成分，发现两种魔芋精粉的褐变产物中均含有 2,3-二氢-3,5-二羟基-6-甲基-4（H）-吡喃-4-酮，推测产生魔芋精粉非酶褐变的主要物质，花魔芋精粉反应产物中还分析出了 5-羟甲基糠醛，推测该物质也是魔芋精粉褐变后比白魔芋精粉颜色深的原因之一。综上所述，白魔芋精粉和花魔芋精粉通过加热处理后颜色的变化是由羰氨反应引起的，反应的主要底物为游离葡萄糖和游离氨基酸。

二、魔芋的护色技术

魔芋球茎的皮下组织为白色，但在魔芋储藏与加工过程中会发生褐变，导致魔芋产品的白度降低。我国生产的魔芋精粉主要销往日本、东南亚、欧洲、美国等，这些国家和地区对魔芋精粉的色泽均有严格的要求。GB/T 18104—2000《魔芋精粉》要求特级魔芋精粉白色颗粒占总重的 95%以上。因此，白度是衡量魔芋精粉质量高低的重要指标。魔芋精粉褐变，不仅影响外观色泽，而且其酶促褐变的中间产物和终产物与魔芋葡甘聚糖发生超分子相互作用，组装或沉积到魔芋葡甘聚糖上，严重影响其水溶性，降低黏度，使魔芋精粉的使用价值下降。

引起魔芋褐变的原因有两种：酶促褐变及非酶褐变的羰氨反应。褐变的影响因素有内因和外因。引起酶促褐变的内因有多酚氧化酶和底物，外因有温度、pH 值和水分。引起非酶褐变中羰氨反应的内因有羰氨化合物和氨基化合物，外因有温度、pH 值、水分和金属离子。因此，在魔芋的储藏加工及精粉储藏过程中，采取有效措施抑制褐变，维持其白色品质的技术称为魔芋的护色技术。魔芋的护色是符合食品科学原理、符合食品相关法典的，与恶意漂白食品、过分追求感官性质有着本质的不同。目前，在实际生产中形成了诸多行之有效的护色技术。

目前，针对果蔬护色技术的研究较多，研究者主要提出的护色工艺有二氧化硫护色法，水溶液护色剂护色法，高温空气灭酶护色法，真空冷冻干燥、微波干燥及热泵干燥护色法，热水漂烫及酸碱溶液处理护色法，天然褐变抑制剂护色法等。由于魔芋球茎中富含亲水性极强的葡甘聚糖，在冷水溶液中即可迅速吸水膨胀"糊化"，并且有很强的胶黏性，会造成脱水困难，加之葡甘聚糖"糊化"后，不可能重新变成晶体，不能再加工出魔芋精粉，因而水溶液护色剂和热烫抑制酶的方法不可行。不接触水，采用高热空气杀酶，芋片温度必然要经过由低到高的升温过程才能达到杀酶温度，但实践证明这一过程，反而加快了褐变发生的速度，单纯的高热空气杀酶也解决不了魔芋干"色白"问题。因此，常规果蔬护色中普遍采用的浸渍法、高热空气法等在魔芋护色中均不适用。

二氧化硫护色法就是传统的熏硫技术，即将二氧化硫加入热风中对魔芋进行熏蒸，此法操作简便，运行成本低，护色效果好，应用极为广泛。二氧化硫可破坏酶的氧化系统，与氧反应，从而阻止酶促褐变以及各类氧化反应的发生，同时可抑制由还原糖与氨基酸发生羰氨反应而导致的非酶褐变。魔芋干燥加工中添加二氧化硫的残留量必须控制在限定范围内，否则将对人体健康造成危害。GB/T 18104—2000《魔芋精粉》规定二氧化硫含量<2.0 g/kg。但某些企业为追求色泽导致魔芋精粉中含硫量超标。为降低魔芋精粉中二氧化硫残留量，魔芋精粉加工企业后期需采用30%乙醇对魔芋精粉清洗加工，极大地增加了生产成本。为了降低生产成本，使用过氧化氢与乙醇互配溶液进行去硫清洗，能够氧化魔芋精粉中残留的大部分二氧化硫，有效降低魔芋精粉中二氧化硫的含量，缩短清洗时间。巩发永（2016）设计了一种用于降低魔芋精粉二氧化硫含量的装置，为防止魔芋

精粉吸水膨胀并发生粘连，先将过氧化氢与一定浓度的乙醇混合，利用螺旋搅拌保证魔芋精粉与雾状过氧化氢和乙醇的混合液充分接触后，储存一定时间，及时将魔芋精粉干燥，最终得到二氧化硫含量符合 GB 2760—2024《食品安全国家标准 食品添加剂使用标准》的魔芋精粉。

天然褐变抑制剂如柠檬酸、草酸、抗坏血酸、硫醇类等，是二氧化硫替代品的理想选择，在食品加工中已得到广泛应用。其中，草酸对多酚氧化酶抑制效果主要是其与酶活性中心铜离子反应生成稳定化合物；抗坏血酸及其衍生物对酶促褐变抑制作用主要是其能将多酚氧化酶产生的醌类在逐步形成色素前还原为酚类；柠檬酸及其衍生物通过双重作用抑制褐变，较低 pH 值并螯合酶活性中心铜离子；硫醇类化合物（如 L-半胱氨酸、谷胱甘肽等）也是非常有效的褐变抑制剂，抑制效果高于维生素 C。通常多元混合抑制剂抗褐变效果比单一种类好。采用互配处理优势互补，选择最优配比，可减少单一用量，增强抑制效果。

由于各种抑制剂的天然特性不同，最适条件各异，因此在多元互配中也会出现拮抗作用，影响抑制效果，所以在互配处理中需要兼顾各种因素。如草酸、柠檬酸等褐变抑制剂，虽对褐变具有一定效果，但由于这些褐变抑制剂单一使用剂量比较大或自身具有毒性等问题，使常规使用受到限制。而且，这些物质在酶促褐变反应开始后才起作用，如果加入量不足，就不能很有效地控制酶促褐变发生，尤其是抗坏血酸，一旦大部分被氧化成脱氢抗坏血酸后，醌类就会聚积、聚合：这将会导致褐变发生。张志健等（2011）研究了柠檬酸、L-半胱氨酸、植酸、抗坏血酸、氯化钙和EDTA 6 种无硫护色剂对魔芋片的护色效果。单因素试验发现，柠檬酸对魔芋片白度的影响最为显著，护色效果最佳，且护色性质稳定。而抗坏血酸、L-半胱氨酸和植酸的影响相对较小，且影响程度相近。四种护色剂的使用浓度：柠檬酸浓度 7.50%，L-半胱氨酸浓度 0.20%，植酸浓度4.00%，抗坏血酸浓度 0.20%。根据单因素试验结果，进一步选择植酸、柠檬酸、抗坏血酸和 L-半胱氨酸四种护色剂，采用正交试验，研究复合护色剂的护色效果。复合护色剂的最优组合是柠檬酸浓度 6.50%，L-半胱氨酸浓度 0.11%，植酸浓度 5.00%，抗坏血酸浓度 0.23%。

热水漂烫及酸碱溶液处理是抑制果蔬酶促褐变的常用方法之一。现在广泛种植花魔芋和白魔芋中多酚氧化酶活性的最适温度都是 30 ℃，最适 pH 值是 5.5。白魔芋与花魔芋在 70 ℃ 左右时，酶活性丧失率分别为 83.3% 和 75.8%，当温度达到 100 ℃ 时酶活性全部丧失。白魔芋在 pH 值为 3 时，酶活性丧失 57.2%，在 pH 值在 2.2 以下时酶活性丧失 100%，花魔芋在 pH 值为 3 时酶活性丧失 86.5%，pH 值在 2.2 以下时酶活性全部丧失。因此，通过调节温度及 pH 值均可抑制多酚氧化酶活性，从而达到抑制褐变效果。Vshal 等（2012）探讨了热烫温度—时间对魔芋片色泽、质地和褐变指数的影响。结果显示，较长的热烫时间和较低的干燥温度能够起到较好的护色作用，降低魔芋片的褐变指数。在 90 ℃ 情况下热烫 3 min，然后在 80 ℃ 下干燥 480 min 可以使最终产品具有最佳品质。

真空冷冻干燥可控制产品中的酶活性，防止氧化褐变，经过真空冷冻干燥的魔芋能保持白色。由于魔芋的特殊性质和结构，真空冷冻干燥后魔芋葡甘聚糖因易受冻而被破坏，经过真空冷冻干燥的魔芋片容易受潮从而影响后期的粉碎工艺，干燥后魔芋精粉分离较困难，且真空冷冻干燥法所需设备初次投资大，干燥能耗高运行成本较高，目前暂未推广运用。叶维和李保国（2016）研究和筛选了三种护色剂复配使用的最佳配方和真空冷冻干燥最佳工艺条件，以增强护色效果。以魔芋片的色泽变化及收缩率变化作为评价指标，色泽按 1~70 分进行评分，乳白色为 45~70 分，浅黄色为 30~45 分，稍发黑为 25~30 分，发黑则低于 25 分。结果表明，魔芋真空冷冻干燥的护色剂最佳配比：柠檬酸浓度为 7.74 g/L，L-半胱氨酸浓度为 0.115 g/L、抗坏血酸浓度为 0.203 g/L。在此试验条件下得到的魔芋为乳白色，感官品质良好。

三、魔芋的后期漂白技术

后期漂白是魔芋加工中的传统工艺。食品工业中常用的漂白方法有三大类型，即还原漂白法、氧化漂白法和脱色漂白法。由于有些色素不受氧化漂白的作用，故氧化漂白法仅在特殊条件下才使用，魔芋加工中不适合用此法。脱色漂白法是将存于水中又能产生颜色的物质，用铁、铝等离子的吸附作用来除去的方法，也不适合魔芋的加工。

熏硫法，它不但可以漂白，还可以抑制褐变。这是目前我国魔芋加工中最普遍的方法、但用这种方法得到的魔芋精粉中二氧化硫含量普遍在 3 g/kg 以上，比国家标准、行业标准高 50% 以上，也比日本国内标准 0.9 g/kg 高出 2 倍多，存在严重的食品安全问题；且国家允许二氧化硫残留食品并不包括魔芋精粉。因此，研究抑制魔芋酶促褐变的二氧化硫合适替代品已成为研究热点。还原漂白法对于植物性食品通常是比较有效的。常用的还原漂白剂有亚硫酸氢钠（$NaHSO_3$）、亚硫酸钠（Na_2SO_3）、连二亚硫酸钠（$Na_2S_2O_4$）、偏重亚硫酸钾（$K_2S_2O_5$）、亚硫酸（H_2SO_3）。但此类漂白剂用量不能过多，否则不仅会对人体的消化功能产生影响，还会产生不良气味。近年来，在一些食品添加剂的制备过程中常常使用 H_2O_2 进行漂白与脱色处理。H_2O_2 具有强氧化性，目前对 H_2O_2 在魔芋上应用主要集中在对魔芋精粉纯化方面。利用 5% H_2O_2 对魔芋精粉进行脱色试验，得到纯化粉经红外光谱分析并未发生氧化变性反应。采用 H_2O_2 处理操作简单、成本低且其用于抑制褐变时用量少，并不会对人体造成较大伤害；若结合乙醇使用，效果显著：在 H_2O_2 和 70% 乙醇水溶液双重作用下，魔芋多酚氧化酶活性几乎完全丧失。叶凌和邹应龙（2008）在 H_2O_2—柠檬酸—40% 乙醇酸性体系下漂白魔芋微粉的制备工艺，通过单因素和响应面实验确定了制备漂白魔芋微粉的工艺条件为 H_2O_2 加入量 1.5%、pH 值 4.3、柠檬酸加入量 3.0 g、反应温度 40 ℃。在此条件下，漂白魔芋微粉黏度可达 41.7Pa·s，白度可达 87.6%。黏度约为原魔芋微粉的 2/3，而白度提高了 7%。但 H_2O_2 具强氧化性，在抑制酶促褐变的同时魔芋葡甘聚糖有可能发生一定程度的物理化学反应，还有待进一步研究。

第七章　魔芋精深加工与应用

第一节　魔芋精粉加工原理

一、魔芋粉的定义与分类

魔芋精粉（胶）是一个中间产品，为葡甘聚糖的粗制或精制品。魔芋精粉加工是魔芋利用的基础与关键，因其质量直接关系到它在食品、医药、化工、纺织、石油等工业中的应用范围及效果。随着魔芋科技的进步，产品类型与品种不断增加，魔芋精粉的定义与分类也发生了一些变化。根据 NY/T 494—2010 的分类与定义，魔芋粉即魔芋葡甘聚糖，分为普通魔芋精粉、普通魔芋微粉、纯化魔芋精粉和纯化魔芋微粉 4 种。普通魔芋精粉指用魔芋片（条、角）经物理干法或鲜魔芋经食用酒精湿法加工初步去掉淀粉等杂质，制得的粒度在 0.125~0.335 mm 的颗粒占 90% 以上的魔芋粉。普通魔芋微粉指用魔芋片（条、角）经物理干法或鲜魔芋经食用酒精湿法加工初步去掉淀粉等杂质，制得的粒度 ≤0.125 mm 的颗粒占 90% 以上的魔芋粉。纯化魔芋精粉指用鲜魔芋经食用酒精湿法加工或用魔芋精粉经食用酒精提纯到葡甘聚糖含量在 85% 以上，粒度在 0.125~0.335 mm 的颗粒占 90% 以上的魔芋粉。纯化魔芋微粉指用鲜魔芋经食用酒精湿法加工或用魔芋精粉经食用酒精提纯到葡甘聚糖含量在 85% 以上，粒度 ≤0.125 mm 的颗粒占 90% 以上的魔芋粉。此外，魔芋粗粉即魔芋全粉，由干魔芋角（片）（简称芋角）直接粉碎所得的粉状物，或由鲜魔芋经粉碎、干燥所得的粉状物；魔芋飞粉又称魔芋废粉，是魔芋精粉加工中的副产物，是在精粉加工过程中分离出来的颗粒细小、易于飞扬的粉状物，成分以淀粉为主。

二、魔芋精粉加工的分类

按照魔芋精粉加工过程中是否使用液体介质，分为"干法"和"湿法"。"干法"是以芋角为原料，进行粉碎、研磨、杂质分离而获得魔芋精粉的加工方法，加工过程中不使用任何溶剂。"湿法"是以鲜魔芋为原料，在液体介质中进行粉碎和研磨，再经杂质分离、干燥等过程而获得魔芋精粉的方法。将魔芋先按干法加工成普通魔芋精粉，再按湿法进一步除去精粉中的杂质和/或使精粉细化，称为"干—湿结合法"，（图7-1）。由于干—湿结合法使用了液体介质，所以也可归入"湿法"中。按细度分的普通精粉加工和微粉加工都可以采用干法或湿法加工。按纯度分的普通精粉加工和纯化精粉加工，其纯化精粉加工，须采用湿法或干—湿结合法。孙兴伟等近年发明了将鲜魔芋不经制芋角阶段直接加工成魔芋精粉，此方法也可归入干法加工类。

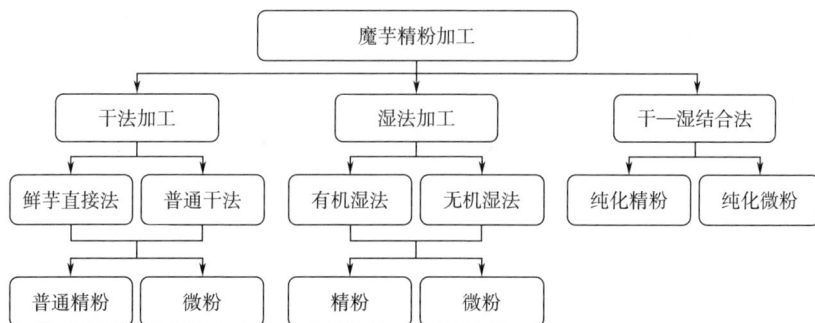

图7-1　魔芋精粉加工分类

三、魔芋精粉加工的核心

魔芋精粉加工的核心是从魔芋球茎中分离葡甘聚糖。为便于合理有效地分离葡甘聚糖，人们对葡甘聚糖在魔芋球茎中的存在形式、分布特点及其性质进行了较多的研究。

（一）魔芋球茎的解剖结构

魔芋球茎表皮为叠生木栓组织，深褐色，不含葡甘聚糖；表皮下 2~3 层细胞组成的皮层，也几乎不含葡甘聚糖。皮层以下为薄壁贮藏组织，是魔芋球茎的"主体"。薄壁组织中的普通细胞很小；另一类异细胞（或称囊状细胞）为圆球形或圆形，半透明，很大，直径多为 0.25~0.70 mm，是普通细胞直径的 5~10 倍甚至以上。异细胞的周围被许多普通细胞包围着，无规则或比较均匀地分布于魔芋薄壁组织中。异细胞中不含淀粉，淀粉只存在于普通细胞中。魔芋精粉加工需除去表皮、皮层及普通细胞，以保留异细胞。

（二）魔芋球茎的主要化学成分及分布特点

表 7-1 表明魔芋全粉为异细胞和普通细胞的混合物，魔芋精粉主要由异细胞组成，魔芋飞粉主要来源于普通细胞，葡甘聚糖存在于异细胞中，淀粉存在于普通细胞中。此外，异细胞并非全由葡甘聚糖所组成，还含有一定量的粗蛋白、纤维素、矿物元素等，但含量低于普通细胞（可溶性糖除外）。因此，欲获得高纯度的葡甘聚糖还需对分离出的异细胞进行进一步的纯化处理。

表 7-1　魔芋粉主要化学成分及其含量

成分	含量/%		
	全粉	精粉（干法）	飞粉（干法）
水分	12~14	8~14	12~14
葡甘聚糖	40~60	68~82	3~7
淀粉	10~30	1~3	30~45
粗纤维	2~5	1~2	4~8
粗蛋白	5~14	3~6	15~19
可溶性糖	3~5	4~6	2~4
灰分	3.4~5.3	3.0~4.2	4~8
粗脂肪	0.2~0.4	0.02~1.2	0.4~0.6

在魔芋及未经纯化的魔芋粉中，有一种令人不快甚至恶心的特殊腥臭味，常影响制品的风味，甚至影响魔芋精粉的出口。经鉴定，产生气味的化学物质为三甲胺、樟脑、α-蒎烯、芳樟醇、苯酚、二苯胺等 20 多种物质，其中三甲胺对气味的影响最大。

（三）魔芋异细胞和普通细胞间的物性差异

魔芋球茎中的异细胞和普通细胞在组成成分、硬度、韧性、加工性能等方面的特点截然不同（表 7-2）。异细胞的主要成分为葡甘聚糖，是一个完整的粒子，韧性极强，硬度大，即使在粉碎机锤头线速度达 65 ~ 95 m/s 条件下粉碎几分钟，异细胞仍为一个较完整的粒子，故常把异细胞称为"葡甘聚糖细胞""葡甘聚糖粒子""精粉细胞""精粉粒子"等。而普通细胞主成分为淀粉（细胞内）、纤维素等，韧性脆，硬度小，易破碎，故常称为"淀粉细胞"。

表 7-2　魔芋球茎异细胞与普通细胞的差异

项目	异细胞	普通细胞
主要成分	葡甘聚糖	淀粉（细胞内）、纤维素等
韧性	极强	脆
硬度	大	小
破碎性	不易破碎	极易破碎为粉尘
颗粒特点	一个完整颗粒	含多个淀粉粒
粒子直径（干燥时）	0.15 ~ 0.45 mm	0.004 mm 左右（淀粉粒）
水溶性	易溶于水（葡甘聚糖）	不溶于冷水（淀粉）

四、魔芋精粉的加工原理

（一）魔芋精粉干法加工原理

根据异细胞与普通细胞所含成分、韧性及硬度上的差异，可采用机械粉碎的方法，使普通细胞首先破碎，其中的淀粉、纤维素等杂质逐步粉碎成为颗粒细小的飞粉；而葡甘聚糖异细胞由于韧性极强，在一般粉碎条件下不会破碎，仍保持颗粒的完整性。由于葡甘聚糖粒子与淀粉等杂质粒子存在大小和重量的差异，可以采用筛分或风力分离的方法将杂质分离。初步粉碎后的葡甘聚糖异细胞表面还有与异细胞结合紧密的普通细胞或其残留物。这时葡甘聚糖异细胞若继续受到外力的作用，使其粒子与机械部位碰撞、摩擦、揉搓，以及粒子之间的相互碰撞和摩擦，粒子表面的杂质不断脱离，再通过筛分或风力分离而去除，最后成为半透明状的魔芋精粉粒子。

（二）魔芋精粉湿法加工原理

1. 葡甘聚糖溶解提取原理

葡甘聚糖和淀粉是魔芋球茎中含量最高的两种成分。从理论上讲，葡甘聚糖易溶于水，而淀粉不溶于冷水。因此，可先用水将魔芋中的葡甘聚糖溶解出来，然后用沉淀剂（如乙醇）分离溶液中的葡甘聚糖，或采取适当的干燥方法得到葡甘聚糖产品。但是，由于葡甘聚糖黏度极高，即使浓度为0.5%的葡甘聚糖溶液，也很黏稠，无论采取乙醇沉淀法还是干燥法，得到葡甘聚糖的成本都极高，一般仅用于制取葡甘聚糖纯品，而不适用于精粉生产。

2. 抑制葡甘聚糖溶胀的加工原理

精粉湿法加工原理与干法相似，也是根据异细胞与普通细胞之间在韧性、硬度、颗粒大小等特性的差异，进行粉碎、研磨与分离，不同的是湿法使用了液体介质。水是最廉价的液体加工介质，但由于魔芋葡甘聚糖遇水极易溶胀结块，在目前的技术条件下，完全用水作为魔芋精粉的加工介质还不可能。因此，需要使用既能抑制葡甘聚糖溶胀，又不改变葡甘聚糖性质的液体介质，即"阻溶剂"。在阻溶剂存在下或接触水的时间很短时，葡甘聚糖异细胞仍具有较大的硬度和很强的韧性，当受到剪切、冲击、挤压等各种机械力的作用时，不易破碎，且能保持完整；而普通细胞由于硬度低、韧性脆，很快便会被破碎为颗粒微小的粒子，随着加工时间的延长和加工次数的增加，葡甘聚糖异细胞表面杂质及普通细胞的残余物（淀粉、纤维素等）才被研磨脱落，成为微小颗粒悬浮于液体介质中，在固液分离时，通过一定孔径的滤网（布）被除去。同时在魔芋与液体介质接触的过程中，葡甘聚糖异细胞内部的可溶性杂质也逐渐被溶解出来，再通过固液分离被除去，保留了葡甘聚糖粒子，经干燥得到魔芋精粉。根据不同的质量要求，可调整上述操作的重复次数。

阻溶剂分为有机溶剂和盐类试剂两大类。有机溶剂阻溶剂包括甲醇、乙醇、异丙醇、丙酮、乙酸乙酯、乙醚等。这些溶剂理论上虽均可作为阻溶剂，但因受使用安全、食用安全、加工难易程度、加工成本等因素的限制，实际上只有乙醇、异丙醇等少数几种有机溶剂适合作为阻溶剂，其中乙醇价格较低、无毒，最常用。有效浓度与溶剂种类、温度、外力大小等因素有关。如用乙醇作为阻溶剂，在 20 ℃下有效浓度为 30%（体积分数）左右。盐类阻溶剂包括铜盐、铁盐、四硼酸钠（硼砂）等的水溶液。其阻溶原理与有机阻溶剂不同。在铜盐溶液或铁盐溶液与魔芋精粉粒子共混的悬浮体系中，粒子表面的葡甘聚糖吸附铜盐或铁盐，并发生配合反应，形成葡甘聚糖铜或葡甘聚糖铁配合物，从而达到阻止精粉粒子溶胀的效果，但其配合物稳定，解配合困难。该法有时可用于提取葡甘聚糖纯品，但不适用于精粉生产。在四硼酸钠溶液与魔芋精粉粒子共混的悬浮体系中，粒子表面的葡甘聚糖吸附硼盐并通过氢键结合，使粒子表面形成负电层，从而阻止葡甘聚糖与水反应，达到阻溶的效果。当加水冲洗或加酸中和时，会减弱或破坏其负电层，氢键断裂，葡甘聚糖复原。故该法可用于精粉加工。四硼酸钠溶液有效浓度为 2% 左右，若加碱（如氢氧化钠），其浓度可低至 0.5%。特别值得注意的是，硼有毒，早已在食品中禁用。四硼酸钠与魔芋葡甘聚糖的结合虽可逆，可采用水洗方法脱硼，但彻底脱硼较困难。若水洗过度，造成葡甘聚糖溶解损失或结块；若水洗不彻底，则产品中会含有较多的硼。所以，无机湿法一般只用于加工非食用魔芋精粉，食用精粉湿法加工的首选介质为乙醇。

第二节　普通魔芋精粉的干法加工

普通魔芋精粉干法加工设备先后出现了多种类型，各有优缺点。20世纪60年代，日本推出的碓臼式魔芋精粉加工机是由碓窝、杵、机械传动装置、分离装置等部分组成，碓臼数量可根据产量而定，数10个至200个不等。其加工过程是将芋角投入碓窝中，钢杵通过电动机带动机械传动上下运动，舂击魔芋8 h以上，淀粉等杂质（飞粉）通过抽风被带走，留在碓窝里的为精粉。利用该设备生产出的精粉颗粒度均匀，但效率低和粉尘污染严重。20世纪60年代末和70年代初，日本推出了滚压式魔芋精粉加工机。其加工过程是芋角通过进料斗落入两滚之间，进行滚碾，滚碾出的粉通过鼓风机除去飞粉，保留下来的物料再倒入进料斗滚碾，如此反复进行，直至把精粉粒子上的纤维、淀粉等杂质完全去除，生产出的精粉颗粒均匀，但产量低。20世纪70年代，日本还推出了磨齿式魔芋精粉加工机。它是由两台磨齿式粉碎机和一台研磨机组成。其加工过程是将芋角投入磨齿式粉碎机料斗内，进行粉碎，然后再进入研磨机内，再到分离器分离精粉，生产的精粉颗粒比较均匀，污染较小，但温度高，精粉容易烧焦，影响产品质量。20世纪80年代中期，我国推出了锤片式魔芋精粉机，并经过不断改进，成为我国魔芋精粉加工的主体设备。20世纪90年代，日本又推出了组合式魔芋精粉加工机。它是由一台粉碎机、三台研磨机、配套冷却装置及一台混粉机等组成。其加工过程是将芋角投入粉碎机料斗内，粉碎成颗粒状，再送入研磨机内研磨，最后通过混粉机混匀后包装。该设备机型先进，为连续性生产方式，生产的精粉外观及内在质量均很高，但价格高，投资大。20世纪80年代中期，随着我国芋产业的形成，魔芋种植面积逐年扩大，鲜芋产量也随之增加，魔芋加工的装备也从简陋的手工作坊工具逐渐改进、完善为各式先进的机械化成套装备。

魔芋精粉干法加工的设备较单一，投资小，加工成本低，所加工的精粉为目前的主体产品。目前使用最普遍的是锤片式精粉机。但与湿法相比，干法加工无法去除葡甘聚糖粒子内部的杂质，带有魔芋的腥臭味，黏度相对较低，难以达到最高品质。

一、工艺流程

魔芋精粉加工工艺流程图如图 7-2 所示。

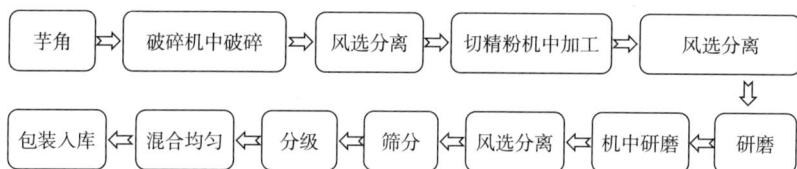

图 7-2　魔芋精粉加工工艺流程图

二、主要设备及工作原理

魔芋精粉加工机已从 1986 年原航天工业部 7317 所与西南农业大学联合研制推出的锤片式精粉加工机发展出 300 型、400 型、450 型、500 型。为了提高精粉质量，1995 年以后，广汉市魔芋研究所又推出了刮片式涡轮魔芋精粉研磨机。至此，形成了魔芋精粉加工设备系统，由破碎机、MJ-450 型魔芋精粉加工机、400 型魔芋精粉研磨机、分离罐、旋风除尘器、布袋除尘器和三元振动筛等组成。

（一）锤片式魔芋精粉机

该机（图 7-3）设计巧妙而紧凑，由机盖、主轴、进料室、粉碎室、揉搓分离室等部分组成，使魔芋片（条、角）的粉碎、揉搓、分离融为一体。

（1）机盖。可拆卸，方便更换锤片。

（2）主轴。材质为 45#钢或 40 铬，加工淬火后精磨而成。

（3）进料室。进料采用轴向底部进料，原料由自重和风力进入粉碎室底部，可避免原料受打击力后射出伤人。

（4）粉碎室。粉碎室由固定锤片、活动锤片、齿板圈等组成。当锤轮

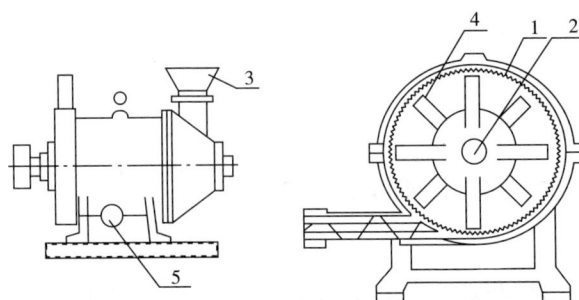

图 7-3　锤片式魔芋精粉加工机

1—机盖　2—主轴　3—进料室　4—粉碎室　5—揉搓分离室

高速旋转时，粉碎室底部的魔芋不断被抛起，受到锤片的打击和与齿轮碰撞，逐渐被粉碎；魔芋粉在风力的作用下输送到下一级锤片进一步粉碎，在第三级中揉搓。各型号机粉碎室内的锤片都采用阶梯形锤片。锤片数量越多，粉碎性能越强，所需时间越短，颗粒越细。反之，锤片数量越少，粉碎性能越差，所需时间越长，颗粒越大。锤片越厚，粉碎性能越强，所需时间短。反之，粉碎性能越差，所需时间越长，而且更换锤片次数也越多。锤片和齿圈间隙小则粉碎性能强，间隙大则相反。

目前，各类机型号锤片一般采用交错、对称和螺旋线排列，线速度一般为 70~90 m/s，锤片与齿尖间隙为 3~8 mm，这两者对轴功率设计的计算很重要。

（5）揉搓分离室。经过粉碎的魔芋粉进入揉搓分离室，在矩形锤片的高速运动及气流的作用下，魔芋粉形成复杂运动的环体，不断受到锤片的打击、碰撞，同时粒子相互间产生猛烈的摩擦、揉搓，使葡甘聚糖粒子表面的纤维、淀粉等杂质（飞粉）脱落，葡甘聚糖粒子因韧性强而保持完整。由于葡甘聚糖粒子和飞粉之间的颗粒大小、比重相差较大，它们进入分离轮后，葡甘聚糖粒子受到比飞粉大几十倍的离心力作用，碰撞在分离内衬上。从揉搓分离室切面图（图 7-4）可以看出，分离内衬是一个 40~50 ℃的圆锥面，由于入射角等于反射角，反作用力又将精粉粒子弹回揉搓分离室内，飞粉粒子因离心力太小，难于抗拒风力的吸引，而顺着分离轮的空隙被风机吸走。为使小颗粒精粉粒子不被吸走，通常将离心通风机装在机外，便于调整风量。

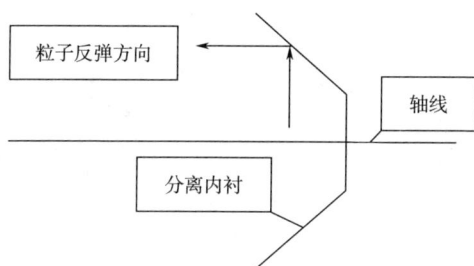

图 7-4　揉搓分离室切面图

（二）魔芋精粉机的辅助设备

魔芋精粉机的辅助设备包括旋风除尘器、布袋除尘器、筛选设备、电控柜、离心通风机等。注意除布袋除尘器的面积应使通气量的风速在 0.01 m/s 以下，以免将微细精粉粒抽走，或将飞阶分离为二级，一级为纯飞粉，二级为微细精粉，可利用筛选设备，过去多采用往复式筛或挂式振动筛，现在三元振动筛也普遍应用。

选择魔芋精粉机一般要求在保证魔芋精粉黏度的前提下，出粉率达到59%~60%，锤片的寿命不得低于80~100 t 精粉加工量，精粉含水量不超过10%。

（三）魔芋精粉研磨机

为了提高魔芋精粉的纯度和黏度，经过魔芋精粉机加工出来的精粉，可通过魔芋精粉研磨机来完成。1995 年广汉市魔芋研究所在国内首次研制成功魔芋精粉研磨机，见图7-5。该机投放市场后，对于提高我国魔芋精粉质量，达到日本同类产品的水平起到了重要作用。

该机内部是多仓式结构，为连续生产方式。精粉原料进入料斗（定量连续进料）后，高速旋转的刮片不断搓擦精粉粒子，其搓擦力比精粉机大

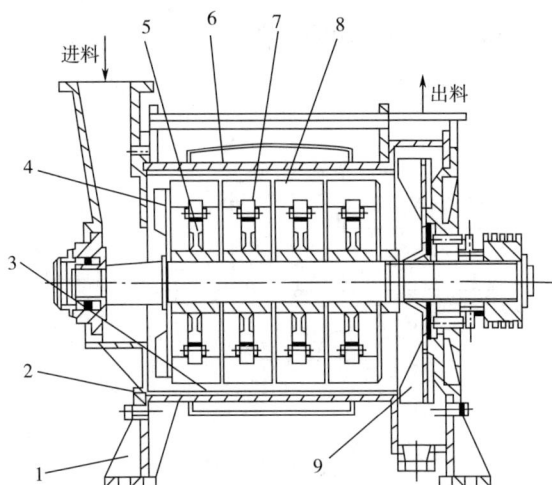

图 7-5　MYJ-400 魔芋精粉研磨机的结构图

1—机座　2—下机壳　3—内衬　4—分配器　5—主轴

6—上机壳　7—转子　8—叶片　9—风扇轮

几十倍，使精粉粒子表面未能在原精粉机中去掉的纤维等杂质被刮擦下来，同时可去除精粉中的黑点和黑色表面物，从而提高精粉的等级。该机的刮片可调，使用寿命长。它的分离系统由分离罐完成，除尘系统与精粉机相同。经应用测试，精粉黏度可提高 5000 MPa·s 以上，而且糊化时间缩短，给食品应用带来了方便。

魔芋精粉研磨机除刮片式以外，还有日本和中国台湾生产的磨盘研磨机和锥轴式研磨机等，结构较复杂，功率大（54.3 kW），价格高。

三、加工工艺

（一）操作步骤

1. 原料准备

芋角质量优劣直接影响精粉的质量，应选择颜色白、含硫量低、含水率低的芋角。"黑心"和烤焦芋角严重影响精粉色泽和质量，若加工特级或一级精粉，必须将其剔出。每次按精粉机说明所规定的加入量，把挑选好的芋角倒在丝网板上，使小粒及杂物漏下，网板底面最好固定几块磁铁，把可能夹在芋角内的金属碎块吸住，以免进入精粉机内。

2. 启动精粉机

合上配电盘上的问刀，控制柜通电，再按精粉机说明书的顺序启动机器的各部分；在确认运转正常后，在控制柜上设置加工时间周期。

3. 投料

机器上加料指示灯亮时，把装好的芋角均匀地投入料斗内，投料时间约 20 s。

4. 粉碎研磨与出料

投料后，粉碎、研磨和分离达到预定时间后，自动卸出精粉。

5. 研磨机中研磨

将精粉输入研磨机中进一步研磨，通过抽风机吸走飞粉杂质。如果加工一般质量的精粉，可省去此研磨，但加工高质量的精粉，则不可省。

6. 筛分检验均质和包装

卸出的精粉倒入筛分器内进行筛分。筛网有 40 目、60 目、80 目、100 目、120 目、140 目等几种孔径。筛网孔径大小、粒度级数依要求而定，筛分时最好每层内放置一块塑料泡沫，以便将头发屑等杂物吸住，并定期更换泡沫。筛分后进行出厂质量检测，包括水分、黏度、二氧化硫、葡甘聚糖等项目。然后用均质机将同一类别的精粉进行充分混合，以保证产品质量的均匀性，然后进行包装。

（二）影响精粉出粉率和质量的因素

精粉出粉率的高低和质量的优劣直接影响企业的经济效益，应倍加重视。

1. 魔芋种类与品种

我国可用于精粉加工的魔芋有白魔芋、花魔芋、西盟魔芋、勐海魔芋等几个品种。葡甘聚糖含量，白魔芋>花魔芋>西盟橘黄魔芋>勐海魔芋，综合品质以白魔芋最好，其葡甘聚糖粒子大小较均匀，分子量大，杂质含量低，球茎中多酚氧化酶活性较花魔芋低，褐变较轻。花魔芋是我国分布最广、栽培面积最大的一个品种。各地方品种的内在品质存在一定的差异，据西南农业大学（现西南大学）魔芋研究中心分析，万源花魔芋、綦江花魔芋、东川花魔芋3个地方品种的葡甘聚糖含量较其他地方品种高。

2. 鲜芋的成熟度

未成熟的鲜芋，含水量高，葡甘聚糖积累没有达到高峰，出精粉率较低。一般芋角表面很饱满，并有葡甘聚糖粒子凸起，则出粉率高。若芋角收缩，表面无葡甘聚糖粒子凸起或很少，则出粉率低。芋角在手中有沉甸感的出粉率高，有轻飘感的出粉率低。

3. 芋角含水量与精粉出粉率

若原料水分高于16%，不但出粉率低，而且影响精粉保存期或增加后续干燥工序。若原料含水量低于11%，出粉率虽高，但精粉的光泽度受影响，外观较粗糙。因此，芋角含水量以13%~15%为宜，既能保证出粉率和精粉粒子的良好外观，又能通过加工过程中水分的散失，使精粉含水量达到10%左右，达到国内外精粉水分含量的要求。判断芋角含水量的办法有：手捏感觉扎手的芋角较干；将芋角抛下，响声脆的含水量较低，响声涩滞的含水量较高；敲击芋角，易呈粉末状的含水量较低，呈块状的含水量较高。

4. 精粉机参数

如果机器结构空间过大，不但延长加工时间，且不利于杂质的去除。如果机器间隙过小，易使温度过高，导致精粉发热变黄或焦化。机器内衬若用铸铁或用未经调质淬火处理的钢件，硬度不够，加工的精粉易发污，不光亮，影响色泽。

5. 精粉与飞粉分离系统和风量是否匹配对精粉质量和出粉率的影响

在分离轮叶片尺寸一定时，风量过大可能将精粉抽走，风量过小则飞粉排不尽；在风量一定时，分离叶片过宽飞粉排不出，叶片过窄则可能将精粉抽走；当风量及叶片匹配时，分离轮和分离内衬之间的间隙过大可能将精粉抽走，间隙过小则飞粉排不尽。

6. 加料量和加工时间

在其他因素不变时，若加料多，加工时间短，出粉率虽高，但杂质去除不彻底；若加料少，加工时间过长，精粉质量虽提高，但出粉率降低。为保证较高的出粉率和精粉质量，可采用短时间内在精粉机中加工两遍，并严格控制加料量，然后于研磨机中研磨加工。

第三节　普通魔芋精粉的湿法加工

所谓湿法加工魔芋精粉，是指在加工精粉的过程中采用保护性溶剂浸渍保护加工，使精粉不膨化、不褐变，经粉碎、研磨、分离、干燥等工序制取湿法精粉的方法。湿法加工中有利用鲜魔芋球茎直接加工纯化魔芋精粉和利用普通魔芋精粉经湿法加工成纯化魔芋精粉，以及将鲜芋直接加工的精粉和经过纯化加工的干法精粉加工成纯化魔芋微粉等产品。湿法加工采用的保护性溶剂包括有机溶剂保护液和无机溶剂保护液。有机溶剂保护液主要指以食用酒精为主作为控溶剂配兑的保护液。无机溶剂保护液主要指以四硼酸钠（硼砂）为主配兑的保护液。前者保护液成本较高，但精粉质量好，精粉产品可用于医药、食品等各行业，后者保护液成本低，但加工的精粉不能食用，仅能作为工业用精粉。

湿法具有干法不能比拟的优点：去除了葡甘聚糖粒子表面和内部的可溶性杂质，且湿法芋角未经烘烤环节，减少了高温对其质量的影响。湿法的葡甘聚糖粒子在液体介质中膨胀，从而撑破普通细胞的包围，使葡甘聚糖粒子与普通细胞的联系松散，易于分离，不需长时间的粉碎与研磨，避免了葡甘聚糖的损失，因而湿法精粉收率比干法高3~5个百分点。在魔芋烘成干片（角）后，葡甘聚糖粒子与普通细胞联系更加致密，需长时间粉碎与研磨才能使两者分开，而且葡甘聚糖粒子不是规则的圆球形，难以均匀研磨，造成少量的葡甘聚糖损失。但湿法的加工成本和固定成本高，一套设备需几十万元，且工艺要求高，如果掌握不好，精粉质量得不到保证。此外，如以鲜芋为原料，则加工季节过于集中，设备闲置时间长。

一、有机湿法

目前生产上大多采用有机湿法，并积累了许多经验。

（一）工艺流程

有机湿法加工魔芋精粉的工艺流程如图 7-6 所示。

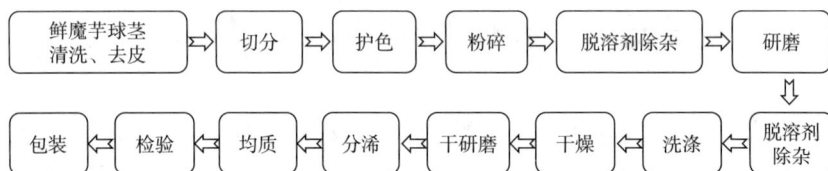

图 7-6　有机湿法加工魔芋精粉的工艺流程图

（二）设备及工作原理

1. 粉碎研磨设备

普通湿法加工精粉，对粉碎研磨设备的要求不及干法高，砂轮磨（如浆渣分离机、微磨机等）、剪断滚筒型粉碎机、胶体磨等均可作为粉碎研磨设备，一般多选用砂轮磨。其分散盘的高转速带动研磨体高速运动，对物料产生强烈的研磨和剪切力，并进行分散。该机结构简单，使用维护方便，运行平稳。

2. 分离设备

分离设备多采用间歇式和连续式过滤离心机。间歇式过滤离心机有人工上部卸料三足式离心机、卧式刮刀卸料离心机等；连续式过滤离心机有离心力卸料离心机、螺旋卸料过滤离心机等。其中，人工上部卸料三足式离心机（图 7-7）虽为人工卸料，间歇操作，但因其结构简单，价格低，离心力大，适应性好，过滤时间可灵活掌握等，应用较多，且以线速度大的为好。在加入需分离的悬浮液后，高速旋转的转鼓产生巨大的离心力，使液体穿过转鼓壁内的滤布，经壁孔排出转鼓，固体颗粒则截留在过滤介质表面，形成滤饼，从而实现固液分离。

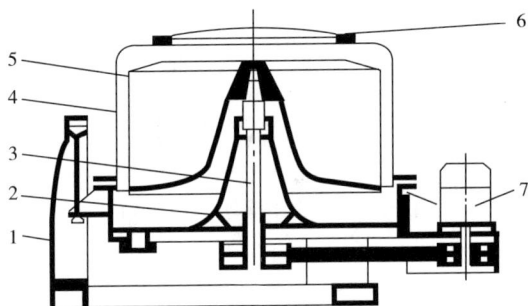

图 7-7　人工上部卸料三足式离心机

1—柱脚　2—底盘　3—主轴　4—机壳　5—转鼓　6—盖　7—电动机

3. 真空干燥设备

均为间歇操作。湿物料加入筒内后，抽真空，夹层管导气或水，经金属壁传热给物料，待干燥后，取出物料，冷却。该类设备主要结构、功能及优缺点如下。

（1）双锥回转真空干燥器（图 7-8）。该干燥器的中间段为一圆筒（具有加热套），圆筒两端为锥形结构（双锥）。圆筒两侧各外伸一中空短轴，除支承器身回转外，还用于进出加热介质和抽真空。物料加入后，干燥器回转，物料不断翻动，从接触的器壁内表面接收热量，干燥在真空下进行，受热均匀，无局部热现象。此型由于真空口在罐内易被物料埋没，易造成粉尘堵塞真空管道和过滤网甚至冷却器；装填系数太低（容积的40%以下）；旋转封头易磨损；受热表面积不易增大和结块（球型）等现象严重为其缺点。

（2）振动真空干燥器（图 7-9）。该设备是在流化床干燥的基础上发展起来的，主要依靠来自外部的机械振动，使物料流化，通过间接加热在真空状态下干燥物料。该机传热表面积比双锥干燥器大一倍以上，热效率

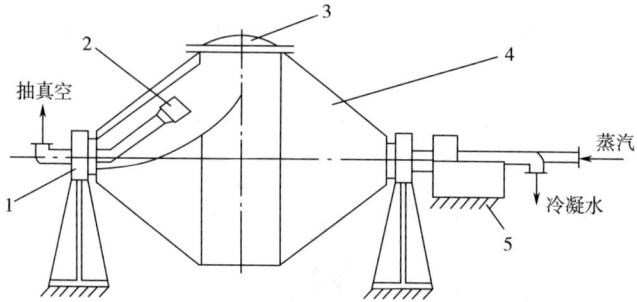

图 7-8 双锥回转真空干燥器

1—轴承   2—粉尘过滤器   3—上盖   4—蒸汽加套   5—驱动装置

较高；由于振动流动，局部过热现象少；不堵塞真空气流；粉尘飞扬少；所需动力小；结块比双锥轻，成小片状块。但黏度太大的物料不能采用。

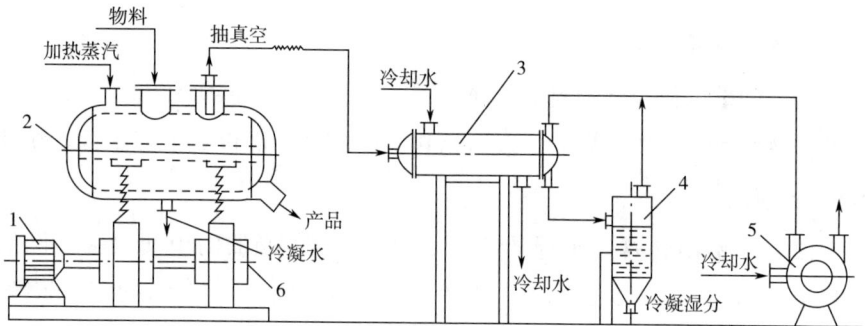

图 7-9 振动真空干燥器

1—电动机   2—干燥器   3—冷凝器   4—受液槽   5—水环真空泵   6—偏心盘

振动真空干燥器基本操作参数的选择：①物料填充率。物料填充率直接影响干燥强度，填充率越大，物料与器壁的接触面积越大，获得的振动能和热能越多，物料流动状态越好，干燥速度越快。反之，填充率小，干燥速度慢。物料填充率应控制在 70% 左右。②气流压力。加热蒸汽压力（水温、油温）和干燥器内压力（真空度）越高，器内压力越低，物料中水分的沸点越低，越容易汽化，干燥速度越快。③振幅和振动频率。振幅最佳推荐值为 3 mm，最佳频率 25 Hz。

（3）气流干燥器（图 7-10）。气流干燥器是一种连续操作的干燥器，是将粉粒状物料分散悬浮于热气流中，在气、固并流流动中进行传热传质，达到干燥的目的。其具有以下特点：①处理量大，干燥强度大。由于物料在气流中高度分散，颗粒的全部表面积即为干燥的有效面积，因此，传热传质强度大。②干燥时间短。气流在干燥管中的速度一般为 10～20 m/s，气、固两相的接触时间短，干燥时间一般为 0.5～2 s，可得到瞬时干燥产品。③不会产生过度干燥。④设备结构简单。其缺点是：①干燥系统阻力大，需设回收除尘器，系统负荷较重。②回收乙醇困难，如不回收，其成本提高。③产品中的乙醇不易除尽。如果将物料用真空干燥系统干燥到一定程度，首先蒸发酒精并回收，再使物料进入气流干燥，去掉剩余大量的水，则干燥过程快，不结块，酒精回收率高，气味消除彻底。

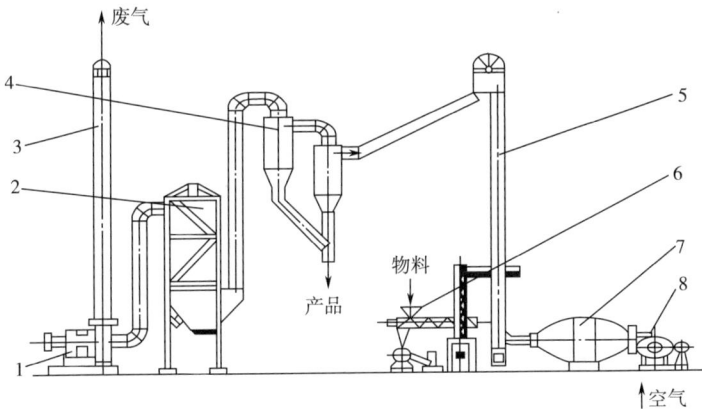

图 7-10　气流干燥器

1—引风机　2—袋状过滤器　3—排气管　4—旋风分离器

5—干燥管　6—螺旋加料器　7—加热器　8—鼓风机

（4）酒精回收设备。魔芋精粉湿法加工中使用的大量乙醇需要回收，常用蒸发和冷凝系统完成。采用蒸汽加热的蒸发器一般采用盘管式或直接充气式，采用热水和热油的蒸发器一般采用垂直短管式，结构均较简单，成本低。冷凝器多采用直管式（分离式和卧式），以铝材为好，传热系数比不锈钢大 2~3 倍，有利于降低成本。

（三）有机湿法加工工艺

1. 魔芋清洗去皮

魔芋球茎手工去除顶芽和根，放入清洗机内清洗，并去掉外皮。

2. 切分与护色

若使用砂轮磨粉碎研磨，需先用切块机将去皮后的魔芋切成块（用剪断滚筒型粉碎机则省此工序）。切分后，用有效二氧化硫浓度为 25 ~ 100 mg/L 的亚硫酸盐溶液进行护色处理，一般在第一次粉碎介质中加入。不同亚硫酸盐的有效二氧化硫含量不同（表 7-3）。

表 7-3　亚硫酸系列化合物中有效二氧化硫含量

名称	分子式	有效二氧化硫含量/%
液态二氧化硫	SO_2	100
亚硫酸	H_2SO_3	6.0
七水亚硫酸钠	$Na_2SO_3 \cdot 7H_2O$	25.42
无水亚硫酸钠	Na_2SO_3	50.84
亚硫酸氢钠	$NaHSO_3$	61.59
焦亚硫酸钠	$Na_2S_2O_5$	57.65
低亚硫酸钠	$Na_2S_2O_4$	73.56

3. 粉碎研磨与分离

（1）乙醇浓度。如乙醇浓度过低，葡甘聚糖溶解，易在粉碎、研磨和分离过程中损失，且影响成品的溶解性；如乙醇浓度过高，不仅增加成本，对去除水溶性杂质也有影响。乙醇溶液与物料混合平衡后的乙醇浓度不宜低于 30%。用酒精计所测的乙醇浓度受温度的影响，温度低时所测的浓度比实际高，温度高时所测的浓度比实际低，需查表校正。也可采取近似值的计算方法：以 20 ℃为标准，温度每降低 3 ℃，酒精度升高 1 度；温度每升高 3 ℃，酒精度降低 1 度。

（2）粉碎。乙醇溶液的用量与其浓度、加工设备、后续加工情况及所要求的精粉质量等因素有关。若乙醇浓度高，粉碎设备功率大，加工能力强和（或）后续重复加工次数多，则用量可稍少，一般为鲜魔芋重的 1~3 倍。若用剪断滚筒式粉碎机粉碎，则将鲜魔芋与酒精溶液按适当比例加入筒体内，粉碎至精粉粒子分散后，再送入砂轮磨中进一步粉碎。若用砂轮磨粉碎，则需将切分的魔芋与酒精溶液按比例同步加入，磨间距调至合适，使精粉粒子完全分开，并得到充分研磨。

（3）分离。多采用离心过滤分离方式，即将上面浆状物装入有 150~300 目滤网的离心机转鼓内，使可溶性物质及小颗粒杂质在离心力的作用下穿过滤网随溶剂分离出去，魔芋精粉粒子留在滤网内。分离是最难的工序。

（4）研磨。魔芋粉与酒精溶液按一定比例混合，于砂轮磨中研磨，将精粉粒子表面的杂质磨去。

（5）再分离。可用 30%以上的酒精溶液洗涤滤网内的魔芋精粉粒子，再离心分离。也可根据质量需要，按（4）（3）重复操作。也可在离心分离后，用 30%以上的乙醇溶液进行洗涤，离心脱去溶剂。

4. 干燥

湿魔芋精粉，含水量在 70%以上。可采用低温真空、热风气流、流化床等多种干燥方式。采用低温真空干燥再接热风气流干燥较省酒精且气味消除彻底。若采用热风气流干燥，进风温度应在 120 ℃以上。由于魔芋粉颗粒较大，且含水量高，每次干燥过程时间短，仅几秒，所以一次不能完全干燥，需要重复几次。此外，在放置一段时间后续烘一次，以利去除残余乙醇。

筛分、检验、均质和包装与干法相似。

（四）提高有机湿法产品质量和降低成本的措施

（1）所有加工过程中的废乙醇均采用回收装置反复回收使用。

（2）在初粉碎时，可用水代替乙醇，以节省成本，但要求魔芋粉碎与分离在短时间（0.5 min）内完成，即在葡甘聚糖粒子没有充分溶胀前完成，分离后的粗精粉必须立即送入阻溶剂中，以阻止葡甘聚糖继续溶胀。否则，精粉将结块，使后续加工困难，并可能造成葡甘聚糖溶解损失。因此，需要研制并使用专用粉碎磨机和连续式脱水机等设备。

（3）魔芋精粉湿法加工最忌精粉粒子过度溶胀，或形成溶胶。过度溶胀或形成溶胶后，即使用乙醇脱水，再干燥，产品的溶解性也将大大下降。此外，精粉粒子过度溶胀会造成葡甘聚糖的严重损失。因此，不要为节省成本而过度降低乙醇的浓度。

（4）使用后的乙醇溶液悬浮有大量的淀粉、纤维素，少量的葡甘聚糖和其他可溶性杂质，较黏稠，自然沉降速度极慢，加热起泡性强，因此，在回收前需采用沉淀剂处理或加热处理，再进行离心分离，分离液送入回收装置回收乙醇，以降低生产成本。

采用湿法直接加工的精粉，虽色泽稍暗，但纯度高，黏度高，含硫量极低，没有明显的腥臭味，多次分离后还可直接纯化魔芋粉。随着加工工艺的进一步完善和设备的配套，预计将来采用湿法直接生产魔芋粉的企业会越来越多。

（五）鲜魔芋湿法加工精粉实例

鲜魔芋湿法加工精粉的工艺流程图见图7-11所示。

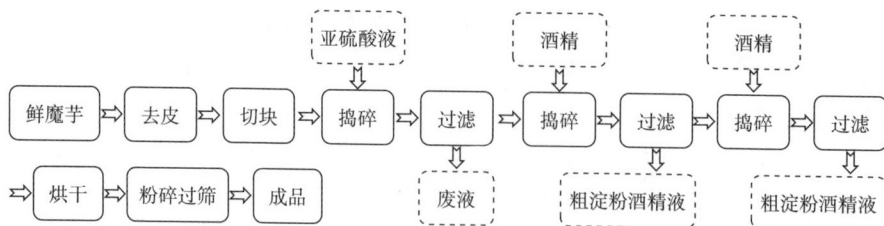

图7-11 鲜魔芋湿法加工精粉的工艺流程图

（1）去皮切块。因鲜魔芋表面凹凸不平，故不能用机械刮皮，否则浪费原料太多。常用手工刮皮或用碱液处理后带尼龙刷的清洗机刷擦去表皮，而后用小刀挖掉少数凹进部位未除去的表皮，用清水洗净。由于魔芋块茎比较大，为了使捣碎均匀，减少机械振动与切割阻力，需要将洗净的魔芋通过不锈钢的切碎机切成 2~3 cm 的小块状，以便捣碎。

（2）第一次捣碎过滤。先将切成小块的魔芋与含 200 mg/kg 亚硫酸或亚硫酸钠的溶液按 1：5 混合，浸泡 3~5 min，使魔芋中的氧化酶类失活，防止魔芋在加工时氧化变黑。然后将此混合物料投入捣碎机内，拧紧上盖并开机（转速为每分钟 900 r）捣碎 1 min，迅速将捣碎的魔芋浆放入离心机过滤，靠离心机的高速（每分钟 1440~2800 r）运转将水分、可溶性氨基酸、无机盐及亚硫酸（钠）等分离出去。

捣碎时间只能控制在 1 min 以内，捣碎与过滤要配合得非常紧凑。一般捣碎机底部安装在离地面 1.5 m 的高度，离心机底部安装离地面 0.6 m 的高度。操作要迅速，防止魔芋浆发黏。在捣碎的同时，要将离心机滤布铺好。不停止捣碎机，打开其底部阀门，同时启动离心机，使注入离心机内的魔芋浆迅速分离。当魔芋浆全部注入离心机后关掉捣碎机，如过早关机，由于魔芋浆极易黏结，易造成魔芋浆堵塞。

（3）第二次捣碎过滤。将过滤的魔芋浆渣倒进 90% 的酒精中搅匀。鲜魔芋与酒精的比例是 10：3，通过酒精浸泡后的魔芋渣就不会黏结了。由于第一次捣碎机和离心机容量不宜过大，以避免操作时间过长，机械剧烈震动。因此可将 3~4 轮次的第一次捣碎过滤物浸泡在一个酒精桶中。

将酒精浸泡过的魔芋渣与酒精一同加入第二次捣碎机中捣碎 15 min，使葡甘聚糖颗粒与淀粉粒及纤维松散分离。而后用 80 目滤布的离心机过滤，将细小的淀粉粒和纤维与大的葡甘聚糖颗粒分离。此次过滤分三次进行，首先将 1/3 捣碎浆料注入离心机运转 1 min 后关机，将过滤在滤布上的魔芋粉料抖落松开，然后开机 1 min 再注入 1/3 浆料，关机后抖松滤饼，再开机将最后 1/3 浆料注入，离心 1.5 min。过滤液沉淀除去粗淀粉后回收酒精再用。

（4）第三次捣碎过滤。此次操作基本上是重复第二次的操作。因为只通过一次酒精浸泡捣碎过滤，只能除去大部分淀粉和纤维，这样得到的精粉纯度不高，所以要通过第三次捣碎过滤处理，进一步除去淀粉和纤维。

（5）烘干及成品分级。将第三次过滤得到的湿魔芋精粉放在120目的网盘上，叠放在支撑架上，推入热风炉烘柜中干燥，每个网盘放置湿魔芋精粉厚度约0.5 cm，前2 h温度控制在50 ℃左右，以免温度过高，水分来不及蒸发造成黏粉。后2 h温度可提高至60~80 ℃，但温度不能超过90 ℃，以免变性。这样从头至尾烘4 h即可。

将烘干的精粉粉碎过筛、包装即得成品。一般过筛得到的粗粉品质较细粉品质好，粗粉可达特级或一级品标准。

众所周知，白魔芋精粉呈白色，色泽越白，质量越高；花魔芋精粉呈淡黄色，色泽越淡，质量越高。这也可以从基本组成得以验证。表7-4是四川产的4种精粉的基本组成，从葡甘聚糖含量来看，白魔芋精粉比花魔芋精粉的质量好，这也可以从另一成分生物碱含量进行对照说明。一般认为生物碱有微量毒性，但生物碱在加热或加碱条件下被分解破坏，不影响魔芋作为食品或食品添加剂的应用。

表7-4　四川产的4种魔芋精粉的基本组成/%

品种组成	金山特级白魔芋精粉	屏山一级白魔芋精粉	二级花魔芋精粉	一级花魔芋精粉
水分	13.0	12.0	14.6	15.0
蛋白质	1.36	1.53	3.3	5.7
脂肪	0.15	0.17	0.27	0.39
葡甘聚糖	82.8	80.0	73.0	76.0
单糖	2.26	2.03	2.33	2.38
淀粉	3.94	4.37	6.07	5.88
灰分	3.4	3.5	4.4	4.5
生物碱	0.12	0.28	0.50	0.45

二、其他湿法加工现状简介

（一）无机溶剂保护加工精粉技术

无机湿法加工魔芋精粉的工艺与有机湿法基本相同，但因采用的液体介质性质不同而有所差异。鲜芋的清洗、去皮、切分、护色与有机湿法相同。切分护色后，按芋液重量比 1∶（1~2）加入含 0~1.2%氢氧化钠的 0.4%~2%四硼酸钠溶液中，于砂轮磨或其他粉碎研磨机中粉碎、研磨，然后用过滤式离心机脱去溶液及部分小粒杂质。上述滤饼含有一定量的硼和其他杂质，为提高脱硼和除杂效率，可采取研磨洗涤法，即按滤渣重量加入 5 倍以上的水，于研磨机中研磨后，离心脱水，重复 1~2 次，至水洗液 pH 值至 7.2~8.5，葡甘聚糖仍呈松散状态为止，并离心脱水。此时滤饼仍含有少量的四硼酸钠和氢氧化钠，可用少量的酸中和其中的碱，否则会影响葡甘聚糖的溶解性和黏度。中和前先测定滤渣中的残留碱量，并计算用酸总量。中和时将上述洗涤液脱水后的滤渣干燥至半干状态，再将 0.4%~1.1%的盐酸溶液按计算量均匀加入魔芋粉中，最后干燥至规定含水量以下。也可以在水洗后，用酸性乙醇溶液浸泡洗涤，以利于进一步脱硼，但会增加成本。

无机湿法的优势在于加工成本低，每吨精粉仅需 200~400 元的阻溶剂，比有机湿法低。但硼盐在食品工业中已禁用，该精粉只可应用于其他行业。

（二）干湿结合纯化加工精粉技术

低档次精粉纯化加工精粉技术：采用质量等级较低档次精粉，经过一系列加工生产出质量等级上升 1~2 个档次的精粉的加工技术。

（1）工艺流程。干湿结合纯化加工精粉的工艺流程图见图 7-12 所示。

（2）操作要点。配制膨润保护溶液，其食用酒精浓度 25%，亚硫酸钠浓度 200 mg/kg。按保护溶液与低次精粉重量比为 5∶1 进入加工流程。低次精粉放入膨润缸中要不断地充分搅拌，搅拌转速 60~80 r/min。时

```
┌──────┐    ┌────────────┐    ┌──────┐    ┌──────┐    ┌┈┈┈┈┈┐    ┌┈┈┈┈┈┐
│ 低次 │⇒│ 膨润（同时加入 │⇒│ 搅拌 │⇒│ 研磨 │⇒┊ 过滤 ┊⇒┊ 洗涤 ┊
│ 精粉 │    │ 酒精、护色剂） │    │      │    │      │    └┈┈┈┈┈┘    └┈┈┈┈┈┘
└──────┘    └────────────┘    └──────┘    └──────┘                   ⇓
┌──────┐    ┌──────┐    ┌──────┐    ┌──────────┐    ┌┈┈┈┈┈┐    ┌┈┈┈┈┈┐
│ 包装 │⇐│ 检验 │⇐│ 筛分 │⇐│ 回收酒精 │⇐┊ 干燥 ┊⇐┊ 脱水 ┊
└──────┘    └──────┘    └──────┘    └──────────┘    └┈┈┈┈┈┘    └┈┈┈┈┈┘
```

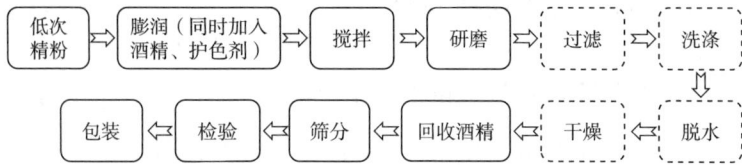

图 7-12   干湿结合纯化加工精粉的工艺流程图

间 30~40 min，主要目的让精粉颗粒膨润增大而又不产生膨化现象，以便于下道工序研磨表面去除非葡甘聚糖杂物。其余工序同湿法（有机）操作要点。

第四节　普通魔芋微粉的加工

普通魔芋微粉加工目前主要指以普通魔芋精粉为原料，经过干法微粉机加工成粒度小于 0.125 mm 颗粒占 90% 以上的魔芋粉。

由淄博圆海正粉体设备有限公司、清华大学材料系粉体工程研究室和华南农业大学食品学院共同研究开发完成的"魔芋超细粉碎生产工艺和系统设备"，常温下对魔芋精粉颗粒利用静态力量进行高压预处理，使精粉粒子的内应力超过精粉粒子韧性极限，粒子产生裂纹或破裂，再经多次粉碎，使其进一步破碎，最后采用专用分级机对其微粉进行分选。达到要求粒度的颗粒作为产品收集，没有达到粒度要求的颗粒返回粉碎区继续粉碎。设备采用闭路风力负压输送系统，能自动将葡甘聚糖产品和淀粉等杂质（飞粉）分离。该法生产的微粉粒度为 120 ~ 250 目（0.125 ~ 0.061 mm），形态差异较大。该系统工艺简单，操作方便，能连续生产，产品粒度可根据用户要求在很宽的范围内进行调整，加工成本低，仅 500元/t。产品葡甘聚糖含量略有提高，黏度、凝胶性等优良性能得到保持，色度和溶胶透明度有所提高，溶解速度比普通魔芋精粉提高 5 倍以上。

2004 年广汉市魔芋研究所发明了 GMWJ-400 和 500 型干法魔芋微粉加工机。该机为辊破机改进，由 4 对磨辊组成，辅助设备由旋风除尘器、三元振动筛、布袋除尘器等组成，具有投资少、效果好的特点。

第五节　纯化魔芋粉加工

一、原理

纯化的原理是依据普通魔芋精粉中气味、杂质的化学本质和物理特性而确立的。普通魔芋精粉的气味是由三甲胺、樟脑等20多种特性不同的物质所构成，其中三甲胺及盐易溶于水；樟脑等为脂溶性物质，溶于乙醇等有机溶剂；可溶性糖、无机盐类及部分含氮化合物溶于水或低浓度的乙醇等有机溶液。在干法加工中，精粉粒子表面未被除净的纤维素、淀粉等杂质，在水或低浓度的有机溶剂中易吸胀，同时被膨胀的精粉粒子所撑裂，易与精粉粒子分离。

在目前的技术条件下，完全用水作为魔芋精粉的加工介质还不可能，因此，需要使用既能抑制葡甘聚糖溶胀，又不改变葡甘聚糖性质的液体介质，即"阻溶剂"。在阻溶剂存在下或接触水的时间很短时，葡甘聚糖异细胞仍具有较大的硬度和很强的韧性，当受到剪切、冲击、挤压等各种机械力的作用时不易破碎，可保持完整；而普通细胞由于硬度低、脆性强，很快被破碎为颗粒微小的粒子，随着加工时间的延长和加工次数的增加，葡甘聚糖异细胞表面杂质及普通细胞的残余物（淀粉、纤维素等）被研磨脱落，成为微小颗粒悬浮于液体介质中，在固液分离时，通过一定孔径的滤网（布）而被除去。同时，在魔芋与液体介质接触的过程中，葡甘聚糖异细胞内部的可溶性杂质也逐渐溶解出来，再通过固液分离而被除去，保留了葡甘聚糖粒子，经干燥的纯化魔芋精粉，通过调整砂轮磨的间距，可生产出更细的纯化魔芋微粉。根据不同的质量要求，可调整上述操作的重复次数。

随着洗涤次数增多，三甲胺的含量越来越低，腥臭味越来越淡，甚至感觉不出；精粉中的杂质不断溶出和减少，葡甘聚糖含量明显提高，黏度提高近 50%。

二、设备

纯化魔芋微粉加工设备与魔芋精粉湿法加工相似，但研磨设备要求比普通湿法精粉高，并需增加搅拌器（浸提罐），一般选胶体磨或砂轮微磨机。胶体磨的主要工作原理是在机内产生具有强大剪切力的高速流，促使聚合体的颗粒分散为单体颗粒或将轻度粘连的颗粒集合体分散于液相中，并将液体分散为粒度一定的液滴，将固体颗粒分散均化。胶体磨的使用调查表明，该机整个使用费用高，平均每吨微粉的机械磨损费为 400~500元，而且要进行多台磨才能完成。砂轮磨的价格低，配件消耗成本低，仅 10~20 元/t，但粉碎性能不如胶体磨。

三、加工工艺

（一）工艺流程

纯化魔芋粉加工工艺流程图见图 7-13 所示。

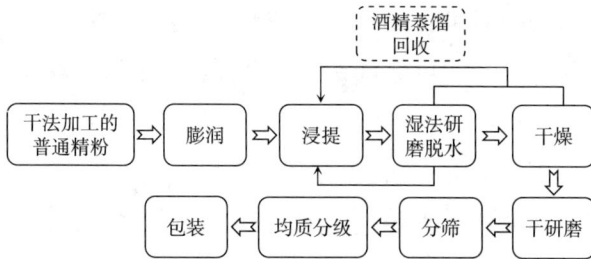

图 7-13　纯化魔芋粉加工工艺流程图

（二）洗涤方式

1. 逆流洗涤法

采用逆流洗涤装置，精粉物料通过螺旋推进器前进，而洗涤溶剂逆向流动。这样，出口端的物料始终接触干净的溶剂，洗涤效果好且省溶剂。

洗涤溶剂采用 30% 或浓度更高的乙醇或异丙醇溶液。洗后的物料转入有 200~300 目滤袋的离心机内离心分离，最后进行真空干燥或气流干燥。

2. 搅拌洗涤法

将魔芋粉放入搅拌罐内，加入物料重量 2~4 倍的 30% 或浓度更高的乙醇或异丙醇亲水性有机溶剂，搅拌洗涤 5~15 min，转入 200~300 目滤袋的离心机内，脱去溶剂，再用 1~2 倍乙醇或异丙醇溶剂冲洗一次，离心脱去溶剂，再用 1~3 倍的浓度为 30% 以上的乙醇或异丙醇溶剂冲洗一次，离心脱去溶剂，最后干燥。

3. 研磨洗涤法

该法将精粉物料的约 30% 酒精悬浮液导入磨浆机或其他研磨设备进行研磨洗涤；通过调节磨盘间距，既可生产纯化魔芋微粉还可使精粉达到抛光的效果。

(三) 技术

1. 要求

投入纯化加工的干法加工普通精粉，必须符合 GB/T 18104—2000 中一级品以上的质量要求，其中灰分含量≤5.5%；水分含量≤12%；黏度≥8000 MPa·s；二氧化硫≤2 g/kg；不含其他杂物，无霉烂变质现象。

2. 膨润

(1) 酒精溶液配兑。将食用酒精与清洁水混合，兑成酒精浓度为 20%~30% 的溶液，搅拌均匀后，按精粉与溶液 1∶1.30 的比例，导入膨润罐。

(2) 膨润。启动膨润罐的搅拌器，搅动膨润液，迅速倒入精粉，快速搅拌 2~3 min，使精粉与溶液充分均匀混合，当精粉体积膨胀到一倍时，加入浸渍溶液，进行浸渍处理。静置浸渍 4 h 左右，使精粉中可溶于酒精的物质被浸渍液溶解。

3. 湿研磨、分离、脱水

在湿研磨、分离、脱水过程中要求做到：

（1）注意调节从膨润罐进入研磨机的进料量，做到进料连续、适量，不涌流不断流。方法：启动膨润罐的搅拌器，将罐内的物料搅拌混合均匀，成为滚动的浆状物，通过调整出料阀门控制出料量；研磨机的间隙大小决定所研磨的精粉粒度，在研磨时要随时注意调整，保证经过研磨的精粉粒度达到期望的粒度标准。加工纯化魔芋精粉时，研磨机磨片的间隙可适当调大；如加工纯化微粉，磨片间隙可调小。

（2）分离时，物料浓度要求基本一致，保证流动畅通，防止管道堵塞，以保证分离脱水效果。

（3）通过分离、脱水后的湿粉含水量控制在 50% 左右，最高不超过 60%，以保证烘干的顺利进行。

（4）分离、脱水排出的酒精废液，要进行蒸馏回收再利用，蒸馏回收方法与湿法加工精粉一致。

4. 烘干

经过分离脱水的湿粉要迅速进入烘干设备进行烘干，待烘的湿粉停留时间不能超过 10 min，以免与空气接触时间过长而发生褐变，影响精粉色泽。在烘干过程中，要严格掌握温度，物料温度不得超过 60 ℃。经过烘干的精粉含水量应小于 12%。烘干后的精粉，要立即摊晾、降温，绝对不允许在热气未散失前厚层堆放，否则会导致精粉的色泽变黄。

5. 干研磨

经过烘干的精粉，要通过专门的研磨分离设备进行干研磨和旋风分离，将黏附在精粉粒子上的淀粉除去，以进一步提高精粉的光洁度。

6. 分筛

筛网可按生产厂对精粉的不同细度要求选择，分层安装，40 目、60 目、80 目、100 目或 60 目、80 目、100 目、120 目均可。

7. 验质、分级

经过纯化加工后的精粉，要立即对其水分、黏度、二氧化硫、色泽等主要质量进行检测，按检测结果分级。

8. 包装

包装前，要对精粉的同一等级的产品进行均质处理，使同批产品的质量基本一致。包装时，要严格计量，不得缺斤短两。封袋时，要求缝合严实，不出现漏粉现象。

第六节　魔芋精粉的贮存与质量检测

一、魔芋精粉的贮存

魔芋精粉的主要成分是魔芋葡甘聚糖，也含有微量的其他物质成分。由于魔芋葡甘聚糖的亲水性特别强，很容易受潮，再加之酶的作用，使精粉在贮藏过程中容易产生着色和变质的现象。当精粉变质以后，会较难溶于水，使其水溶胶的黏度大大降低，变质严重的精粉不能用来制造凝胶食品。同时因为精粉品质降低，魔芋葡甘聚糖平均分子量或分子扩散度减小，失去了降低血中胆固醇浓度的生理作用。因此，制得的精粉需要妥善保管和贮藏，以防止魔芋精粉变质。

（一）贮存条件

魔芋精粉的贮藏条件主要是指精粉本身的含水率、贮藏温度与湿度、库房防潮性能、所用容器等。对精粉的含水率在 NY/T 494—2010《魔芋粉》行业标准中已有明确规定，普通魔芋精粉含水率为≤15%，纯化魔芋粉≤12%。最适宜的贮藏温度为 25 ℃以下，相对湿度小于 65%。库房要求干燥、通风、避光，应有防潮设施，贮藏所用的容器应具有气密性、牢固性，以利防潮和运输。在贮藏魔芋精粉的库房中，不允许贮藏有毒、有害、有腐蚀性和易挥发、有异味的物质。

（二）贮存方法

精粉贮藏的方法很多，根据贮藏温度分类，主要有常温贮藏、低温贮藏和冷冻贮藏。按贮藏中所使用的气体分类，则有真空贮藏、充氮贮藏和空气贮藏等几种。我国魔芋界企业中，绝大多数企业采用常温、空气方法贮藏，这从经济性方面考虑是最适宜的方法。

（三）包装方式

各类魔芋精粉和微粉的包装均应采用符合食品卫生标准要求的包装材料并确保密封防潮。国内产品可采用 3 层防潮包装，即外层用聚乙烯或聚苯乙烯纺织袋、纸箱或复合袋，内层用聚乙烯或聚苯乙烯薄膜袋，中间层用牛皮纸袋。出口产品可采用 5 层防潮包装，即外层采用聚乙烯或聚苯乙烯纺织袋，最内层用聚乙烯或聚苯乙烯薄膜袋，中间层采用 2 层牛皮纸和 1 层白纸复合而成的包装袋。产品包装应在清洁、干燥的环境中进行，袋口用线缝合密封。包装规格为 25 kg/袋（箱）或 20 kg/袋（箱）。产品中转、装卸、运输必须防潮防晒，不与有毒、有腐蚀、有异味的物品混放、混运。

魔芋精粉的贮藏要求是使制得的精粉能长时间（2 年以上）贮藏，不受潮、不变色、不变质，保持精粉自身的优良品质，以充分地发挥其优良特性，提高精粉的利用价值。

二、魔芋精粉的质量检测

正确判定魔芋精粉产品质量对于其生产、销售及使用都十分重要。

（一）魔芋精粉质量标准

我国先后有 6 个省级以上的魔芋精粉标准。1986 年，由西南农业大学（现西南大学）研究起草了我国第一个地方标准《魔芋精粉》，由重庆市标准局发布试行。1987 年，由四川省产品质量监督检验所起草了四川省地方标准《食用魔芋精粉》，增加了灰分和含砂量 2 个指标，黏度指标和测定条件也有所不同，由四川省标准计量管理局批准发布实施。1988 年，由云南省轻工科研所和重庆市食品研究所起草了中华人民共和国轻工业部标准《魔芋精粉》（试行草案讨论稿），增加了葡甘聚糖含量、汞、铜 3 个指标。四川省技术监督局对《食用魔芋精粉》标准进行了修改，并改为《食用魔芋精粉产品质量判定规则》，于 1994 年发布实施。该标准未对精粉粒度、黄曲霉毒素作严格规定，但改变了黏度指标与测定条件，并对水分给出更严格的指标，对二氧化硫、砷、铅等指标有所放宽。西北农林科技大学等单位起草国家标准《魔芋精粉》，于 2000 年由国家质量技术监督局发布实施。该标准比 1994 年四川省地方标准增加了葡甘聚糖含量指标，对二氧化硫、砷、灰分等指标有所放宽，对铅、水分等指标要求更严，黏度测定指标及测定条件有所不同。

我国魔芋粉生产发展较快，已由单一的魔芋精粉（干法占 90% 以上）发展到普通魔芋精粉、普通魔芋微粉，纯化魔芋精粉、纯化魔芋微粉等多种类型，尤其是纯化魔芋精粉和纯化魔芋微粉有逐年增加的趋势。过去的标准只适用于普通魔芋精粉的检测，而且有些指标与方法不十分合理。为此，2000 年西南农业大学（现西南大学）、农业部（现农业农村部）食品质量监督检验测试中心（成都）、四川省产品质量监督检验所等单位共同承担《魔芋粉》行业标准项目的制定，得到中国魔芋协会的支持，研究起草小组在对各类魔芋粉多次多点取样检测和参考许多国内外相关技术资料的基础上，经过反复征求意见、讨论、修改，于 2001 年形成了中华人民共和国农业行业标准《魔芋粉》，并于 2002 年初由农业部（现农业农村部）发布施行。该标准的主要技术内容和质量指标体现了我国现有水平，多数指标能与国际接轨（表 7-5 和表 7-6）。

表 7-5 魔芋粉的感官指标

类别		级别	颜色	形状	气味
普通魔芋粉	普通魔芋精粉	特级	白色	颗粒状、无结块、无霉变	允许有魔芋固有的鱼腥气味和极轻微的二氧化硫气味
		一级	白色，允许有极少量的褐色		
	普通魔芋微粉	二级	白色或黄色，允许有少量的褐色或黑色		
纯化魔芋粉	纯化魔芋精粉	特级	白色	颗粒状、无结块、无霉变	允许有极轻微的魔芋固有的鱼腥气味和酒精气味
	纯化魔芋微粉	一级			

表 7-6   魔芋粉的理化及卫生指标

项目	普通魔芋粉			纯化魔芋粉	
	特级	一级	二级	特级	一级
黏度（4 号转子，12 r/min，30 ℃）/MPa·s ≥	18000	14000	8000	28000	23000
葡甘聚糖（以干基计)/% ≥	70	65	60	85	80
水分/% ≤	11.0	12.0	13.0	10.0	
灰分/% ≤	4.5	4.5	5.0	3.0	
含砂量/% ≤		0.04		0.04	
粒度（按定义要求)/% ≥		90			

（二）魔芋精粉质量检测方法中的一些问题

黏度和葡甘聚糖含量是判断魔芋粉质量的最主要指标，在 NY/T 494—2010《魔芋粉》中，规定该两项指标为强制性检测项目，但这两个指标的准确测定较难，即使用同一样品检测同一指标，也经常出现不同的结果。这主要与所采用的方法和条件有关。因此，需要了解测定结果的影响因素并严格控制操作条件。

1. 黏度的测定

《魔芋粉》标准中的黏度是表观黏度，是魔芋精粉中葡甘聚糖含量、分子质量大小和分子结构的集中体现，是评定精粉质量的首要指标。魔芋葡甘聚糖水溶胶属非牛顿液体中的假塑性液体，即有剪切变稀的性质，其表观黏度随剪切速率的增加而降低。当采用同一型号的转子检测黏度时，提高转子的速度，黏度降低；反之，黏度升高。更换转子后，即使使用相同转速测定，其黏度值也不同，这是因为转子直径不同改变了剪切应力。

制备黏度测定样品时，必须使精粉糊化充分。影响精粉糊化的因素有温度、搅拌时间、次数和静置时间等。一般温度越高、搅拌时间越长，糊化越快、越充分。但糊化温度（水浴）不宜大于 50 ℃，否则样液水分蒸发量过大，会改变精粉浓度，而且精粉中淀粉溶胀，导致黏度偏大；若在 25 ℃ 条件下糊化，需用玻棒以约 120 次/min 的速度搅拌 1 h 以上，才能保证糊化充分。样液搅拌后静置的时间关系到精粉糊化程度与黏度的稳定。25 ℃ 糊化静置 4.5~6 h 后，黏度可达最大值；在静置 4.5~7.5 h 时，黏度无显著变化，超过 7.5 h，黏度下降；时间过长还会因微生物污染而发酵变酸。由于糊化受许多因素的影响，所以标准中规定了糊化条件，测定时应按规定进行。

温度对黏度值影响很大。温度与黏度呈负相关，即在一定范围内，黏度随着温度的上升而下降。如采用 48 转子，12 r/min，温度每升高 1 ℃，黏度下降 500 MPa·s 左右，甚至更多。所以，在黏度测定时，对样液温度应严加控制，使精粉糊化液各部位的温度保持一致，并达到所规定的温度，最好精确到 ±0.1 ℃。此外，待测糊化液各部位应均匀一致，避免气泡产生，测定时应选择多点。

精粉水分含量对黏度值有一定的影响。同一样品敞放一段时间后，黏度下降，可能是由于精粉吸潮，相对降低了葡甘聚糖含量。精粉含水量对黏度的影响呈二次曲线关系，高含水量比低含水量对黏度的影响更大。例如，精粉含水量由 6.296% 升至 7.2% 时，黏度下降 325 MPa·s，而由 15.896% 升至 16.896% 时，黏度下降 870 MPa·s（1%，48 转子，6 r/min，25 ℃）。该精粉在含水量为 12% 时黏度为 15000 MPa·s。若严格评价精粉黏度，可按标准含水量（如 11%）计算精粉取样量。因此，表示魔芋精粉黏度值时，应注明转子型号、转速、温度等测定条件。

2. 葡甘聚糖的测定

葡甘聚糖含量是魔芋精粉的基本指标，有时比黏度更重要，如在制作复合凝胶时。葡甘聚糖测定方法有多种，在魔芋精粉国家标准和农业行业标准中均采用"3,5-二硝基水杨酸比色法"，该法虽水解制样较麻烦，但只要样品制备好，则测定准确度高，重现性好，操作简便、快速。所以，该法的关键在于制样。精粉样品称量小，容易产生误差，故需特别注意称量准确；精粉样品提取液容易因温度高、时间长而腐败变质，故需注意使用甲酸—氢氧化钠缓冲液；精粉溶液黏度高，在移液时需注意排放完全。

3. 二氧化硫的测定

为防褐变，在芋角加工或精粉湿法加工中使用了硫黄或亚硫酸盐。但二氧化硫残留过多会对人体产生危害，国外对其指标要求很严格。所以，二氧化硫也是魔芋精粉重要的质量指标之一。二氧化硫的测定虽然有国家标准方法——《食品中二氧化硫的测定》（GB 5009.34—2022），但因魔芋精粉遇水溶胀，不宜直接采用，而且该法费时，需要配制多种试剂和使用分光光度计，操作烦琐。农业行业标准《魔芋粉》中采用了"蒸馏滴定法"。为保证结果准确，特别是对二氧化硫含量低的样品，在测定时应注意：①由于水中含有一定量的氧，为防止二氧化硫氧化，试剂用水、样液用水均须是新煮沸的蒸馏水；②由于空气中的氧会氧化二氧化硫，影响测定，故最好通入氮气。

第七节　魔芋食品加工

在我国，魔芋作为食品和药品被利用已有 2000 多年的历史，用魔芋制作的食品被联合国卫生组织确定为十大保健食品之一。魔芋食品是以鲜魔芋或魔芋精粉为主要原料或添加剂，经过不同的工艺技术流程、不同的机器设备加工而成的各种不同形态、品质的食品。魔芋葡甘聚糖是一种优良的可溶性膳食纤维，有重要的保健功能，因而魔芋食品受到人们的广泛关注。利用魔芋葡甘聚糖的凝胶性能，可以制作出丰富多彩的功能魔芋食品。

一、魔芋普通（传统）食品加工技术

（一）原料

鲜魔芋或魔芋精粉、水、碱。

（二）设备

锅灶或膨化缸，木棍（桨）或搅拌器，盆罐或成型箱，搅拌（精炼）

机，杀菌机（锅），包装机等。

（三）工艺流程

魔芋普通（传统）食品加工工艺流程见图7-14所示。

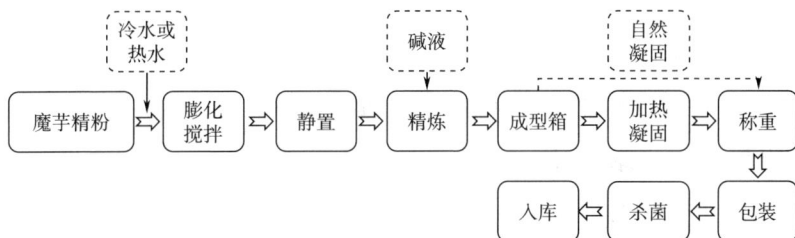

图7-14　魔芋普通（传统）食品加工工艺流程

（四）操作要点

（1）用水量：精粉与水（冷水或热水）的比例为1∶（40～70）。按精粉的黏度大小和魔芋制品的要求定比例。

（2）膨化静置：使精粉充分膨润，静置后的凝胶里应没有颗粒状的溶胶，静置时间60～90 min。

（3）用碱量：石灰粉与精粉的比例为（3～5）∶100。配制度为3%。凝胶的pH值在9.5～12.5。

（4）搅拌均匀：石灰水溶液必须均匀在溶胶中扩（分）散，采用机械搅拌是非常重要的。

（5）凝固成型：如果精粉采用冷水膨化，应加热（80 ℃左右）凝固成型；如果精粉采用热水（60 ℃左右）膨化，则自然（常温）凝固成型。

（6）整形包装：按魔芋制品要求整形后进行包装，包装后应进行杀菌处理以延长保质及贮藏时间。

二、魔芋仿生食品加工技术

魔芋仿生食品是以普通魔芋凝胶为基础，采用各种仿生模具及手段，经不同工艺的成型工序加工出的各种仿生形态的魔芋食品，如魔芋条、片、块、粉丝，魔芋素鸭肠、素肚片、素腰花、素蹄筋、素丸子、花卷等。目前魔芋普通食品及仿生食品占魔芋食品市场销售量的 60% 左右。

（一）原料

鲜魔芋或魔芋精粉、水、碱。

（二）设备

膨化搅拌机、精炼机、碱液装置、热成型机、杀菌机及各种仿生模具、周转容器、包装机等。

（三）工艺流程

魔芋仿生食品加工工艺流程见图 7-15 所示。

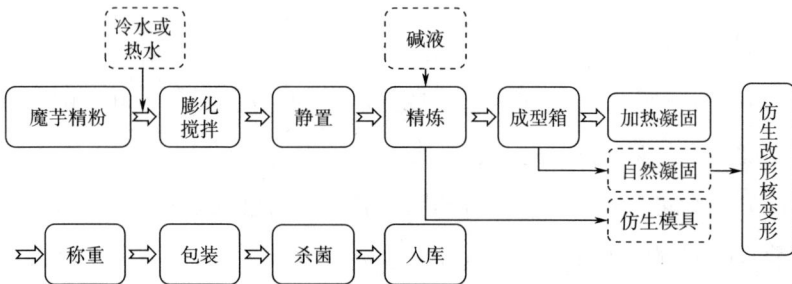

图 7-15 魔芋仿生食品加工工艺流程

（四）操作要点

（1）冷水搅拌加热定形法：在膨化机中加入冷水（常温）和适量的魔芋精粉，搅拌 6~10 min，静置 2~3 h，达到充分膨化。在进入精炼机前再进行一段循环输送搅拌混合，使膨化缸和管道中膨化物的状态达到一致。在精炼机中边加碱液边精炼搅拌后送到成型箱，80~100 ℃ 加热 20~30 min 凝固定型。

（2）热水搅拌自然定型法：在膨化机中加入热水（55~75 ℃）和相当于制品倍率一定量的魔芋精粉，经 4~6 min 的搅拌混合后，静置 1~2 h，达到充分膨化。在进入精炼机前进行一段循环输送搅拌混合，使膨化缸和管道中膨化物的状态达到一致。在精炼机中边加碱边精炼搅拌后泵送到成型箱，经 2 h 自然凝固定型。

（3）加水量的确定：无论用冷水或热水，其用量相同。根据工艺制品的要求，可以使用相当于精粉质量 20~80 倍的水，这与精粉的黏度、制品的硬度和韧性有密切的关系。

（4）加碱比例的确定：凝固剂的种类较多，由于含碱性的强弱不同，添加的比例也不一样，通常采用食用级氢氧化钙的较多，氢氧化钙的添加量以相对于魔芋精粉质量的 3%~5% 为宜，凝固剂的浓度在 3% 左右。

（5）精炼搅拌混合：在精炼机中，凝固液被均匀地分洒在凝胶中，边加碱液边精炼搅拌，使均质后的凝胶化反应充分，但时间不能过长，精炼时间以 1~2 min 为宜。

（6）成型、改形与变形：在成型箱中定形完毕后，通过一定的设备、模具改变其形状，切成块、片、条、丁、三角、穿孔、翻花、鱿鱼、腰花等各种特定需求的形态。通过粉丝模具热成型后，经人工或机械方式可将粉丝形状改变成丝结、毕球、丝卷等。

（7）保鲜液的种类：加保鲜液包装保存魔芋食品的方法较多，有使用碱性保鲜液、碱加食盐的混合保鲜液、酸性保鲜液、酸加食盐的混合保鲜液等配方。目前，使用碱加食盐的混合保鲜液的较为普通。以氢氧化钙为例：$Ca(OH)_2$ 含量为 0.02%~0.2%，盐含量为 1%~5%，pH 值在 9~12。

（8）称重、包装、杀菌：在食品称量时应考虑缩水率，一般在 10% 左右。在保鲜液包装时应尽可能排净包装中的空气。根据食品品种的不同，杀菌的时间和温度略有差异，一般在 80~100 ℃、10~30 min。

三、魔芋附味食品加工技术

魔芋附味食品是在保持魔芋豆腐固有特性的基础上，对魔芋豆腐的品质（色、香、味及营养成分）经一定工艺技术进行改良并添加各种色彩及风味的魔芋食品。

（一）原料
魔芋精粉、水、碱及附味添加物料。

（1）营养类：海带粉、蔬菜粉、水果粉、淀粉、植物蛋白等。

（2）风味类：麻、辣、甜、咸、辛调味剂及食用香精、天然色素等。

（二）设备

同仿生食品设备。

（三）工艺流程

魔芋附味食品加工工艺流程见图7-16所示。

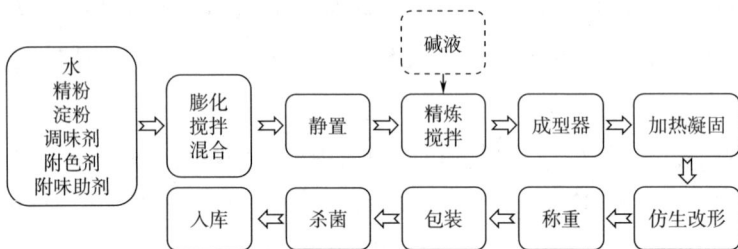

图7-16　魔芋附味食品加工工艺流程

（四）操作要点

（1）原料按工艺配方称量后，放入膨化搅拌缸的顺序为：水、淀粉、附味助剂、调味剂、附色剂、精粉。

（2）精粉、水、碱的比例同仿生魔芋食品比例。

（3）淀粉类包括汤圆粉、玉米淀粉、豆粉、面粉等，其添加比例为精粉质量的20%~100%。

（4）调味剂类包括食盐、花椒粉、辣椒粉、甜味剂、酸味剂、胡椒、咖喱、芥末、辛香料等，其比例按各销售地的大众品味调配。

（5）附味助剂类包括蔗糖脂肪酸酯、微纤化纤维素（MFC）、卡拉胶等，其比例为精粉质量的0.5%~10%，其目的是增加附味的良好效果。

（6）营养剂类包括畜产品的猪、牛、羊肉，禽产品的鸡、鸭、鹅肉，水产品的鱼肉等，以上营养剂应为粉状或浆状，其比例为精粉质量的1~5倍。

（7）蔬菜类包括海带、青豆、青菜、芹菜、胡萝卜、白萝卜等，以上蔬菜应为细小颗粒状、丝状、浆状，其比例为精粉质量的 1~5 倍。

（8）为延长食品的保质期，可适当添加一定量的防腐剂。

四、魔芋改性食品加工技术

魔芋改性食品是根据葡甘聚糖的基本特性，按照食味和营养的特定需要，采用不同工艺技术和处理方法，加工出与魔芋豆腐不同组织结构和食感的魔芋食品，如魔芋肉松糕、魔芋牛肉干、雪魔芋、五香魔芋春卷、魔芋鸭味条、魔芋肉丝卷、魔芋鱼松糕、魔芋休闲食品等。

（一）原料

水、精粉、碱、附味剂、营养剂、调味剂、淀粉等。

（二）设备

魔芋食品机械、冷冻箱（柜）、充压机（泵）、粉碎机、调味机（器）、真空包装机。

（三）工艺流程

魔芋改性食品加工工艺流程见图 7-17 所示。

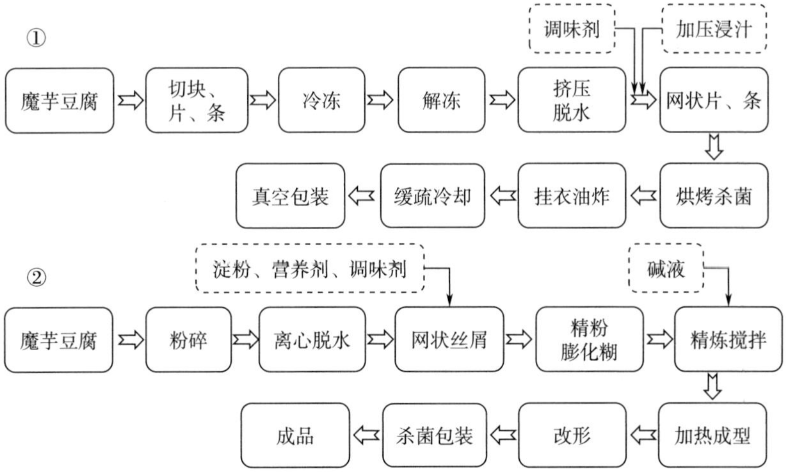

图 7-17　魔芋改性食品加工工艺流程

（四）操作要点

（1）魔芋豆腐按质量比，以精粉：水=1：（25~35）为宜。

（2）切块、片、条的尺寸按产品工艺及包装盒、袋确定。

（3）加压浸汁是让调味剂液汁充满网状孔眼，成为一体。

（4）于一体化块、片、条的表面挂上一层淀粉和调味剂的混合糊，油炸成脆皮。

（5）经粉碎、离心脱水后应是疏松的网状丝屑产品。

（6）营养剂、调味剂、防腐剂、改形、杀菌、包装等与附味魔芋食品相同。

（7）营养剂、淀粉、调味剂等也可在第一次加工魔芋豆腐时加入，其效果相同。

（8）第一次加工的魔芋豆腐和第二次加工的精粉膨化糊的质量比为（1~5）：1。

五、魔芋液态食品加工技术

魔芋液态食品是根据魔芋葡甘聚糖凝胶特性，按不同工艺技术方法加工出的低浓度、不同品质、不同风味、不同功能的饮料型食品，如魔芋果肉悬浮饮料、魔芋果子露、魔芋牛奶（豆浆）饮料、魔芋保健饮料、魔芋花生乳、魔芋茶饮料、魔芋香槟等。

（一）原料

精粉、水、各种茶叶、果肉（汁）、牛奶（豆浆、花生乳）、香精、食用色素、糖、调味剂等。

（二）设备

膨化搅拌机（缸）、配料机、分离过滤机、均质机（泵）、蒸煮锅、冷却箱（池）、罐装机、封罐机、杀菌机、洗瓶机等。

（三）工艺流程

魔芋液态食品加工工艺流程见图 7-18 所示。

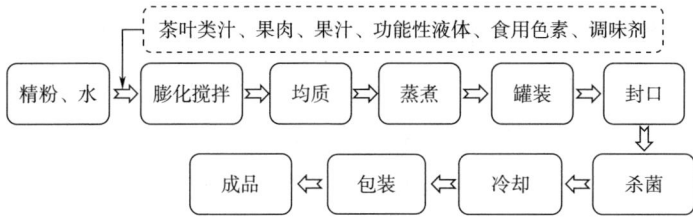

图 7-18　魔芋液态食品加工工艺流程

注：上述工艺流程为共性总体工艺流程，各类饮料产品的具体操作大同小异。

（四）操作要点

（1）精粉和水的比例：（2~4）∶1000。

（2）茶叶类汁：花茶、红茶、绿茶各具色泽与香味，按产品销售地习惯和喜欢的茶叶为基料调剂，过滤去渣，待调配时使用。

（3）果肉：果肉有橘子瓢粒、广柑瓢粒等。选择无损伤、无腐烂、无虫害和无农药残留的鲜橘（柑），手工去皮、分瓣、去核、除橘络，在温水中浸泡，轻搅拌，使果肉瓢粒均匀分散，备用。

（4）果汁：果汁以香蕉、菠萝、柠檬、苹果、草莓等水果为基料，去皮、洗净、粉碎、挤压、取汁、配料。

（5）功能性液体：牛奶、豆浆、花生乳、核桃乳等各具自身的营养功能，可满足不同层次需求的消费者。

（6）食用色素：为保证产品在市场销售中满足人们心理需求的色彩要素，可酌情添加红、黄、绿、黑等食用色素。

（7）调味剂：主要有甜（糖）味、酸甜味、香精味等调味剂，丰富饮料的风味及口感种类，满足不同消费者的口感。

（8）蒸煮、杀菌工序的时间：30~40 min，温度为（90±5）℃。

（9）抽查检验：按企业标准严格执行。

（10）各工序过程都必须注意清洁卫生，符合食品卫生许可指标。

（五）实例：魔芋果肉悬浮饮料

（1）原料：水、魔芋精粉、白砂糖、果肉、柠檬酸、香精、色素。其中果肉制法如下。

1）选择无腐烂、无损伤、无虫害和无农药残留的鲜柑橘，手工去皮、分瓣、去核、除橘络。

2）用 0.1%~0.5% 的盐酸水溶液浸泡 30~50 min，用清水洗去酸液。

3）放入 0.3%~0.5% 氢氧化钠溶液中浸泡 3~5 min，沥干后用清水反复冲洗去净碱液。

4）轻轻搅拌，便果肉瓢粒均匀分散。

5）将散开的瓢粒与糖液混合，灌装、排气、密封、杀菌。

6）送入低温库保存，以保持鲜果原味。没有果肉的地方，也可到果肉专门制备厂购买。

（2）配方：魔芋精粉 0.3%、柠檬酸 0.2%、白砂糖 12%、香精 0.1%、果肉 8%（柑橘）、色素适量、水 100 kg。

（3）设备：配料罐、搅拌机、过滤器、蒸汽锅炉、洗瓶机、蒸汽夹层锅、循环冷却池、灌装机、封盖机、杀菌池（或高压灭菌锅）、洗瓶池、消毒池等。

（4）魔芋果肉悬浮饮料加工工艺流程见图 7-19。

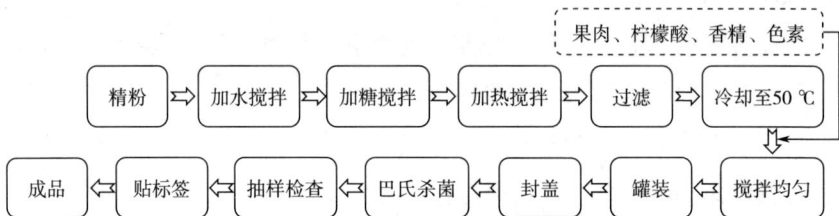

图 7-19　魔芋果肉悬浮饮料加工工艺流程

（5）操作要点。

1）魔芋精粉按配比加水搅拌约 90 min，水温 40 ℃ 左右搅拌 30 min。

2）加热、加糖继续搅拌 10 min，加热到沸点。

3）用两层纱布或滤网（140 目）过滤去除杂物。

4）在冷却到 60 ℃ 以下时，加入果肉（柑橘瓢粒）、柠檬酸、香精、色素少许，搅拌混合均匀。

5）用洁净的瓶子进行灌装，不能太满，应留5%空间。

6）封盖后进行巴氏杀菌，85 ℃，40 min。

7）抽检合格后，贴标签，注明生产日期、生产厂名和保质期。

8）装箱，成品，销售。

（6）感官指标。

1）色泽。符合该产品应有色泽，色泽鲜明，浑浊适中，无絮状沉淀。

2）外观。瓶内外清洁，封口牢固，牙口不外张，不渗漏，瓶盖无锈斑。

3）味道。滋味和顺，甜酸度适宜，气味纯正，符合魔芋品种应有风味。

4）杂质。无肉眼可见杂质。

5）标签。符合 GB 7718—2011。

（7）理化指标。

1）固形物（%）≥6。

2）葡甘聚糖（%）>0.1。

3）铅（以 Pb 计 mg/kg）≤1。

4）砷（以 As 计 mg/kg）≤0.5。

5）铜（以 Cu 计 mg/kg）≤10。

6）pH 值 6~8。

7）食品添加剂符合 GB 2760—2024 规定。

（8）微生物指标。

1）细菌总数/（个/10 g）≤100。

2）大肠杆菌群/（个/10 g）≤6。

3）致病菌不得检出。

（9）结论。

魔芋精粉的加入，不仅使果肉饮料的保健、序效功能有所增强，且可在一定程度上代替增稠剂、稳定剂、悬浮剂，成本低。

该产品适合于大众消费，若将白砂糖用木糖醇代替，更适合于肥胖症、糖尿病及老年人饮用。

六、魔芋粉丝加工技术

魔芋食品作为可溶性膳食纤维食品，其独特的保健功能已逐渐引起人们的重视。随着我国人民生活水平的不断提高，作为深加工的系列魔芋食品，越来越多地展现在人们的餐桌上。笔者所述的魔芋粉丝就是以魔芋精粉为原料，采用先进的工艺技术和加工设备进行工业化生产的保健食品之一。魔芋粉丝的直径大小按模具（喷头）孔的尺寸来定，现在市场上以直径为 1.2 mm 和 1.5 mm 的居多，成品以"打结"后袋装或盒装的占绝大多数。魔芋粉丝的烹饪方式与其他魔芋食品一样，可以煮、炒、凉拌等，特别是吃火锅，风味、口感别具一格，颇受食者的青睐。

（一）魔芋粉丝加工工艺流程

魔芋粉丝加工工艺流程见图 7-20 所示。

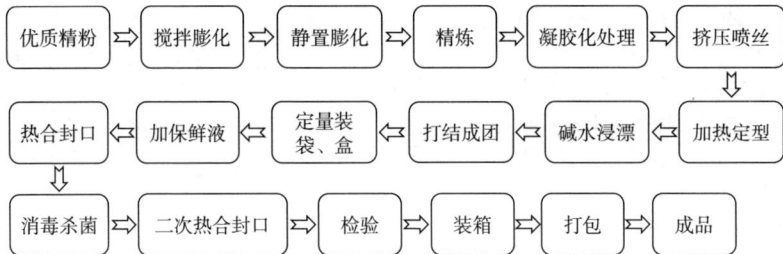

图 7-20　魔芋粉丝加工工艺流程

（二）加工设备

魔芋粉丝的加工设备有膨化搅拌机、精炼机、碱液机、热水箱、粉丝槽（蛇形槽）、杀菌机、包装机及一些辅助机具，如推车、保鲜液桶及周转容器等。魔芋粉丝设备按用户的生产规模、班产量大小，匹配合适的成套加工设备。

（三）操作要点

（1）魔芋精粉：按 GB/T 18104—2000 标准采用一级以上优质魔芋粉，黏度≥18000 MPa·s。

（2）膨化用水：水温 20 ℃左右，加水量的比例为精粉质量的 26~34 倍（按黏度质量高低确定比例）。

（3）凝固剂：采用魔芋食品专用石灰粉，其粒度为 300 目筛下物。

（4）精粉搅拌膨化：用搅拌机和输送泵边循输送边搅拌 5~10 min，使精粉吸水膨润均匀，成为无明显颗粒混合均匀的胶体溶液。

（5）静置膨化：根据气温高低，静置膨化时间 90~180 min，膨化好后的胶体溶液应是半透明的魔芋糊状胶体。

（6）凝固剂配制：比例按石灰粉∶水 =（1.5~2.0）∶100，含量为 1.5%~2.0%。

（7）凝固剂用量：石灰粉∶精粉 = 5∶100，比例为 5%。

（8）精炼搅拌：将静置膨化好的魔芋糊状胶体送至精炼机，进行充分均匀地机械搅拌混合。

（9）凝胶化处理：搅拌混合好的糊状胶体连续不断地与预先配制好的凝固剂，按比例同步添加拌和均匀。

（10）挤压喷丝：拌和均匀的糊状胶体经输送泵及时地通过粉丝模具挤压喷出粉丝。

（11）加热定形：水温保持在（85±5）℃，挤压喷出的粉丝在粉丝槽内经泵循环流动的热碱水中进行熟化。

（12）碱水浸漂：碱水配比按 0.05%配制，浸漂时间约 24 h。

（13）打结成团：按销售客商要求进行人工打结，从外观看，打结好看；从大小看，重量一致。

（14）定量装袋（盒）：按客商要求装袋（盒），包装规格质量 200 g、250 g、300g、500 g 等。

（15）加保鲜液：保鲜液浓度按 0.1%比例配制，保鲜液按每袋（盒）粉丝净重约 40%加入。

（16）热合封口：将定量装好粉丝和保鲜液的食品袋（盒）进行热合封口，要求包装袋（盒）封口平整、美观，不允许漏气（液）。

（17）消毒杀菌：将热合封口后的合格包装袋（盒）放入杀菌箱中蒸煮，水温（90±2）℃，时间40~60 min，从热水里捞出放入冷水中冷却或自然冷却，待晾干后送入下道工序。

（18）二次热合封口：将杀菌后的食品袋（盒）检验合格后，放入印有商标的外包装袋中进行热合封口，要求封口平整、美观，不漏气（液）。

（19）检验装箱：把按工艺技术要求检验合格的包装袋（盒）进行定量装箱，并排列整齐一致。

（20）打包贮藏：将装好的包装袋（盒）的包装箱进行打包，要求松紧一致，并按生产时间顺序、批次依次堆放贮藏在成品库中，要求整齐排列，不得超高堆放。成品库要干燥、阴凉、通风，气温保持在（20±5）℃，不受阳光直晒。

（四）检验标准（企标）

（1）外观形状：感官上看，色泽漂白，手感细腻，粗细一致，具有一定的韧性、拉力，透明无夹杂物、无气泡的丝状胶体，形态完整。

（2）口感：适口性强，口感细滑，咬劲较好，无明显异味，无变质现象。

（3）重量指标：固形物重量允差±10%，保鲜液固形物重量约40%。

（4）理化指标：按食品卫生要求，检测砷、铅含量，pH值为10~12。

（5）细菌指标：按食品卫生要求，检测细菌总数、大肠杆菌数不允许超标。

1998年，中国（现国家卫生健康委员会）已将魔芋列入普通食品管理的食品新资源名单。

七、其他魔芋食品

1. 魔芋低聚糖

魔芋低聚糖是魔芋葡甘聚糖经 β-甘露聚糖酶的不完全水解产物。它能有效地促进双歧杆菌的生长，优化肠内菌群结构，减少有毒发酵产物及有害菌的产生，增强机体的免疫力和抗氧化能力，其性能优于许多其他低聚糖。它不仅适用于健康人群，亦适用于糖尿病人长期服用，且在加工中不易被破坏，易于保存，因而在食品工业中有很好的应用前景。

2. 减肥食品

由于魔芋葡甘聚糖有良好的减肥效果，中国和日本都在生产用魔芋葡甘聚糖做成的粉剂或片剂减肥食品，食用方便，受到消费者特别是肥胖年轻女性的欢迎。

第八节　魔芋作为添加剂在食品中的应用

由于魔芋葡甘聚糖具有增稠、乳化、胶凝、黏结、保水等性能，在食品工业中被用作增稠剂、悬浮剂、乳化剂、稳定剂、品质改良剂等食品添加剂，广泛应用于粮食制品、肉制品、饮料、调味品、豆制品等食品中。

一、在粮食制品中的应用

魔芋葡甘聚糖具有良好的黏结性、吸水性、保水性，在面条、方便面、粉皮、粉条、沙河粉、米粉、馒头、包子、饺子、面包、蛋糕、蛋奶酥、曲奇饼及其他糕点等粮食食品中均有重要用途。应用时，称取适量的魔芋精粉（用量一般为 0.1%~0.5%），加入其重量 50~80 倍的水，强力搅拌一定时间，至精粉颗粒充分溶胀，与原料充分混合，再按产品的一般生产工艺操作。

在面包制作过程中，添加占面粉重量 0.1% 的魔芋精粉，其气孔率和膨胀率均高于不添加的面包，面包体积增大，质构细腻均匀，并更富弹性，口感柔软酥松，非常适口。但添加不能过量，否则会其过强的吸水能力而妨碍蛋白质颗粒在水中的充分溶胀，导致面包气孔大小不均匀，孔壁厚。在面粉中掺入魔芋粉制作出的馒头，个头大且松软可口。

在蛋糕基料中加入适量的魔芋精粉，可使制品具有良好的保湿性，蓬松柔软，食用时不掉渣、不粘牙，口感松软细腻，货架期延长 1 倍左右。

在面条中添加 0.5% 的魔芋精粉，可使贮藏期延长，韧性增加，耐煮性提高，不浑汤，断条率明显减少，口感滑爽、绵软，表面光洁度明显改善。

在粉丝制作过程中添加适量魔芋精粉，可克服成品易断碎、浑汤的缺点，耐煮性强，不变色，口感好，耐嚼。在各类粉质原料中添加魔芋精粉的比例（干重比）为米粉、豆粉 0.1%~0.5%，玉米粉、马铃薯粉、甘薯粉 0.5%~1.0%。

在焙烤制品中添加适量的魔芋精粉，由于受魔芋葡甘聚糖的阻碍，减慢了糊化淀粉分子间的重新有序排列，延缓淀粉的回生，并防止水分的快速散失，从而延迟了焙烤制品的老化。

二、在肉制品中的应用

传统的肉制品属于高脂肪、高胆固醇类食品。随着人们生活水平的提高和饮食观念的改变，近年来，低脂肉制品日益得到广大消费者的青睐。在香肠、火腿肠、午餐肉、鱼丸等肉制品中添加适量的魔芋精粉，可起到黏结、爽口和增加体积的作用。当魔芋葡甘聚糖与水混合加于肉糜中时，可以增加肉糜的吸水量，改善肉糜的质构，使其富有弹性。用魔芋葡甘聚糖代替肉制品中的部分脂肪，可改善水相的结构特性，产生奶油状滑润的黏稠度，特别是当魔芋葡甘聚糖与卡拉胶复配后添加于低脂肉糜中时，可显著改善制品的质构，提高持水性，从而赋予低脂肉糜制品多汁、滑润的口感，达到模拟高脂肉制品的要求。

将魔芋凝胶加入火腿和香肠制品中，作为增量剂和调节制品口感的改良剂，可明显提高制品的得率和品质。用魔芋粉替代部分脂肪生产香肠，可使肠体弹性强，切片性好，香肠持水性增强，而脂肪和能量则下降。即使替代脂肪达 20%，产品的质地和风味也很好，且有较长的货架期。西式火腿要求肉块间结合紧密，无孔洞、裂缝，组织切片性能好，有良好的保水性，常规方法是通过添加大豆蛋白、变性淀粉等，而添加占肉重2%的魔芋精粉，既可达到上述目的，又比大豆蛋白、变性淀粉成本低。

（一）魔芋复合营养灌肠

（1）产品配方（以猪肉重为100%计）。魔芋凝胶10%，骨糜15%，番茄20%，玉米淀粉10%，大豆蛋白4%，生姜、葱各1.5%，胡椒粉0.3%，味精0.1%。

（2）魔芋复合营养灌肠工艺流程（图7-21）。

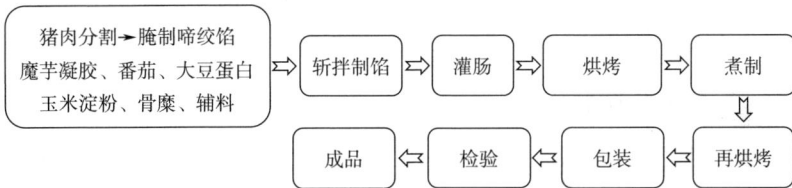

图7-21　魔芋复合营养灌肠工艺流程

（3）操作要点。

1）肉的腌制。肉切块，加入盐2.8%、亚硝酸钠0.1 g/kg、维生素C 0.1 g/kg、焦磷酸钠1 g/kg、白砂糖和水适量，在4~8 ℃下腌制24~48 h。

2）骨糜的加工工艺。原料骨→清洗→冷冻→粗碎→细碎→粗磨→细磨→骨糜成品。

3）魔芋凝胶的制备。魔芋精粉4 g，水100 mL，混合搅拌10~15 min，调pH值为0.5~11.0，存放8~10 h。

4）灌肠加工。按上述工艺、配方将肠灌好，在80 ℃下烘烤30 min，放入90 ℃水中煮1 h，再放在85 ℃的烤箱中烘烤5~6 h后自然冷却、包装，检验即为成品。

该产品将魔芋凝胶、大豆蛋白、食用鲜骨糜、蔬菜等添加到灌肠制品中，改良了灌肠制品的结构和风味，并达到动植物营养成分互补，提高产品营养价值，增加花色品种，降低产品成本的目的。

(二) 魔芋代脂肉糜

(1) 产品配方。瘦肉 70 g、肥膘 17.5 g、脂肪代用品 (复配魔芋葡甘聚糖) 0.8 g、食盐 3.5 g、亚硝酸钠 0.05 g、复合磷酸盐 0.3 g、调味料 0.2 g、玉米淀粉 12.5 g、大豆分离蛋白 3 g、水或冰水 50 g、硫酸钙 0.5 g、蔗糖 2 g、酪蛋白酸钠 0.25 g。

(2) 工艺要点。将原料肉用食盐、亚硝酸钠搅拌均匀，在 0~4 ℃下腌制 2~3 天后斩拌，在斩拌过程中添加食品胶、复合磷酸盐、大豆分离蛋白、调味料、玉米淀粉等，用匀浆机匀浆后灌装，然后在 85 ℃的恒温水浴中烧煮 1.5 h，冷却后入库保存。

(三) 魔芋火腿肠

(1) 产品配方。冻碎猪肉 95 g、复合魔芋葡甘聚糖 1 g (视需要变动)、食盐 3 g、亚硝酸盐 0.2 g、复合磷酸盐 0.6 g、调味料 1.2 g、糖 2~3 g、维生素 C 0.1 g、马铃薯淀粉 6~12 g、大豆蛋白 8 g、水或冰水 70 g 左右。

(2) 工艺要点。先将碎肉用食盐和亚硝酸盐于 10 ℃以下腌制 2 天左右，取出斩拌，在斩拌中添加水溶复合胶，使肉中蛋白质与复合胶相结合，再加入其他配料，继续斩拌均匀，然后真空灌装封口，在 80 ℃左右水中煮制 1.5 h，取出冷却 10~12 h 即可。

三、在饮料中的应用

魔芋葡甘聚糖具有增稠、悬浮、乳化、稳定等性能，将其添加于饮料中，可改良品质。在蛋白饮料中添加 0.2%~0.4%的魔芋精粉，可使产品不析油、不凝集沉淀，品质更加稳定，质感更加厚重。

发酵型、果汁型酸奶或人工添加酸化剂的各类乳制品饮料，加热杀菌时，在酸性条件下，所含的酪蛋白很易发生蛋白凝聚沉淀现象，严重影响外观及口感。在果奶、勾兑酸奶、炼乳、摇摇奶、AD 钙奶，特别是直酸型酸奶中，添加 0.3%~0.35%的魔芋精粉，可使瓶装产品保存 3 个月，易拉罐产品保存 12 个月而不凝聚沉淀或分层。

在带果肉的饮料中，加入少量魔芋葡甘聚糖及复合胶，可形成凝胶立体网络结构，大大改善其悬浮效果，调节口感并改善外观质量。利用魔芋葡甘聚糖的热不可逆胶凝性，制成凝胶颗粒，与不同的果汁、蔬菜汁等调配，可以制成不同风味的魔芋珍珠饮料。将魔芋凝胶颗粒与草莓汁配合，可制得魔芋草莓复合颗粒果汁饮料。以刺梨汁为主要原料，配以魔芋凝胶颗粒，并以魔芋精粉与其他增稠剂复配作增稠稳定剂，可制成营养丰富、风味独特的刺梨果汁颗粒饮料。

（一）魔芋"珍珠"刺梨果汁

（1）产品配方。刺梨原汁 20%，魔芋凝胶颗粒 8%，蔗糖 10%，酸度 0.25%，魔芋精粉 0.16%，琼脂 0.15%，山梨酸钾 0.04%，加水补足至 100%。

（2）操作要点

①魔芋凝胶颗粒制取。称取魔芋精粉，按 1∶30 加水溶胀，用占精粉重量 5%的氧化钙作凝固剂，加水配成 3%的浓度，在搅拌下加入。然后置于 120 ℃蒸锅中 0.5 h，在基本凝固成型后，入沸水中煮 20 min，即得到颜色洁白的魔芋凝胶块。将凝胶块切成 3 mm×3 mm×3 mm 的颗粒，再放入沸水中漂去碎屑和残留碱味，捞出备用。

②增稠剂的使用。称取所需用量的魔芋精粉与琼脂，用 15 倍水溶胀，搅拌加热至完全溶解，趁热过滤备用。

③调配。将蔗糖加水溶解，煮沸过滤，在搅拌下分别加入山梨酸钾溶液、刺梨原汁、柠檬酸溶液、魔芋凝胶颗粒和增稠剂溶液，最后用水补足至规定量，搅拌均匀。

④灌装、杀菌、冷却。

（二）魔芋茶饮料

近年来，茶饮料在中国的饮料市场上异军突起，成为增速最快的饮料之一。将魔芋精粉加水膨润，茶叶经热水抽提、过滤、浓缩后，混合调配均质，可制成低热值、富含营养保健成分、口感良好、风味独特的魔芋红茶和魔芋花茶饮料。利用魔芋葡甘聚糖对茶叶进行假塑外形，既赋予茶叶良好的形态，又可使茶汤滋味的厚感增强。西南大学龚加顺等成功研究魔芋茶饮料，解决了冷饮茶的"冷后浑"问题，使冷饮茶能用透明容器包装，提高其商品性。

（1）魔芋茶饮料工艺流程（图7-22）。

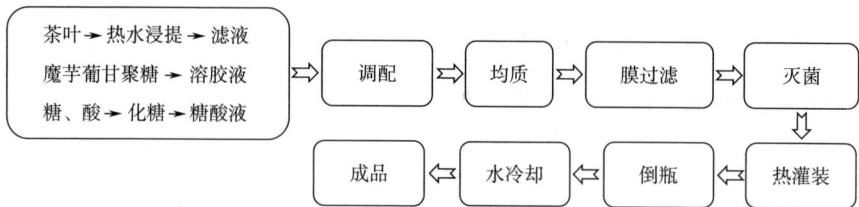

图 7-22　魔芋茶饮料工艺流程

（2）工艺要点。过滤和灭菌是首要的控制点，过滤的目的在于去除茶液和魔芋溶胶中少量的水不溶性物质；灭菌则是为了提高产品的保质期。热灌装灭菌效果好，无须二次灭菌，极大限度地避免了茶叶成分的损失与破坏，因而风味较好。

（三）魔芋酿酒

魔芋球茎经加工提取葡甘聚糖后的副产品称为"飞粉"。飞粉中含有约40%的淀粉、20%的粗蛋白，以及丰富的纤维素。选用魔芋飞粉为原料，利用特种酵母菌种，发酵完成后用蒸馏法脱醇，制得魔芋无醇啤酒，产品不仅保留了啤酒原有的风格，而且风味独特、清爽纯正，还可回收醇类，既降低了成本，又提高了啤酒的档次和质量。此外，也可生产魔芋香槟和魔芋白酒。

（1）魔芋酿酒工艺流程（图7-23）。

（2）操作要点。

①磨粉。将经过去毒处理的魔芋干片磨成粗粉（不用精粉的目的是降低成本，提高产量）。

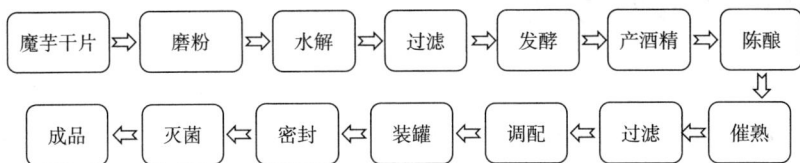

图 7-23　魔芋酿酒工艺流程

②水解。用 α-淀粉酶将魔芋粉中的葡甘聚糖水解为甘露糖与葡萄糖，利于发酵。

③粗滤。粗滤可去除不溶性的纤维质和其他杂质。

④发酵。将 8%～10% 新鲜酵母液接入发酵缸中搅拌均匀。也可在其中加一些抗氧化剂，以防氧化。尔后进行发酵，发酵温度控制在 30～33 ℃。同时为了提高发酵液中酒的生成量，可在发酵时加入一定量的砂糖，加糖量控制在 10%～12%（砂糖需用发酵液溶解），使发酵后的酒精度为 6%～7%，发酵时间为 4～6 天。

⑤陈酿。陈酿的目的主要是使酒体澄清，风味协调。陈酿时缸内密封不留空隙。

⑥催熟。采用冷热相间的处理方法，加速新酒老熟，缩短酒龄，提高酒的稳定性，并使酒体澄清，改善酒的风味，并使陈酿时间缩至 10～15 天。

⑦过滤。此次过滤为清滤。采用硅藻土过滤，去除发酵后的混浊物质，达到进一步澄清酒的目的。

⑧调配、成品。经催熟处理后的酒，按成品酒的质量要求对糖酸比加以协调，并用不同工艺或不同酒龄的酒进行勾兑，即为成品。

（3）成品质量标准。成品清澈透明，低酒精度，酸甜爽口，具有魔芋独特的香气。

以魔芋及魔芋精粉为原辅料生产饮料是一种新工艺，且我国魔芋资源丰富，有利于产品开发。其产品具有防癌、减肥、降血脂、降血糖等多种功效，是一种理想的保健食品。同时它对丰富饮料的种类，促进饮料业的发展，具有一定的意义和市场前景。

四、在冷饮中的应用

魔芋精粉应用于冰激凌、雪糕、两吃冰、刨冰等中，可减少脂肪用量，提高料液黏度，增强吸水率，提高膨胀率，改善制品的组织状态，阻止粗糙冰晶形成，防止砂糖结晶析出，使制品口感细腻滑润，形态稳定，提高出品率和贮藏稳定性。

以 0.5% 的魔芋精粉作为冰激凌的乳化稳定剂，比以 0.5% 的羧甲基纤维素钠对冰激凌有更好的改良作用。加羧甲基纤维素钠的冰激凌易融化，口感有微小冰晶；加魔芋精粉的冰激凌则口感细腻滑润，且不易融化，冰激凌膨胀率较高。将魔芋精粉与黄原胶、瓜尔豆胶等复配，作为冰激凌的乳化稳定剂，与单一胶相比，性能更优良，能缩短老化时间，并且用量少（0.2%~0.4% 即可），使用方便，降低成本。

（1）产品配方。脱脂奶粉 15%、白糖 16%、魔芋复合胶（与卡拉胶等复合）1%、羧甲基纤维素钠 1.5%、棕榈油 1%、红茶粉 5%（或绿茶粉 4%）、蔗糖脂肪酸酯 0.2%、乙基麦芽酚 0.01%，其余为水。

（2）茶味冰激凌加工工艺流程见图 7-24。

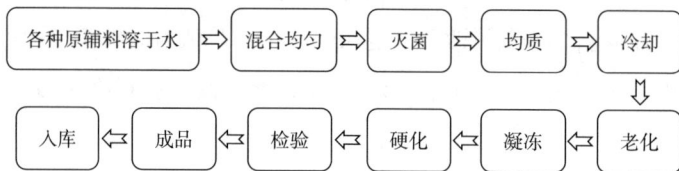

图 7-24　茶味冰激凌加工工艺流程图

（3）工艺要点。复合胶、羧甲基纤维素钠用热水搅拌溶解，乙基麦芽酚、茶粉分别用 85 ℃热水溶解，棕榈油加热融化后使用；采用 80 ℃巴氏灭菌 30 min；均质压力 15~20 MPa，料液温度 60~75 ℃；2~4 ℃下老化 12.5 h，并不断搅拌；熟化后的料液于连续式冰激凌凝冻机中 -20 ℃下强烈搅拌冷冻，高压 0.25~0.35 MPa，低压 0.1~0.2 MPa；在零下 40 ℃下硬化。

该产品具有茶叶的风味和颜色，营养丰富，口感清爽，风味独特。

五、在调味酱、果蔬酱等中的应用

魔芋葡甘聚糖溶胶的高黏度及切变稀化特性在调味酱、果酱、胡萝卜沙司、番茄沙司中获得广泛的应用。在外力作用下，魔芋葡甘聚糖切变稀化，使加有魔芋葡甘聚糖的酱及沙司制品易于流动且有利于涂抹。当外力停止时，被抹涂的酱及沙司流动性减少，黏附性增强。

魔芋果酱是以魔芋、果肉、甜味剂、酸味剂、香料等为原料，经加工而成的西餐涂抹食品，目前已开发的有魔芋苹果酱、魔芋西瓜酱、魔芋果子酱等。在果酱中添加魔芋精粉，既能提高汁液及浆体的黏度，又可作为增量剂和品质改良剂，调节制品的风味和口感，改变外观质量，起到果胶无法起到的作用。

六、在豆腐中的应用

在制作传统黄豆豆腐时，将占原料重 0.1% 的魔芋精粉用温水糊化后，在熬浆前加入豆浆中，充分搅拌均匀，加热煮沸，用石膏定浆，即可得到魔芋黄豆豆腐。它比传统豆腐韧性强，保水性好，耐贮存，不易破碎，外观洁白嫩滑，细腻爽口，烹调时吸味性强。制作的豆干、豆丝等食品，比传统制品风味更佳，并增添了对人体有益的膳食纤维。

第九节　魔芋在有关食品和其他方面的应用

利用魔芋葡甘聚糖的成膜性，可制成各种可食性膜，用于方便、无公害包装材料以及食品保鲜膜和配制食品保鲜剂，还可用于制作粉末油脂、粉末香精、香料等的胶囊和微胶囊。

一、在食品保鲜中的应用

魔芋葡甘聚糖是一种经济效益很高的天然食品保鲜剂，能有效地防止食品腐败变质、发霉和虫蛀。目前，魔芋葡甘聚糖已被用于许多食品的贮藏保鲜，如果蔬类、豆制品、肉类制品、蛋类及水产品等。但迄今最主要的应用还是在于果蔬类，特别是水果的贮藏保鲜。

用魔芋葡甘聚糖 0.2%、卵磷脂 0.1%、2,4-二氯苯氧乙酸 0.02% 作温州蜜橘保鲜溶液，并与甲基托布津保鲜进行比较，贮藏 90 天或 120 天后，魔芋葡甘聚糖保鲜效果皆优于甲基托布津，烂果率低，损耗率低，且外观色泽及饱满度皆更好。用 0.1% 的魔芋葡甘聚糖对砀山梨果实进行浸果处理，贮藏 150 天，好果率达 91.8%，优于山梨酸和多菌灵防腐剂。用魔芋葡甘聚糖与柠檬酸、山梨酸等复配成草莓保鲜液，至第六天草莓的好果率仍达 80% 以上，第七天则为 69.21%，还可以延缓维生素 C 降低，使还原糖增加和糖酸比增大；而对照组在第三天已开始出现霉点，好果率下降为 50%，至第五天已完全腐烂。

经改性的魔芋葡甘聚糖对苹果的保鲜效果优于未改性的。用改性魔芋葡甘聚糖在柑橘、葡萄、猕猴桃等水果的保鲜试验中取得了明显的效果。由改性魔芋葡甘聚糖 0.3%、羧甲基纤维素钠 0.2%、大蒜提取液 1% 配成的柑橘保鲜剂处理柑橘，室温贮藏 60 天，比"国光"牌 SE-02 保鲜剂对柑橘的保鲜效果好，腐烂率与失重率降低，并可较好地保持柑橘品质。

魔芋葡甘聚糖对果蔬的保鲜作用，是由于它在果蔬表面形成的薄膜，可有效地阻止水分的蒸腾，并将果蔬内部细微的代谢活动与外界阻隔，使空气中的氧气不能直接与果蔬接触，从而降低果蔬的呼吸强度。此外，该膜还可隔离外界污染物，抑制病菌及各种霉菌的侵入和蔓延，起到防腐的作用。

二、制作可食性膜及包装材料

魔芋葡甘聚糖为优质膳食纤维，可作为保健食品原料。利用其良好的成膜性，可制作出可食性膜和无公害食品包装材料以及可食性水溶性膜、耐水耐高温膜和热水溶性膜，满足不同的食品包装要求。魔芋葡甘聚糖经过改性处理，还可制成性能更好的食用膜和包装材料。

三、国内外魔芋菜的制作

以魔芋为原料制作的食品，如素腰花、素肚片等，具有一定的赋味性，用烧、拌、炒、炸等方法，可做出多种独特的美味佳肴。

（一）酱爆素肚片

将素肚片在开水中稍浸后捞起漏水。炒锅下油适量，加入葱段、姜片、蒜片、火腿片炒香，加昭通酱、甜酱油、咸酱油、盐、味精、白糖、胡椒、素肚片炒拌，勾小粉，淋芝麻油，红油起锅装盘。其酱香味浓，色泽红亮。

（二）青椒炒素鱿鱼

将素鱿鱼过油捞起漏油。炒锅留油少许，下葱段、姜片炒香，加青椒炒香，放入素鱿鱼、盐、味精、胡椒，勾小粉，淋芝麻油，翻炒两下，起锅装盘。其口味清淡，颜色鲜艳。

（三）宫爆素腰花

将腰花过油，捞起备用。炒锅留油少许，将干辣椒炒香，下葱段、姜片、蒜片炒香，加入腰花、甜酱油、盐、味精、白糖，勾小粉，淋芝麻油起锅装盘。其味鲜香滋嫩，微辣带甜，色泽红润。

（四）魔芋仔兔

仔兔1只洗净后，去掉头爪，斩成小块，用少许姜片、葱段、盐、料酒码味；魔芋豆腐750 g切成1 cm见方的条，与茶叶（包在纱布里）一起放入沸水中汆两次去掉异味，捞起漂入温水中。炒锅下精炼油烧热，加姜片、葱段、花椒爆出香味，再下仔兔块煸炒，烹入料酒，炒干水气后，下郫县豆瓣、泡辣椒、蒜片、芽菜末炒香出色，掺入适量鲜汤，调入精盐、白糖、酱油，在兔块烧至熟软后，将魔芋条沥干水分后放入锅中一起烧软入味，调入味精，用水淀粉勾薄芡，起锅装盘。

（五）酸菜魔芋丸子

将七成瘦、三成肥的猪肉750 g与冬笋50 g一起剁细，盛入盆内，加入魔芋粉 20 g、鸡蛋 2 个，调入精盐、料酒、胡椒粉，再加少许清水，和匀搅拌成馅。锅内放入精炼油烧热，将馅挤成直径约 3 cm 的丸子，入锅中炸至呈金黄色后捞出沥油。锅留底油少许，放入江米 10 g、泡酸菜丝 100 g 炒香，掺入鲜汤，放入丸子，调入精盐、胡椒粉，待丸子烧至粑软，调入味精，用水淀粉勾薄芡，起锅装盘，撒上葱花即成。

（六）玫瑰魔芋

将魔芋豆腐 250 g，切成 5 cm 长、1 cm 见方的条，在花茶熬的沸水中汆两次，捞出沥干水分。锅内放入精炼油烧至六七成热，将魔芋条沾匀干淀粉再裹上鸡蛋液，放入锅中浸炸，至表面呈金黄色后捞出。锅内放入清水约 100 g，烧沸后下入白糖，待糖汁起大泡时，下入蜜玫瑰和炸好的魔芋条，迅速拌匀，离火，在魔芋条全部粘裹糖汁时，撒入芝麻粉和匀，冷却后起锅装盘。

（七）魔芋烧鸭

将魔芋豆腐切成小块或薄片在开水中漂浸后，捞起码盐。将鸭子切成小条或小块，用混合油炒香，起锅备用。将混合油烧成七成熟，投入剁细的郫县豆瓣、花椒，炒出香味，投入鸭块、肉汤、魔芋、江米、蒜片、胡椒面，小火烧至粑软，加味精，水豆粉勾薄芡。该菜色泽红亮、味浓醇香、细滑爽口。

（八）凉拌蒜泥魔芋

将魔芋豆腐切成片，在沸水中漂几分钟，捞起沥干水分，加少许食盐脱水。将酱油、味精、熟油辣椒、香油、花椒面、蒜泥等，与魔芋片拌匀即成。

（九）魔芋甜烧白

将魔芋豆腐用开水漂几分钟，无碱味后取出，切成两刀一段的连片，每片夹豆沙糖馅，摆入碗内呈圆形。糯米淘净后用清水泡 2 h，沥干，旺火蒸熟，加红糖、化猪油、蜜饯，拌匀后放在蒸碗的魔芋片上，用旺火蒸 40 min，取出翻于盘内，撒入白糖、芝麻即成。

（十）魔芋麻辣干

将 60~80 倍水制成的硬型或中软型魔芋豆腐切成条形，在沸水中煮几分钟，捞起加盐入味脱水。菜油烧熟，投入脱水后的魔芋条炸 5 min，捞起冷凉，再投入油锅复炸一次，呈金黄色。将炸好的魔芋豆腐干与熟油辣椒、酱油、白糖、味精、香油拌匀，再撒花椒面和芝麻拌匀盛盘。

（十一）家常魔芋肉丁

将猪肉和魔芋切成 2 cm 见方的丁。魔芋丁用沸水漂后，捞起加盐脱水。炸 1 min 起锅，然后与肉丁、水豆粉一起拌匀。将肉丁、魔芋丁放入锅内炒散，再加入泡红辣椒、泡菜、姜蒜片，炒香至呈红色，放入葱花，再加酱油、醋、精盐、豆粉、鲜汤收汁，高油起锅盛盘。

（十二）魔芋炒麻婆豆腐

魔芋豆腐切细，将豆制豆腐切成 2 cm 长的角片，沥干。长葱、红辣椒横切，姜和蒜切细，与 125 g 牛肉丝共炒，再加 2 勺猪油，待牛肉颜色变化后，加酱油 3 匙、料酒 1 匙、白糖 2 匙、鸡汤 200 mL，煮沸后加入豆腐共炒煮，最后加 2 匙薯粉浆液，呈糊状即可。

此外，还有四川的酸菜炒魔芋豆腐丝，可口开胃，经济实惠；贵州的魔芋麻辣汤，独具民间风味；精制魔芋豆腐还是火锅的最佳添料，味美细滑，在日本最受欢迎。

参考文献

［1］ 李静，王志民，张忠，等．魔芋的应用价值与开发前景［J］．西昌学院学报（自然科学版），2006（4）：17-19.

［2］ 张忠良，吴万兴，鲁周民，等．魔芋栽培与加工技术［M］．北京：中国农业出版社，2012.

［3］ 罗学刚．高纯魔芋葡甘聚糖制备与热塑改性［M］．北京：科学出版社，2012.

［4］ 张和义．魔芋栽培与加工利用新技术［M］．北京：金盾出版社，2012.

［5］ 黄甫华，彭金波，张明海．魔芋种植新技术［M］．武汉：湖北科学技术出版社，2011.

［6］ 刘海利，王启军，牛义，等．魔芋生产关键技术百问百答［M］．北京：中国农业出版社，2009.

［7］ 郭兰．食用菌魔芋高产高效栽培新技术［M］．武汉：湖北人民出版社，2010.

［8］ 巩发永．魔芋加工技术［M］．成都：四川科学技术出版社，2009.

［9］ 黄春秋．魔芋栽培与加工技术问答［M］．北京：中国农业科学技术出版社，2009.

［10］ 庞杰．资源植物魔芋的功能活性成分［M］．北京：科学出版社，2008.

［11］ 牛义，张盛林．魔芋防病与高效栽培技术［M］．北京：中国三峡出版社，2008.

［12］ 张盛林．魔芋栽培与加工技术［M］．北京：中国农业出版社，2005.

［13］ 黄中伟．魔芋加工实用技术与装备［M］．北京：中国轻工业出版社，2005.

［14］ 刘佩英．魔芋学［M］．北京：中国农业出版社，2004.

［15］ 张盛林．魔芋栽培与防病技术［M］．重庆：重庆出版社，1999.

［16］ 薄晓菲．魔芋精粉的非酶褐变机理研究［D］．重庆：西南大学，2010.

［17］ 段龙飞，郭邦利，蔡阳光，等．玉米套种遮阴密度对花魔芋产量及病害的影响［J］．山西农业大学学报（自然科学版），2018，38（12）：22-25.

［18］ 范燕萍，余让才，郭志华．遮荫对匙叶天南星生长及光合特性的影响［J］．园艺

学报，1998，25（3）：63-67.

[19] 冯小俊. 主要栽培因素对魔芋软腐病影响的初步研究［D］. 武汉：华中农业大学，2008.

[20] 巩发永. 用于降低魔芋精粉二氧化硫含量装置的设计［J］. 食品工业，2016，37（5）：222-223.

[21] 符艳，吴绍艳，黎钱，等. 魔芋葡甘聚糖在食品、生物、医学及化工领域的应用［J］. 广州化工，2013，41（19）：19-21.

[22] 辜涛，刘海利，牛义，等. 外源氯对花魔芋苗期生长发育及Cl⁻分配的影响［J］. 西南农业学报，2017，30（11）：2562-2567.

[23] 辜涛. 外源施氯对魔芋生长发育影响［D］. 重庆：西南大学，2017.

[24] 韩玛，刘石山，梁艳丽，等. 不同光照强度下花魔芋与谢君魔芋光合特性及光保护机制研究［J］. 植物研究，2013，33（6）：676-683.

[25] 黄合飞，徐永清，李福兵. 魔芋葡甘聚糖在医学中的研究进展［J］. 西南国防医药，2015，25（2）：212-215.

[26] 黄明发，张盛林. 魔芋葡甘聚糖的增稠特性及其在食品中的应用［J］. 中国食品添加剂，2008，19（6）：127-131.

[27] 黄威廉. 天南星科植物族属分类及地理分布［J］. 贵州科学，2014，32（1）：1-9.

[28] 李恒，龙春林. 中国魔芋属的分类问题［J］. 云南植物研究，1998，20（2）：167-170.

[29] 李珍，谢世清，徐文果，等. 间作和净作条件下喜阴植物谢君魔芋的光合作用及光合诱导特征研究［J］. 热带亚热带植物学报，2017，25（1）：26-34.

[30] 李珍. 不同栽培模式下谢君魔芋（Amorphophallus xiei）的光合特征研究［D］. 昆明：云南农业大学. 2017.

[31] 刘培勋，刘和平，罗仁革，等. 秦巴山区玉米魔芋间作高效种植技术［J］. 四川农业科技，2016（11）：24-25.

[32] 刘佩瑛，陈劲枫. 魔芋光合性能的研究［J］. 西南农学院学报，1984，6（4）：21-26.

[33] 刘雨桃，王子平. 魔芋葡甘聚糖的应用及研究进展［J］. 华西药学杂志，2008，23（2）：188-189.

[34] 罗复权. 花魔芋高效栽培技术 [J]. 西南园艺, 2001, 3: 25-27.

[35] 牟方贵, 刘二喜, 杨朝柱, 等. 魔芋种芋消毒方法比较研究 [J]. 中国农学通报, 2013, 29 (10): 119-125.

[36] 孟庆伟. 高辉远. 植物生理学 [M]. 北京: 中国农业出版社, 2011: 78-115.

[37] 倪学文. 魔芋葡甘聚糖功能特性研究及其在食品工业中的应用 [J]. 中国食品与营养, 2007, 16 (5): 128-142.

[38] 牛义, 张盛林, 王志敏, 等. 中国魔芋资源的研究与利用 [J]. 西南农业大学学报 (自然科学版), 2005, 27 (5): 69-73.

[39] 庞杰. 资源植物魔芋的功能活性成分 [M]. 北京: 科学出版社. 2008.

[40] 钱澄. 珠芽魔芋花芽与叶芽发育生理分子比较研究 [D]. 昆明: 昆明理工大学, 2022.

[41] 孙远明, 吴青, 谌国莲, 等. 魔芋葡甘聚糖的结构、食品学性质及保健功能 [J]. 食品与发酵工业, 1999, 25 (5): 47-51.

[42] 王成军, 郭剑伟, 鱼梅, 等. 魔芋的主要化学成分提取及应用研究概况 [J]. 中国药物应用与监测, 2006, 3 (2): 32-34.

[43] 王照利, 吴万兴, 李科友. 魔芋精粉中甘露聚糖含量测定研究 [J]. 食品科学, 1998, 19 (3): 56-58.

[44] 魏养利, 张雪芳. 魔芋的保健功能及发展前景 [J]. 中国林副特产, 2017 (3): 64-66.

[45] 肖靖秀, 郑毅. 间套作系统中作物的养分吸收利用与病虫害控制 [J]. 中国农学通报, 2005, 21 (3): 150-154.

[46] 熊绿芸, 罗敏. 热空气对流干燥条件对魔芋葡甘聚糖内在品质的影响研究 [J]. 山区开发, 2000, 12 (9): 34-40.

[47] 宣慢. 魔芋种质资源形态多样性与 ISSR 分析 [D]. 重庆: 西南大学, 2010.

[48] 杨静, 施竹凤, 高东, 等. 生物多样性控制作物病害研究进展 [J]. 遗传, 2012, 34 (11): 1390-1398.

[49] 杨雨嫣. 魔芋属植物表型多样性及 ITS 标记分析 [D]. 昆明: 云南大学, 2019.

[50] 叶凌, 邬应龙. 响应面法对漂白魔芋微粉制备工艺的优化研究 [J]. 食品科学, 2008, 29 (6): 151-155.

[51] 叶维, 李保国. 魔芋热泵干燥特性及数学模型的研究 [J]. 食品与发酵科

技，2015，51（5）：32-36.

[52] 叶维，李保国．魔芋真空冷冻复合护色剂的选择［J］．食品与发酵科技，2016，52（1）：47-51.

[53] 叶维，李保国，周颖．魔芋精粉的护色及干燥加工工艺的研究进展［J］．食品与发酵科技，2014，51（1）：4-8，19.

[54] 尹娜，温成荣，叶伟健，等．加工魔芋粉褐色素控制研究进展及问题［J］．粮食与油脂，2013，26（4）：48-51.

[55] 袁江，张绍铃，曹玉芬，等．梨果实酚类物质与酶促褐变底物的研究［J］．园艺学报，2011，38（1）：7-14.

[56] 张格格．植物生长调节剂对魔芋休眠、生长及产量的影响［D］．重庆：西南农业大学，2023.

[57] 张和义．魔芋栽培与加工利用［M］．北京：中国科学技术出版社，2017：2-23.

[58] 张红骥，邵梅，杜鹏，等．云南省魔芋与玉米多样性栽培控制魔芋软腐病［J］．生态学杂志，2012，31（2）：332-336.

[59] 张洁．魔芋多酚氧化酶基因的克隆与序列分析［D］．重庆：西南大学，2014.

[60] 张盛林，张甫生，钟耕．魔芋加工中二氧化硫使用的必要性研究［J］．农产品质量与安全，2013（1）：60-62.

[61] 张盛林，郑莲姬，钟耕．花魔芋和白魔芋褐变机理及褐变抑制研究［J］．农业工程学报，2007，23（2）：2.

[62] 张志健，耿敬章，孙海燕，等．魔芋片无硫护色剂及其应用技术研究［J］．食品科技，2011，36（8）：132-135.

[63] 张万巧．弥勒魔芋球茎膨大过程中葡甘聚糖的积累及其影响因素［D］．昆明：云南大学，2018.

[64] 郑莲姬．魔芋无硫干燥技术的研究［D］．重庆：西南农业大学，2004.

[65] 郑莲姬，张盛林，钟耕．魔芋褐变原因分析及防止褐变原因初探［J］．山区开发，2002（11）：2-4.

[66] 郑莲姬，钟耕，张盛林．白魔芋中多酚氧化酶活性测定及其护色研究［J］．西南大学学报（自然科学版），2007，29（2）：118-121.

[67] 周兴炳．不同种植模式对佛坪县魔芋产量、品质及其综合效益的影响［D］．杨凌：西北农林科技大学，2019.

［68］ 中华人民共和国国家卫生健康委员会, 国家市场监督管理总局. GB 2760—2014 食品安全国家标准　食品添加剂使用标准［S］. 北京: 中国标准出版社, 2024.

［69］ 国家技术监督局. GB/T 18104—2000 魔芋精粉［S］. 北京: 中国标准出版社, 2000.

［70］ Eissa H A, Fadel H H M, Ibrahim G E, et al. Thiol containing compounds as controlling agents of enzymatic browning in some apple products［J］. Food Res Int, 2006, 39 (8): 855-863.

［71］ Martinez M V, Whitaker J R. The biochemistry and control of enzymatic browning［J］. Tren Food Sci Tech, 1995, 6 (6): 195-200.

［72］ Sapers G M, Cooke P H, Heidel A E, et al. Structure change related to texture of pre-peelpotatoes［J］. J Food Sci, 1997, 62 (4): 797-803.

［73］ Tono T, Fujita S, lto T. ldentification of dopamine in tubers of konjac［J］. J Jpn Soc Nutr Food S, 1974, 27 (9): 467-470.

［74］ Vishal K, Manish K, Sanjay K. Influences of temperature-time blanching on drying kinetiand quality attributes of yam chips［J］. Int Agr Eng J, 2012, 21 (1): 7-16.

［75］ Xiao C B, Gao S J, Zhang L N. Blend films from konjac glucomannan and sodium alginasolutions and their preservative effect［J］. J Appl Polym Sci, 2000, 77 (3): 617-626.

［76］ Kiao C B, Gao S J, Zhang L N, et al. Water-resistant cellulose films coated wipolyurethaneacrylamide grafted konjac glucomannan［J］. J Macromol Sci Pure, 2001, 38 (1): 33-42.

［77］ Zheng X L, Tian S P. Effect of oxalic acid on control of postharvest browning of litchi fruit［J］. Food Chem, 2006, 96 (4): 519-523.